Der geriatrische Tumorpatient

Beiträge zur Onkologie
Contributions to Oncology

Band 45

Reihenherausgeber
H. Huber, Wien; *W. Queißer,* Mannheim

KARGER

Der geriatrische Tumorpatient

Bandherausgeber
M. Neises, A. Wischnik, F. Melchert, Mannheim

55 Abbildungen und 38 Tabellen, 1994

KARGER

Basel · Freiburg · Paris · London · New York · New Delhi · Bangkok · Singapore · Tokyo · Sydney

Beiträge zur Onkologie
Contributions to Oncology

Dosierungsangaben von Medikamenten

Autoren und Herausgeber haben alle Anstrengungen unternommen, um sicherzustellen, daß Auswahl und Dosierungsangaben von Medikamenten im vorliegenden Text mit den aktuellen Vorschriften und der Praxis übereinstimmen. Trotzdem muß der Leser im Hinblick auf den Stand der Forschung, Änderungen staatlicher Gesetzgebung und den ununterbrochenen Strom neuer Forschungsergebnisse bezüglich Medikamenteneinwirkung und Nebenwirkungen darauf aufmerksam gemacht werden, daß unbedingt bei jedem Medikament der Packungsprospekt konsultiert werden muß, um mögliche Änderungen im Hinblick auf die Indikation und Dosis nicht zu übersehen. Gleiches gilt für spezielle Warnungen und Vorsichtsmaßnahmen. Ganz besonders gilt dieser Hinweis für empfohlene neue und/oder nur selten gebrauchte Wirkstoffe.

Alle Rechte vorbehalten.

Ohne schriftliche Genehmigung des Verlags dürfen diese Publikationen oder Teile daraus nicht in andere Sprachen übersetzt oder in irgendeiner Form mit mechanischen oder elektronischen Mitteln (einschließlich Fotokopie, Tonaufnahme und Mikrokopie) reproduziert oder auf einem Datenträger oder einem Computersystem gespeichert werden.

© Copyright 1994 by
S. Karger GmbH, Postfach, D-79095 Freiburg, und
S. Karger AG, Postfach, CH-4009 Basel (Schweiz)
Printed in Germany by Franz W. Wesel, Druckerei und Verlag GmbH & Co. KG, D-76543 Baden-Baden
ISBN 3-8055-5808-2

Inhalt

Vorwort VII

Lehr, U. (Heidelberg): Der geriatrische Tumorpatient: Einführung in die
Thematik 1

Tumorbiologie und -epidemiologie des Alters

Bürkle, A. (Heidelberg): Tumorbiologische Grundlagen für die Krebsentstehung im Alter: Alterung und genetische Instabilität 14
Osiewacz, H. D. (Heidelberg): Modellsysteme in der experimentellen Alternsforschung 25
Meisner, C. (Tübingen): Alter und Krebs. Epidemiologische Gesichtspunkte . . 33
Wischnik, A. (Mannheim): Statistische Grundlagen einer epidemiologischen Betrachtungsweise 45
Frentzel-Beyme, R. (Heidelberg): Schützt eine gesunde Lebensweise vor Krebs im Alter? Ergebnisse einer Vegetarierstudie des Deutschen Krebsforschungszentrums 57
Siefert, D. (Stuttgart): Versorgungskonzepte aus der Sicht des Sozialministeriums 74

Besonderheiten bei der Behandlung

Bühl, K.; Eichelbaum, M. (Stuttgart): Besonderheiten der Arzneimitteltherapie im Alter 81
Segiet, W.; van Ackern, K. (Mannheim): Anästhesiologische Besonderheiten der Therapie im höheren Alter 95
Georgi, M. (Mannheim): Radiologische Therapie im höheren Alter 111

Inhalt

Melchert, F. (Mannheim): Derzeitiger Stellenwert der Immuntherapie im Behandlungskonzept des geriatrischen Tumorpatienten 120
Neises, M. (Mannheim): Altersangepaßte Indikationsstellung und Art der Behandlung sowie postoperativer Verlauf bei gynäkologischen Operationen . 129
Schlag, P. M. (Heidelberg): Chirurgische Therapie gastrointestinaler Tumoren bei geriatrischen Patienten 146
Tschada, R.; Mickisch, G.; Rassweiler, J.; Potempa, D. (Mannheim): Palliative Therapiekonzepte bei alten Patienten mit fortgeschrittenen urologischen Malignomen 154
Sauer, H. (München): Zytostatische Chemotherapie im höheren Lebensalter . . 166
Castiglione-Gertsch, M. (Bern): Chemotherapie und Lebensqualität beim älteren Patienten: Was ist zu beachten? 183

Nachsorge des geriatrischen Tumorpatienten

Queißer, W. (Mannheim): Medizinische Aspekte in der Nachsorge des geriatrischen Tumorpatienten 192
Hahn, M. (Mainz): Tumorkrank im Alter. Zur psychosozialen Problematik . . 200
Thielemann-Jonen, I.; Pichlmaier, H. (Köln): Betreuung Krebskranker im Terminalstadium. Erfahrungen aus dem Modell einer Station für palliative Therapie 211
Klumpp, M. (Stuttgart): Nachsorge beim Tumorpatienten – aus der Sicht des Theologen 220

Sachregister 228

Vorwort

Zunehmende Lebenserwartung und altersassoziierte Krebsinzidenz weisen der Thematik des «geriatrischen Tumorpatienten» eine quantitative Bedeutung zu, die Besonderheiten der Betreuung gerade des alten und kranken Menschen geben ihr eine qualitative Bedeutung.

So werden in unserem Lande im Jahr 2000 unter etwa 77 Millionen Bürgern knapp 20 Millionen Menschen älter als 60 Jahre sein, davon 3 Millionen älter als 80 Jahre, 0,5 Millionen älter als 90 und etwa 12 000 älter als 100 Jahre. Jeder vierte Bundesbürger also wird über 60 Jahre alt sein.

Die altersspezifische Krebsmortalität nimmt mit dem Alter fast exponentiell zu, ausgehend vom 65. Lebensjahr pro 5-Jahres-Intervall bei den Männern um 46 %, bei den Frauen um 40 %.

Hinzu kommt das Problem der Multimorbidität im Alter: Bei stationär behandelten Patienten sind bei den 55- bis 64jährigen durchschnittlich 3 und bei den über 85jährigen im Mittel 4 Diagnosen dokumentiert. Von den über 65jährigen Menschen haben 85 % eine oder mehrere chronische Erkrankungen, die in der Regel einer medikamentösen Behandlung bedürfen. Diese Multimorbidität setzt einer invasiven Diagnostik und Therapie Grenzen. Demgegenüber steht ein zunehmendes Spektrum an diagnostischen und therapeutischen Möglichkeiten im Alter.

Die soziale Situation, die mit der Behandlung verbundenen Nebenwirkungen sowie eine durch die Behandlung häufig erzwungene Änderung des Lebensstiles müssen in die therapeutischen Entscheidungen einfließen, aber auch die mit zunehmendem Alter sich verändernde Einstellung des Patienten. Diese Stichpunkte mögen die Vielschichtigkeit des Themas illustrieren.

Ziel dieses Symposions, das unter der Schirmherrschaft des Tumorzentrums Heidelberg-Mannheim stattfand, war es, eine Synopse medizinischer, sozialer und ethischer Gesichtspunkte zu erzielen und so zu verbesserten Versorgungskonzepten zu gelangen.

M. Neises
A. Wischnik
F. Melchert

Neises M, Wischnik A, Melchert F (Hrsg): Der geriatrische Tumorpatient.
Beitr Onkol. Basel, Karger, 1994, vol 45, pp 1–13

Der geriatrische Tumorpatient: Einführung in die Thematik

Ursula Lehr

Institut für Gerontologie, Ruprecht-Karls-Universität Heidelberg, BRD

Krebs im höheren Lebensalter

Wir befassen uns hier mit einem Thema von höchster Aktualität. 24,1% der Verstorbenen des Jahres 1990 starben an einem Krebsleiden. 86 200 Sterbefälle der Männer (26,1%) und 85 300 Sterbefälle der Frauen (22,3%) waren hierauf zurückzuführen. Bei den Krebstodesfällen dominieren beim Mann der Lungenkrebs (26%), gefolgt vom Darmkrebs (12%), Magenkrebs (9–10%), Prostatakarzinom (9–10%) sowie Malignomen der Harnorgane (7%). Bei Frauen stehen Brustkrebs (17%) und Darmkrebs (16%) an den ersten Stellen, gefolgt von Magenkrebs (8%) und Gebärmutterkrebs bzw. Gebärmutterhalskrebs (7%).

Ein «Leben mit Krebs» kennen jedoch weit mehr Menschen. Eine Schätzung der pro Jahr an Krebs Neuerkrankten in der Bundesrepublik (11 alte Länder) liegt bei etwa 255 000 Personen. Mehr als 50% der malignen Tumoren wurden in der Gruppe der über 65jährigen gefunden, die nur 15% der Gesamtbevölkerung ausmachen. In Zukunft, bei steigender Lebenserwartung und steigendem Anteil alter Menschen, werden immer mehr Ärzte mit Problemen der Tumorerkrankung bei alten und sehr alten Menschen konfrontiert werden. Doch im Gegensatz zum jüngeren Menschen stirbt der alte Mensch häufiger *mit* einem bösartigen Tumor als *an* einem [1]. Immerhin, die Zahl der alten Patienten wird zunehmen.

Schon heute sind rund 21% der Bevölkerung 60 Jahre und älter, und zwar 25,5% aller Frauen und etwa 15% aller Männer; im Jahre 2000 werden 26% der Gesamtbevölkerung Deutschlands älter als 60 sein. Aber auch der Anteil der über 70-, 80-, 90- und 100jährigen nimmt zu. Während es 1970 knapp 400 Hundertjährige gab, waren es 1990 insgesamt 3 014 Personen (482 Männer und 2 532 Frauen), denen unser Bundespräsident zum dreistelligen Geburtstag gratulierte. Für das Jahr 2000 rechnet man allein in Deutschland mit über 13 000 Hundertjährigen. Etwa ein Drittel der Hundertjährigen ist heutzutage voll kompetent, kann alleine ohne jede Hilfe den Alltag meistern, ein Drittel bedarf gelegentlich gewisser Hilfe, und etwa ein Drittel der Hundertjährigen ist schwer pflegebedürftig.

Die Inzidenz von Krebserkrankungen steigt nach dem 65. Lebensjahr steil an. So hat ein 35jähriger ein Risiko von 1:1 000, im nächsten Lebensjahr ein Karzinom zu entwickeln, ein 65jähriger hingegen ein Risiko von 1:100, ein 80jähriger sogar ein Risiko von 3:100. Auch bei Frauen findet man einen Anstieg zwischen dem 65. und 85. Lebensjahr, allerdings nicht ganz so stark wie bei Männern [2].

Mögliche Gründe für Krebserkrankungen

Als Gründe für diesen Anstieg werden einmal die mit zunehmender Lebensdauer einhergehende längere Einwirkzeit von karzinogenen Substanzen genannt, zum anderen die mit zunehmendem Lebensalter abnehmende Immunabwehr [2]. Auch psychosoziale Faktoren werden im Zusammenhang mit der Entstehung von Krebs – allerdings sehr kontrovers – diskutiert. Die in der Literatur [3] immer wieder genannten Faktoren, wie
- Hilfs- und Hoffnungslosigkeit als Folge von Verlusterlebnissen (die sich nun einmal lebenslaufbedingt mit zunehmendem Alter häufen),
- Belastungen in der Kindheit, gestörte Eltern-Kind-Beziehung,
- Mangel an Zuwendung (dürften weniger alterstypisch sein),
- kritische Lebensereignisse, die die Anpassungsschwierigkeiten des Organismus überfordern (eine Kumulation kritischer Lebensereignisse im Alter ist zu erwarten, eine Herabsetzung der Anpassungskapazität kann, aber muß nicht gegeben sein),
- eine bestimmte Persönlichkeitsstruktur (gehemmte Gefühlsäußerungen, Verdrängung negativer Emotionen),

mögen zwar vielleicht plausibel klingen, halten jedoch in dieser Form einer methodenkritischen Betrachtung nicht stand.

Koch und Beutel [4] stellen fest, daß die Thesen einer Verursachung oder Mitverursachung von Krebs durch psychologische Faktoren bisher weder belegt, aber auch nicht widerlegt sind.

Ich möchte hier nicht weiter in die Diskussion um die möglichen Ursachen von Krebserkrankungen einsteigen, zumal diese stärker von Hypothesen als von gesichertem Wissen bestimmt wird. Eines dürfte jedoch feststehen: Man kann heute nicht mehr von einzelnen Risikofaktoren, einzelnen Umweltbelastungen, einzelnen Persönlichkeitsmerkmalen, einzelnen spezifischen Lebenssituationen oder «critical life events» ausgehen, die man für die Entstehung maligner Tumoren allein verantwortlich machen kann. Vielmehr scheint eine multifaktorielle Genese gegeben zu sein. Wir haben von einem interaktionistischen Modell auszugehen, innerhalb dessen Personen mit spezifischen individuell geprägten psychischen und somatischen Charakteristika oder auch sogenannten Risikofaktoren (z. B. Rauchen) in spezifischen Lebenssituationen mit bestimmten Ereignissen konfrontiert werden, die sie auf bestimmte Weise erleben und auf die sie entsprechend in spezifischer Weise reagieren.

Die «Krebspersönlichkeit» gibt es sicher nicht. Es ist auch kaum zu erwarten, daß die psychosoziale Krebsforschung dazu beitragen wird, in absehbarer Zeit die Ursachen der Krebsentstehung aufzuklären. Doch sie kann sicher einen Beitrag leisten zur Therapie Krebskranker, zur Verbesserung ihrer Lebenssituation, sie kann zur Erhöhung der Lebensqualität auch in der letzten Phase des Daseins beitragen. Mit Recht fordert Bräutigam [5] allerdings: «Mit der psychosozialen Betreuung des Krebskranken (sollte endlich) noch während der akuten Erkrankung im Krankenhaus begonnen werden, denn Krebs ist nicht ausschließlich ein medizinisch-naturwissenschaftliches Problem.» Die Mitteilung der Diagnose ist ein äußerst kritisches Lebensereignis und wird als Zäsur erlebt.

Das ursprüngliche Forschungsinteresse an den – vor allem auch im psychosozialen Bereich vermuteten – Entstehungsbedingungen maligner Erkrankungen ist mittlerweile zurückgetreten zugunsten von Konzepten, welche die psychischen bzw. psychosozialen Verarbeitungsformen, die Auseinandersetzungsformen mit dieser Erkrankung, untersuchen.

So stehen hier bei unserem Symposium neben tumorbiologischen Grundlagen der Krebsentstehung vor allem Fragen der Besonderheiten bei der Behandlung des geriatrischen Tumorpatienten im Mittelpunkt, ebenso auch Fragen der Nachsorge. Mediziner der verschiedensten Fachrichtungen, aber auch Experten aus anderen Bereichen werden ihre Erkenntnisse zur Diskussion stellen, und gemeinsam soll versucht werden, Vorschläge für verbesserte Versorgungskonzepte zu erarbeiten. Ich selbst kann von meinem wissenschaftlichen Hintergrund aus vergleichsweise wenig beitragen, doch vielleicht zum Nachdenken anregen.

Notwendigkeit differenzierender Betrachtung

Zweifellos ist es problematisch, von *dem* Tumorpatienten zu reden. Gewiß ist zwischen Krebserkrankungen in den verschiedenen Organsystemen zu unterscheiden, einmal in bezug auf die erlebte Betroffenheit (Prostatakarzinom, Mammakarzinom, Lungenkarzinom, Hauttumoren unterschiedlicher Lokalisation), zum anderen in bezug auf die Prognose. «Krebs ist keine Krankheitseinheit, sondern umfaßt als Oberbegriff mehr als 100 unterschiedliche Formen, die sich in ihrem biologischen Verhalten und klinischen Manifestationen erheblich voneinander unterscheiden» [4, p. 397].

Zweifellos werden Erscheinungsbild und Wachstumseigenschaften maligner Tumoren durch das Lebensalter mitbeeinflußt, doch es scheint sehr problematisch zu sein, von *dem* Patienten oder gar von *dem geriatrischen* Patienten zu sprechen. Wer ist der «geriatrische Patient»? Der 60-, 70-, 80- oder 90jährige? Aber: Was besagt die Zahl der Jahre? Mit zunehmendem Lebensalter werden sie immer weniger zu einem Kriterium für Fähigkeiten und Fertigkeiten, aber auch für Anpassungsmechanismen und Verarbeitungsformen. Hier werden die spezifischen Lebenssituationen, innere und äußere Bedingungen, das ökologische und soziale Umfeld weit entscheidender. Zu der Gruppe der «geriatrischen Patienten», im allgemeinen der über 60jährigen, zählen «junge Alte» und «alte Alte», Personen in unterschiedlichen familiären Situationen und sozialen Netzwerken, Personen unterschiedlicher Schul- und Berufsausbildung, unterschiedlicher kognitiver Strukturen und erst recht höchst unterschiedlichen Gesundheitszustands. So ist bei der Behandlung der Krebspatienten nicht die Zahl der Lebensjahre, sondern der Zustand lebenswichtiger Organe und die psychische Einstellung der entscheidende Faktor. Sicherlich sind infolge der Multimorbidität der alten Menschen gewisse Grenzen gesetzt [6].

Doch ältere Patienten sind eine äußerst heterogene Gruppe, welche heute die Geburtsjahrgänge 1895/1900 bis 1930/1935 erfaßt. Vergegenwärtigen wir uns die Biographien dieser Gruppe auf zeitgeschichtlichem Hintergrund (geschichtliche Ereignisse, wie Krieg, Gefangenschaft, Ausbombung, Flüchtlingselend, aber auch technische Entwicklung, Veränderungen im gesellschaftlichen Bereich, Veränderungen im Lebensstil, denen man im unterschiedlichsten Lebensalter und in unterschiedlichster Lebenssituation konfrontiert war), dann wird klar, daß man eigentlich nicht über *die* älteren oder die alten Patienten sprechen kann. Sie haben unterschiedlich geprägte Erlebnisweisen und unterschiedliche Verarbeitungsstile. Unsere geriatrischen Patienten sind Individualisten, durch lebenslange ureigene Erfahrungen geprägt; die meisten der heute Älteren haben sehr oft schon dem Tod ins Auge geschaut. Versucht man, sich in ihre Lebensgeschichte hineinzuversetzen, dann wird man ihre Erlebnisweisen der Krankheit heute und ihre Reaktionen darauf, ihre «Bewältigungstechniken», ihre Auseinandersetzungsformen, besser verstehen.

Unsere verschiedenen Untersuchungen zur Thematik kritischer Lebensereignisse – und die Feststellung eines malignen Tumors wird gewiß als solches erlebt – zeigen sehr eindeutig, daß das subjektive Erleben, die kognitive Repräsentanz einmal abhängig ist von den bisherigen biographischen Erfahrungen, sodann von einer Vielzahl von Aspekten der Gegenwartssituation wie auch von der eigenen Zukunftsorientierung.

Wir haben versucht, dieses subjektive Erleben einer Situation in Dimensionen zu erfassen und anhand einer 7-Punkte-Skala in ihrem jeweiligen Ausprägungsgrad zu beurteilen:

1. Negatives/positives Erleben.
2. Einengung/Ausweitung des Lebensraumes.
3. Fremdbestimmung/Selbstbestimmung bei der Herbeiführung.
4. Unveränderbarkeit/Veränderbarkeit der Situation.
5. Geringe/hohe Antizipation.
6. Persönliche Bedeutsamkeit gering/hoch.
7. Ablehnung/Zustimmung, Zuwendung durch die Umwelt.

Diese Skala wurde nicht nur für die Auseinandersetzungen mit Krankheiten entwickelt, sondern auch für die Auseinandersetzung mit kritischen sonstigen Lebensereignissen, wie «Empty-nest»-Situation, Berufsende, Scheidung, Verwitwung, Krankheit des Partners, Wohnungswechsel (Altenheim). Dabei zeigte sich, und das gilt auch für das

Erleben gesundheitlicher Belastungen, wie Untersuchungen an Schlaganfallpatienten [7], an Dialysepatienten [8], an Herzinfarktpatienten [9], an Tumorpatienten [8–10] nachweisen konnten:

Wird ein Ereignis (auch die Diagnose einer Krankheit) negativ, als Einengung und weitgehend fremdbestimmt erlebt, ist man von der Unveränderbarkeit der Situation überzeugt, fühlt man sich der Situation ausgeliefert ohne die Möglichkeit, selbst irgend etwas dazu tun zu können (Verlust der «Kontrolle»), hatte man außerdem das Ereignis bzw. die Erkrankung nicht antizipiert und erlebt zudem das Geschehen von hoher persönlicher Bedeutsamkeit (löst Veränderungen in nahezu allen Lebensbereichen aus), dann kann einmal ein solches Erleben den Ausbruch einer Krankheit begünstigen bzw. die gesundheitlichen Belastungen verstärken, zum anderen aber auch einer Rehabilitation bzw. einer «erfolgreichen» inneren Auseinandersetzung mit der Situation und einer inneren Verarbeitung derselben entgegenstehen.

Die Erlebensweisen der Situation bestimmen auch weitgehend (neben biographisch geprägten Persönlichkeitsmerkmalen) die Auseinandersetzungsformen mit diesen kritischen Lebensereignissen. Diese individuellen Formen der Streßverarbeitung («coping styles», Reaktionsformen) sind einmal vom Erleben der Situation abhängig, die im Krankheitsfall auch beeinflußt wird von der Diagnosemitteilung, vom Arztverhalten, vom Verhalten der sozialen Umwelt; sie sind zum anderen aber auch Produkte jahre- oder jahrzehntelanger Sozialisationsprozesse, d. h. Prägungen durch mehr oder minder anerzogene oder angewöhnte Formen der Auseinandersetzung, sogenannte «Daseins-Techniken» [11].

In unseren Untersuchungen zeigte sich aber auch: Wird die Gegenwartssituation erlebt als
– unveränderbar, ohne Möglichkeiten eigener Beeinflussung,
– fremdbestimmt (hilfloses Ausgeliefertsein),
– Einengung des Lebensraums auf allen Gebieten,
– völlig fehlende Antizipation,
– negative Reaktion seitens der Umwelt,

dann gelangen bestimmte Auseinandersetzungsformen zur Anwendung, wie
– Verdrängung, Nicht-wahrhaben-Wollen,
– Resignation, Depression,
– Sichabfinden mit den Gegebenheiten (ohne sie zu akzeptieren), Apathie,
– evasive Reaktionen.

Weit seltener findet man bei einem solchen Erlebnisprofil
- Hoffnung auf äußere Wende,
- Sichverlassen auf andere,
- Situation den Umständen überlassen.

Bei einem Erleben der Veränderbarkeit der Situation durch eigenes Dazutun, von Zuwendung seitens der Umwelt, von wenigstens einzelnen positiven Aspekten der Situation, von Selbstbestimmung bei der Herbeiführung der Situation (z. B. beim Herzinfarkt) gelangen hingegen Auseinandersetzungsformen oder Verarbeitungsstile zur Anwendung, die die Situation erleichtern und günstigere Prognosen im Hinblick auf eine Rehabilitation erlauben, wie sachliche Auseinandersetzung, Aufgreifen von Chancen, Hoffnung auf Wende, Akzeptieren der Grenzen und Auskosten der noch verbleibenden Möglichkeiten.

Dabei kommt dem Akzeptieren der Situation eine große Bedeutung zu («so ist es nun einmal; now make the best of it»). Sachliche Leistung, aktive Bewältigung der Situation, Aufgreifen gegebener Chancen, Pflege und Stiftung sozialer Kontakte, Korrektur der Erwartungen, Hoffnung auf Wende sind hier die entsprechenden Reaktionsformen.

Vergleichende Untersuchungen an Krebs- und Herzinfarktpatienten [9] haben gezeigt, daß bei den Patienten der Infarktgruppe ein etwas positiveres Erleben der Situation gegeben war, eine geringere Einengung des Lebensraums, ein weit höheres Erleben der Selbstverursachung, etwas stärkere Veränderbarkeit der Situation. Bei Tumorpatienten wurde die Erkrankung weit bedeutsamer, d. h. in nahezu alle Lebensbereiche eingreifend erlebt, sie wurde etwas stärker als Herausforderung, aber viel stärker als Bedrohung gesehen.

Das Erleben der Krebserkrankung und die Reaktion darauf werden zweifellos von einer Vielzahl von Faktoren beeinflußt, innerhalb derer dem Lebensalter nur eine relativ geringe Bedeutung zukommt. Die interindividuelle Variabilität Gleichaltriger sollte nicht unterschätzt werden.

Generalisierende Tendenzen

Dennoch sollte gefragt werden, ob und in welcher Weise sich die Mehrzahl älterer Tumorpatienten von der Mehrzahl jüngerer Tumorpatienten unterscheidet.

1. Zu bedenken ist der allgemeine Gesundheitszustand, der mit zunehmendem Alter stärker durch Multimorbidität gekennzeichnet ist. Während im jüngeren und mittleren Erwachsenenalter der Tumor oft die einzige Erkrankung ist, ist die Tumorerkrankung bei den meisten älteren Menschen eine unter vielen. Das hat gewiß auch Konsequenzen bei der Wahl der Behandlungsstrategien und deren möglicher Erfolgseinschätzung [1, 2].

2. Sodann werden Tumoren bei älteren Menschen oft erst in einem schon fortgeschrittenen Stadium entdeckt. Erste Anzeichen von Unpäßlichkeit, die für Jüngere ein Signal bedeuten, werden von Älteren oft als allgemeine, im Alter zu erwartende Beschwerden gedeutet. Von Vorsorgeuntersuchungen wird weniger Gebrauch gemacht.

3. Außerdem hat die Entscheidung über die Form der Behandlung das Lebensalter und die normalerweise gegebene durchschnittliche Lebenserwartung miteinzubeziehen. Bei 80jährigen und älteren sollte die Lebensqualität der verbleibenden Jahre Vorrang haben vor der Lebensverlängerung.

Das fortgeschrittene Alter allein ist kein Grund, sich von vornherein gegen eine bestimmte Behandlung zu entscheiden. Gewiß, bestimmte Formen der Tumorbehandlung sind für Ältere belastender als für Jüngere, angesichts des operativen Risikos, der möglichen postoperativen Komplikationen, der notwendigen längeren Verweildauer im Krankenhaus und der oft langsamer und schleppend verlaufenden Erholungsphasen nach den Therapien. Anzukämpfen ist gegen den manchmal beobachteten Drang der Ärzte (aber auch der Angehörigen), alle therapeutischen Möglichkeiten auszuschöpfen, nur um das eigene Gewissen zu erleichtern, sofern dies zu Lasten des älteren Tumorpatienten geht.

Sie werden sich hier im Laufe des Symposiums intensiver mit der Frage auseinandersetzen, ob im höheren Alter – bei 60-, 70-, 80jährigen und älteren – eine andere therapeutische Strategie angebracht ist als bei jüngeren Patienten. Doch sollte auch hier nie die Anzahl der Jahre, die ein sehr fragwürdiges Kriterium ist, allein entscheiden.

Die Wahrheit am Krankenbett

Abschließend sei auf die Frage eingegangen, wieweit der Arzt die Tatsache und den wirklichen Sachverhalt einer terminalen Erkrankung und seine innere Überzeugung von dem bevorstehenden Lebensende dem älteren Patienten mitzuteilen hat. Oder – interindividuelle Unterschiede bei Arzt und Patient berücksichtigend – würde die Frage lauten: *Wann* (d. h. zu welchem Zeitpunkt) sagt *welcher* Arzt *welchem* Patienten *was* in *welcher* Form? Hierzu einige Untersuchungsergebnisse:

1. Der überwiegende Anteil auch der älteren Erkrankten wünscht eine *direkte* Information durch den Arzt, und nicht etwa ein Informiertwerden auf dem Weg über die Familienangehörigen, was oft gerade bei älteren Patienten geschieht. Aber gerade Ältere erleben sich dann als «bereits aufgegeben» oder «in meinem Alter nicht mehr für voll genommen», was das zukünftige Vertrauensverhältnis zwischen Arzt und Patient beeinträchtigt.

2. Es gilt, die zeitliche und räumliche Plazierung der Information, die Informationsmenge und die Informationsart der individuellen Situation des Patienten anzupassen, was Kenntnis seiner Lebenssituation voraussetzt. Studien zeigen, daß vor allem auch ältere Patienten sehr häufig den Erklärungen ihres Arztes nicht folgen wollen oder können und allenfalls nur höchstens bis zu 60% der Information verstehen können. Der Arzt sollte daher unbedingt in einer für seinen Patienten verständlichen Sprache reden. Ist der Gebrauch der Fachsprache nicht manchmal ein Weg, die «reine Wahrheit» zwar zu sagen und sich damit juristisch abzusichern, aber sie dennoch den Patienten nicht wissen zu lassen, ihn damit nicht zu konfrontieren?

Mit einer für den Patienten nicht verständlichen Diagnose schafft oder verstärkt man
– Minderwertigkeitskomplexe («ich bin so ungebildet, daß ich das nicht verstehe», «ich bin so alt, da komme ich nicht mehr mit»),
– das Erleben der Distanz zwischen Patient und Arzt,
– die Ungewißheit und Unsicherheit des Patienten, läßt ihn «alleine stehen» und bringt ihn zum Grübeln über seine Situation, schafft so mehr Unruhe als nötig,
– und verhindert eine innere Auseinandersetzung mit seiner Erkrankung und auch mit der Endlichkeit des Lebens.

Wir wissen von unseren Studien an Krebspatienten [8–10], daß von vielen (nicht von allen) die Mitteilung der harten Wahrheit trotz allem positiver erlebt wurde als die unausgesprochenen quälenden Befürchtungen.

Es kommt also darauf an, auch den älteren Patienten – und gerade ihn, denn er traut sich weniger nachzufragen als jüngere – ausführlich, in einer ihm verständlichen Form zu informieren und dabei dessen Auffassungsfähigkeit weder zu überschätzen noch zu unterschätzen. Bei der Informationsvermittlung, der Mitteilung der Diagnose, sollte der Arzt auch über die Bedeutung der «kognitiven Repräsentanz», des subjektiven Erlebens [12], Bescheid wissen. Untersuchungen haben nämlich gezeigt, daß nicht die objektiven Gegebenheiten das Verhalten des Menschen bestimmen, sondern daß vielmehr die Art, wie diese subjektiv erlebt werden, für das Verhalten entscheidend ist.

3. Doch die «wahre Information» allein genügt nicht. Es gilt vielmehr, dem Patienten gleichzeitig Möglichkeiten und Grenzen in der ihm noch verbleibenden Lebenszeit aufzuzeigen und ihn soweit wie möglich an Entscheidungsprozessen in bezug auf eine Therapie bzw. auf eine mögliche Erleichterung seiner Lebenssituation teilhaben zu lassen.

Zahlreiche Untersuchungen haben nachgewiesen [13, 14], daß derjenige Patient, der das Gefühl der auch nur geringen Veränderbarkeit der Situation durch eigenes Tun hat, der wenigstens geringe Möglichkeiten einer Einflußnahme auf seine Situation erlebt, der noch ein gewisses Ausmaß an Selbstbestimmung und damit an Kontrolle und Gestaltbarkeit seiner wenn auch sehr eingeschränkten Lebenssituation hat, diese dann besser meistert.

4. In der letzten Lebensphase ist ärztliches Bemühen nicht mehr am Ziel der Heilung orientiert, sondern am Ziel der Linderung. Mit Recht wendet sich Aulbert [15] gegen eine «Man-kann-nichts-mehr-tun-Phase» und zeigt auf, daß man gerade jetzt noch sehr viel Wesentliches tun kann und tun muß. Es gilt, dem Patienten die letzten Wochen und Tage seines Lebens soweit wie möglich zu erleichtern. Der terminal Erkrankte will und soll um seine Erkrankung wissen, aber er braucht ärztliche Begleitung und Hilfe bei den sich hinziehenden Verarbeitungsprozessen. Er braucht ärztliche Hilfe bei der Aufnahme der Information, der Diagnose und vor allem bei der inneren und äußeren Auseinandersetzung mit dieser. Er braucht ärztliche Hilfe beim Verarbeiten der Konfrontation mit dem nahen Lebensende. Aber auch die Angehörigen bedürfen ärztlicher Hilfe.

Doch oft ist der Arzt – wie auch das Pflegepersonal – in seiner Ausbildung nicht hinreichend auf solche helfenden Gespräche mit dem Sterbenden und seinen Angehörigen vorbereitet. So fand Glaser [16] in den USA: «Der sterbende Patient erleidet längst vor seinem biologischen Tod einen ‹sozialen Tod›», d. h., er wird vorzeitig von seiner sozialen Umwelt abgeschrieben, die notwendige Sterbebegleitung unterbleibt – aus innerer Hilflosigkeit, die oft noch durch Zeitknappheit verstärkt werde. Auch Aries [17] hat festgestellt, daß man sich lieber «attraktiven» kranken Menschen zuwendet und um das Zimmer des Sterbenden (vor allem um das eines alten Sterbenden, «der sein Leben ja schon gelebt hat», der – wie man meint – «ohnehin nicht mehr gebraucht wird») eher einen Bogen macht.

Untersuchungen weisen darauf hin, daß der Sterbende – vor allem der ältere Sterbende – oft auch eher bereit ist, den Tod anzunehmen, daß er auch darüber reden möchte, daß aber seine soziale Umwelt, die Familie, die Pflegenden oft nicht zum Akzeptieren dieser Situation zu bringen sind, sich die Todesnähe nicht eingestehen wollen bzw. dies dem Patienten gegenüber nicht zugeben wollen und so seine Situation erschweren.

Empirische Untersuchungen bei Chronischkranken im Endstadium hat Kruse [18] durchgeführt. Er konnte dabei nachweisen, daß Erlebens- und Auseinandersetzungsformen auch in hohem Maße biographisch verankert sind, aber darüber hinaus auch abhängig vom Verhalten und der Einstellung des sozialen Umfeldes. Die Einstellung des Arztes zum sterbenden Patienten und dessen Verhalten ihm gegenüber wies Zusammenhänge mit spezifischen Auseinandersetzungsformen auf. Mit Hilfe von Clusteranalysen konnte Kruse [18] verschiedene Bewältigungsstile herausarbeiten:

– Akzeptanz des Sterbens und des Todes bei gleichzeitiger Suche nach jenen Möglichkeiten, die das Leben noch bietet.
– Linderung der Todesängste durch die Erfahrung eines neuen Lebenssinns und durch die Überzeugung, auch in dem noch verbleibenden kurzen Leben wichtige Aufgaben wahrnehmen zu können. Hier mündet eine gute und vorsichtige Aufkärung des Arztes in ein Akzeptieren der Situation bei gleichzeitiger Suche nach Möglichkeiten. Hier erwies sich vor allem auch der ärztliche Kontakt mit den Angehörigen als hilfreich, die dem Sterbenden das Gefühl gaben, weiterhin «gebraucht zu werden».
– Bemühen, die Bedrohung der eigenen Existenz nicht in das Zentrum des Erlebens treten zu lassen.
Diese Patienten hielten den Abwehrmechanismus bis wenige Tage vor dem Tod aufrecht. Die Aufklärung durch den Arzt erwies sich hier als schwierig, manchmal als undurchführbar, zumal sich diese Patienten von jenen Personen zurückzogen, die sie an die Schwere ihrer Erkrankung erinnerten.

- Zunehmende Resignation und Verbitterung, das Leben wird nur noch als Last empfunden, die Patienten sind ganz von der Endlichkeit ihres Daseins bestimmt.
Diese Patienten wurden zunehmend verbittert, fühlten sich abgelehnt. Physische Schmerzen bestimmten ihr Erleben. Eine «Aufklärung» mußte hier nicht mehr geleistet werden, da die Patienten über den bevorstehenden Tod orientiert waren, ihn sogar herbeisehnten.
- Durchschreiten von Phasen tiefer Depression zu einer Hinnahme des Todes.
Lang andauernde tiefe Depressionen gingen kurz vor dem Tod mehr und mehr zurück und bereiteten eine Hinnahme des Todes vor.

Diese hier nur kurz skizzierten Formen der Auseinandersetzung mit dem Lebensende verlangen von Arzt, Pflegepersonal, Geistlichen und Angehörigen ganz spezifische, individuell unterschiedliche Hilfestellungen. Untersuchungen zeigen, daß viele der sterbenden Patienten sehr oft über ihre Situation reden möchten, daß das Wahrnehmen der Realität manchmal als erleichternd erlebt wird, Ungewißheit oder gar ein Täuschen sie jedoch erschwert. Oft gilt es, auch die Angehörigen zum Akzeptieren der Situation zu bringen. Eine Sterbebegleitung und echte Sterbehilfe kann auch darin bestehen, daß man noch einmal beim «Aufarbeiten des Lebens» hilft, daß man dem Sterbenden deutlich werden läßt, daß auch sein Leben einen Sinn hatte. Untersuchungen von Durlak [19] und auch von Munnichs [20] zeigen, daß diejenigen Menschen eher zum Abschied bereit sind, die ihr Leben als «sinnvoll» und «erfüllt» erleben.

Die Wahrheit am Krankenbett erst ermöglicht ein Abschiednehmen von nahestehenden Menschen, eine Vorbereitung und Antizipation des Todes. Doch die Wahrheit am Krankenbett allein kann dies nicht garantieren. Die Wahrheit kann nur der erste Schritt sein zu einer hilfreichen Sterbebegleitung.

Literatur

1 Warnecke RB: The elderly as a target group for prevention of cancer, in Yancik R, Yates JW (Hrsg): Cancer in the Elderly. Approaches to Early Detection and Treatment. New York, Springer 1989, pp 3–14.

2   Yancik R, Ries LG: Epidemiological features of cancer in the elderly, in Zenser TV, Coe RM (Hrsg): Cancer and Aging; Progress in Research and Treatment. New York, Springer, 1989, pp 19–29.
3   Scherg H: Zur Kausalitätsfrage in der psychosozialen Krebsforschung. Psychother Psychosom Med Psychol 1986;36:98–109.
4   Koch U, Beutel M: Psychische Belastungen und Bewältigungsprozesse bei Krebspatienten, in Koch U, Lucius-Hoene G, Stegie R (Hrsg): Handbuch der Rehabilitationspsychologie. Springer, Heidelberg, 1988, pp 397–434.
5   Bräutigam HH: Die Zeit 1989;49:93.
6   Franke H: Einleitung und Einführung zur Gerotherapie, in Franke H (Hrsg): Gerotherapie. Stuttgart, Fischer 1983, pp 1–18.
7   Kruse A: Der Schlaganfallpatient und seine Familie. Z. Gerontol 1984;17:359–366.
8   Boeger A: Bewältigungsversuche bei chronischer Krankheit am Beispiel von Krebs- und Dialysepatienten; Phil. Diss. Univ. Bonn, 1988.
9   Martin P: Der Herzinfarkt als kritisches Lebensereignis; Phil. Diss. Univ. Bonn, 1985.
10 Diehl M: Die Krebsdiagnose als kritisches Lebensereignis; Formen der Auseinandersetzung mit einer lebensbedrohenden Erkrankung; unveröff. Dipl.-Arbeit, Psychol. Institut Univ. Bonn, 1985.
11 Thomae H: Persönlichkeit – eine dynamische Interpretation. Bonn, Bouvier, 1951
12 Thomae H: Die Bedeutung einer kognitiven Persönlichkeitstheorie für die Theorie des Alterns. Z Gerontol 1971;4:8–18.
13 Langer EJ: The Psychology of Control. New York, Sage 1983.
14 Thomae H, Kranzhof HE: Erlebte Unveränderlichkeit von gesundheitlicher und ökonomischer Belastung. Z Gerontol 1979;12:439–459.
15 Aulbert E: Man kann noch viel tun. Notabene Medici 1987;17:659–664.
16 Glaser BA: The social loss of aged dying patients. Gerontologist 1966;2:77–87.
17 Aries PH: Geschichte des Todes. München, Beck (dtv Wissenschaft), 1982.
18 Kruse A: Die Auseinandersetzung mit Sterben und Tod. Z Allg Med 1988;64:59–66.
19 Durlak JA: Relationships between variance measures of death concern and tear of death. J Consulting Psychol 1973;41:162–169.
20 Munnichs JMA: Old Age and Finitude. Basel, Karger, 1966.

Prof. Dr. Dr. h. c. Ursula Lehr,
Direktorin des Instituts für Gerontologie der Ruprecht-Karls-Universität,
Bergheimer Straße 20, D-69115 Heidelberg (BRD)

Tumorbiologie und -epidemiologie des Alters

Tumorbiologische Grundlagen für die Krebsentstehung im Alter: Alterung und genetische Instabilität

Alexander Bürkle

Deutsches Krebsforschungszentrum, Angewandte Tumorvirologie, Heidelberg, BRD

Bei der Erörterung der biologischen Grundlagen der Tumorentstehung im Alter soll hier nur *ein* Aspekt Berücksichtigung finden, nämlich jener der genetischen Instabilität, welche offensichtlich mit dem Altern von Zellen und Organismen einhergeht, wenn nicht sogar kausal damit verknüpft ist. Zweifellos stellen altersbedingte Veränderungen von Immunsystemen oder hormonellen Systemen wichtige weitere Faktoren in der Kanzerogenese dar, auf die jedoch hier nicht eingegangen werden soll.

Altern und Krebs

Es gibt eine auffällige Korrelation zwischen dem Altern und der Krebsinzidenz. Dies läßt sich beispielhaft mit Daten aus dem «Connecticut Tumor Registry» belegen, wo die Krebshäufigkeit in Abhängigkeit vom Lebensalter für sogenannte Klasse-I-Tumoren untersucht wurde [1]. (Klasse-I-Tumoren umfassen alle Tumorerkrankungen mit Ausnahme von lymphatischen Leukämien, Knochen- und Hodentumoren sowie Morbus Hodgkin.) Diese Untersuchung ergab eine sehr enge Korrelation zwischen der Krebsrate und der allgemeinen Sterblichkeit, die mit dem Alter exponentiell wächst. Dies deutet darauf hin, daß der Alterungssvorgang und die Krebsentstehung auf einer gemeinsamen (patho)physiologischen Grundlage basieren. Solch eine

Alterung und genetische Instabilität 15

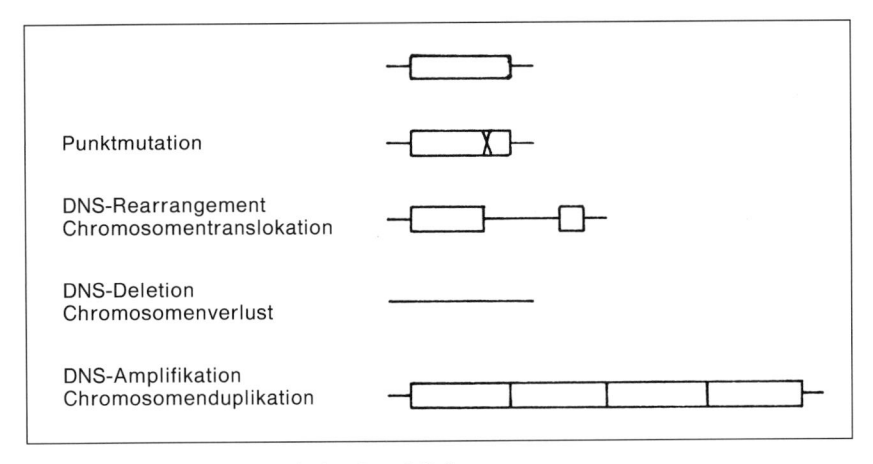

Abb. 1. Formen genetischer Instabilität.

Tabelle 1. Folgen genetischer Instabilität im Rahmen der Onkogenese

Veränderung	Beispiel	Vorkommen
Quantität eines Genprodukts	Amplifikation des «Multidrogen»-Resistenzgens Gendeletion des *Rb*-Lokus	kollaterale Zytostatikaresistenz Retinoblastom und andere Tumoren
Qualität eines Genprodukts	aktivierende *ras*-Mutationen	verschiedene Tumorerkrankungen
Genregulation	deregulierte *myc*-Genexpression	Burkitt-Lymphom

Grundlage könnte die Instabilität des Genoms (Abb. 1) darstellen, die bekanntermaßen eine herausragende Rolle bei verschiedenen Stadien der Onkogenese spielt. Einige Belege hierfür sind in Tabelle 1 zusammengefaßt.

Genetische Instabilität und Altern

Daß auch Alterungsprozesse ursächlich mit genetischer Instabilität verknüpft sein können, ist bislang am eindrucksvollsten bei den Pilzorganismen *Podospora anserina* und *Neurospora intermedia* demonstriert worden. Diese Thematik wird eingehend im Symposiumsbeitrag von H. D. Osiewacz dargestellt.

Verlust von Telomer-DNS

Mit der Hefe *Saccharomyces cerevisiae* als experimentellem Modellsystem konnten interessante Erkenntnisse zur Seneszenz im Zusammenhang mit Chromosomenendigungen, den sogenannten Telomeren, gewonnen werden. Telomere bestehen aus kurzen repetierten DNS-Sequenzen, welche für die vollständige DNS-Replikation (DNS-Verdoppelung) der Chromosomenenden notwendig sind [2]. Lundblad und Szostak [3] isolierten eine Hefemutante, deren Telomere sich im Verlauf der vegetativen Wachstumsphase stetig verkürzten. Hefe verfügt normalerweise über einen Mechanismus, welcher verlorene repetitive Einheiten wieder regenerieren kann. Der genetische Defekt dieser Mutante liegt im sogenannten EST-1-Gen, welches vermutlich eben jene Enzymaktivität kodiert, die für die laufende Ergänzung von Telomeren verantwortlich ist. Interessanterweise sind EST-1-Mutanten durch einen Seneszenzvorgang gekennzeichnet, der erst nach etlichen vegetativen Vermehrungsrunden erkennbar wird.

Für die Biologie der Säugetiere sind hier zwei Tatsachen von Bedeutung: Erstens existiert eine ausgeprägte Sequenzhomologie zwischen Säuger- und Hefetelomeren. Zweitens wurde festgestellt, daß in menschlichen somatischen Geweben die Telomere (Einzelsequenzmotiv: TTAGGG) kürzer sind als in der DNS von Spermien, also von Keimbahnzellen [4]. Diese Verkürzung tritt kontinuierlich mit zunehmendem Lebensalter auf. Eine fortschreitende Telomerverkürzung mit zunehmender Passagenzahl ließ sich auch in menschlichen Fibroblastenkulturen nachweisen [5]. In Kolonkarzinomzellen fanden sich ebenfalls stark verkürzte Telomere. Die Spekulation liegt nahe, daß es in letzterem Fall aufgrund der extrem häufigen Zellteilungen im Verlauf der «Evolution» von einer Normalzelle zur vollständig malignen Tumorzelle zum übermäßigen Telomer-«Verbrauch» gekommen ist. Überdies könnten gerade stark verkürzte Telomere eine Mitursache für die chromosomale Instabilität sein, die für Krebszellen so typisch ist, da ein kompletter Telomerverlust eines Chromosomenarms auch in normalen Zellen zu häufigen Rekombinationen bzw. progredienten Verlusten von «freiliegenden», nicht durch Telomere geschützten Gensequenzen führt. Zusammengenommen könnte man aus diesen Daten folgern, daß Telomere – von konstanter Länge in der Keimbahn, stetig sich verkürzend in somatischen Geweben – vielleicht ein «molekulares Zählwerk» darstellen, welches die jeweils noch möglichen Teilungen einer Zelle anzeigt. Allerdings ergab die Untersuchung der Telomerstruktur bei einigen Mausstämmen hierzu in Widerspruch stehende Resultate [6]. Weitere Arbeiten sind demnach erforderlich, bevor die Allgemeingültigkeit der einen oder anderen Befundsituation behauptet werden kann.

rDNS-Verlust/extrachromosomale DNS

Neben dem Telomerbereich der Chromosomen können auch andere chromosomale Abschnitte alterungsassoziierte Veränderungen aufweisen. Die Arbeitsgruppe um Strehler [6, 7] beschrieb bereits vor vielen Jahren den selektiven Verlust von tandemrepetierten Genen für ribosomale RNS (sogenannte r-DNS). Dieser Verlust trat in terminal differenzierten menschlichen Geweben, nämlich Gehirn und Herzmuskulatur, auf und könnte über eine globale Störung der Proteinbiosynthese für die alternsbedingten Funktionseinbußen der betroffenen Zellen verantwortlich sein.

Shmookler Reis und Goldstein [9] beobachteten, daß sich in menschlichen Fibroblastenkulturen die Kopienzahl einer anderen repetitiven DNS-Sequenz («alphoid family/EcoRI repeat») im Verlauf von Zellkulturpassagen ebenfalls kontinuierlich vermindert.

Neben Daten zum Verlust von DNS gibt es andererseits einige Publikationen über die *Vermehrung* von bestimmten DNS-Klassen in verschiedenen Säugerzellen, die mit dem Altern in Verbindung stehen könnte: Elektronenmikroskopische Untersuchungen von Kunisada et al. [10] zeigten, daß Lymphozyten von alten Ratten und menschliche Lungenfibroblasten, die über viele Passagen in Zellkultur gehalten worden waren, in zunehmendem Maße extrachromosomale zirkuläre DNS variabler Länge aufwiesen. In Hautfibroblasten alter Menschen sowie von Patienten mit Werner-Syndrom, einer seltenen, autosomal rezessiven Erbkrankheit mit dem Phänotyp eines vorzeitigen Alterns bereits in der Adoleszenz, waren dabei gehäufte Episome einer ganz bestimmten Größenklasse (etwa 1 500 Basenpaare) nachzuweisen.

Mehrere Gruppen haben solche extrachromosomale oder «small polydispersed circular» DNS kloniert. Nähere Analysen dieser DNS-Klone zeigten klar ihren chromosomalen Ursprung auf, d. h. die Chromosomen scheinen laufend bestimmte kurze DNS-Abschnitte freizusetzen.

Chromosomenaberrationen

Viele Einzelbefunde belegen eine alternsabhängige Zunahme verschiedenartigster Chromosomenschäden, z. B. in Maushepatozyten [11] und in menschlichen Lymphozyten [12–14]. Ein spezifischer Verlust von Chromosomen oder Chromosomfragmenten tritt übrigens häufig bei bösartigen Tumoren auf und scheint über den Ausfall sogenannter Antionkogene (Tumorsuppressorgene) bei der Krebsentstehung eine bedeutende Rolle zu spielen.

Beim erwähnten Werner-Syndrom weisen somatische Zellen ein enormes Ausmaß an genetischer Instabilität auf. Dies manifestiert sich in gehäuften Chromosomentranslokationen, -inversionen, -deletionen und einer erhöhten Mutationsrate z. B. im Hypoxanthin-Guanin-Phosphoribosyl-Transferase-Gen. Im Vergleich zu Kontrollzellen werden diese Mutationen außergewöhnlich häufig durch große DNS-Deletionen verursacht [15]. Auch hier wird die enge Assoziation zwischen (vorzeitigem) Altern und genetischer Instabilität deutlich.

Übrigens nimmt auch bei normalen menschlichen Fibroblasten in späten Zellkulturpassagen die Anzahl von DNS-Brüchen zu [16]. Die Mutationsfrequenz normaler Fibroblasten steigt ebenfalls linear mit der Zahl der Zellkulturpassagen an.

DNS-Schädigung und DNS-Reparatur

Freie Sauerstoffradikale

Die Auslöser für diese vielgestaltigen DNS-Schäden sind noch nicht klar charakterisiert. Aus der experimentellen Krebsforschung ist bekannt, daß die Einwirkung chemischer und physikalischer Kanzerogene regelmäßig zu einem breiten Spektrum von DNS-Schäden führt, welche zunächst DNS-Reparaturprozesse, aber auch häufig Mutationen, Genrearrangements, DNS-Amplifikationen oder -Deletionen nach sich ziehen (Abb. 2). Auf der Suche nach den Ursachen alternsassoziierter DNS-Schäden wurden bislang vor allem Sauerstoffradikale untersucht.

Sauerstoffradikale sind ubiquitäre unvermeidliche Nebenprodukte des aeroben Stoffwechsels und werden überdies von aktivierten Makrophagen in größerem Umfang produziert und freigesetzt. Sie sind äußerst reaktionsfreudig und schädigen praktisch alle biologischen Makromoleküle. Der oxidative DNS-Schaden konnte anhand einer spe-

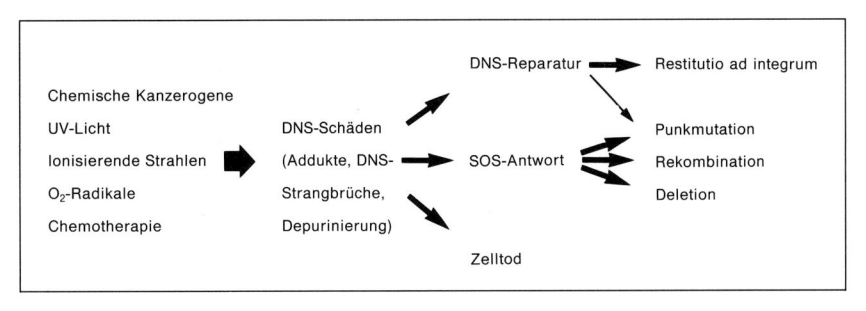

```
                                    DNS-Reparatur ──▶ Restitutio ad integrum
Chemische Kanzerogene                     ↗                ↘
UV-Licht              DNS-Schäden                        Punkmutation
Ionisierende Strahlen ▶ (Addukte, DNS- ──▶ SOS-Antwort ⇛ Rekombination
O₂-Radikale             Strangbrüche,                   Deletion
Chemotherapie           Depurinierung)   ↘
                                         Zelltod
```

Abb. 2. Einige Ursachen genetischer Instabilität im Rahmen der Onkogenese.

zifischen DNS-Basenveränderung (8-Hydroxy-Desoxyguanosin) in der Rattenleber quantifiziert werden und erwies sich als beträchtlich: 1 von 130 000 Basen in der DNS des Zellkerns und sogar 1 von 8 000 Basen in der DNS der Mitochondrien sind betroffen [17]. Interessanterweise zeigte ein Vergleich der Tagesausscheidung von oxidierten DNS-Basen im Urin verschiedener Säugetierarten, daß Arten mit einem niedrigen spezifischen Energieumsatz (die übrigens über eine längere Lebensspanne verfügen) eine geringere oxidative DNS-Schädigung aufwiesen [18].

Eine wichtige entgiftende Rolle gegenüber bestimmten Sauerstoffradikalen kommt dem Enzym Superoxid-Dismutase im Zusammenspiel mit der Katalase und der Glutathion-Peroxidase zu. Ein quantitativer Vergleich der Superoxid-Dismutase-Enzymaktivität in verschiedenen Geweben von 14 Spezies erbrachte höhere Werte für die langlebigeren [19]. Dies könnte – neben dem niedrigeren spezifischen Energieumsatz – die geringere oxidative DNS-Schädigung bei langlebigen Spezies erklären.

Schäden durch reduzierende Zuckerverbindungen

Auch bestimmte Zuckermoleküle, vor allem Glukose-6-Phosphat, Glukose und Fruktose, können DNS-Schäden verursachen. Bucala et al. [20] berichteten von einer in vitro spontan auftretenden kovalenten Koppelung dieser Substanzen an eine Test-DNS, die dadurch ihre biologische Aktivität verlor. Als Folge der chemischen Modifikation entstanden in vitro DNS-Strangbrüche in Abhängigkeit von Zeit und Zukkerkonzentration. Ähnliche Vorgänge scheinen auch in lebenden Zellen abzulaufen: Blutgefäßendothelzellen wurden über einige Tage in Zellkulturmedium mit normaler (5 mM) oder hoher (30 mM) Glukosekonzentration inkubiert. Bei erhöhter Glukosekonzentration ließ sich eine höhere Anzahl von DNS-Brüchen und als Konsequenz eine verstärkte DNS-Reparatursynthese nachweisen [21].

Altern und DNS-Reparatur

Eine Vielzahl von Untersuchungen beleuchtet anhand verschiedener biologischer Systeme die Zusammenhänge zwischen DNS-Reparatur und Alterung. Hart und Setlow [22] verglichen die DNS-Reparatursynthese in Fibroblasten von 7 Säugetierarten. Hierzu wurden Zellen einer definierten Ultraviolettbestrahlung ausgesetzt und anschließend der Einbau von radioaktiv markiertem Thymidin, einem DNS-Baustein, gemessen. Es ergab sich eine positive Korrelation der DNS-Reparatursynthese mit der Lebensspanne der Tierarten. Dieses «klassische» Experiment konnte in der Folge auch in anderen Geweben bestätigt werden [23–26]. Neben vergleichenden Untersuchungen an verschiedenen Spezies gibt es auch solche zur Reparaturaktivität als Funktion des Lebensalters innerhalb einer Spezies. Hier zeigt sich eine Abnahme der DNS-Reparatur mit dem Alter eines Individuums [27] bzw. mit der Anzahl abgelaufener Zellteilungen einer Zellkultur [28, 29].

Korrelationen mit der Lebensspanne von Tierspezies existieren nicht nur auf der Ebene komplexer zellulärer Vorgänge, wie z. B. DNS-Reparatur, sondern lassen sich bereits an einzelnen gut definierten Komponenten darstellen. Bei unserer Arbeit konzentrieren wir uns auf die Poly(ADP-Ribose)-Polymerase, ein Enzym, das im Zellkern lokalisiert ist und dem eine regulatorische Rolle bei der DNS-Reparatur zugeschrieben wird. Dieses Enzym synthetisiert (unter Verbrauch von Nikotinamid-Adenin-Dinukleotid) Poly(ADP-Ribose), die kovalent an Proteine gekoppelt vorliegt. Das Enzym wird durch Brüche im DNS-Strang sehr schnell aktiviert, ohne DNS-Brüche bleibt es «stumm». Wir untersuchten systematisch das Ausmaß dieser Enzymaktivität in Lymphozyten verschiedener Säugerspezies bei einer einheitlichen maximalen Stimulation mit kurzen DNS-«Bruchstücken» (synthetischen doppelsträngigen Oligonukleotiden) [30]. Unsere Resultate zeigen eine lineare positive Korrelation zwischen der Poly(ADP-Ribose)-Polymerase-Aktivität und der Lebensspanne von 13 Säugetierarten [31].

Serumabhängige Seneszenz in der Zellkultur

Ein beachtlicher Durchbruch in der Ursachenforschung des Alterns von Säugerzellen ist kürzlich der Arbeitsgruppe um Barnes [32] gelungen: Mausembryozellen haben bekanntlich in der Routinezellkultur, d. h. in Anwesenheit von fetalem Kälberserum, eine begrenzte Teilungsfähigkeit. Diese Autoren ersetzten das Serum durch chemisch definierte Wachstumsfaktoren und stellten fest, daß die Zellen über viele Passagen unvermindert weiterwuchsen, ohne je in eine Wachstumskrise zu geraten. Unter diesen Bedingungen erreichten die Zellen auch eine höhere Sättigungsdichte. Sie blieben, soweit zytogenetisch erkennbar, frei von Chromosomenveränderungen (im Gegensatz zu seneszierenden Zellen) und wuchsen nach Implantation in ein geeignetes Versuchstier auch nicht zu einem Tumor aus. Durch spätere Zugabe von Kälberserum war der ursprüngliche Phänotyp voll wiederherzustellen. Dies bedeutet, daß die «replikative» Seneszenz von Mausembryozellen in Kultur (und die damit einhergehende chromosomale Instabilität) vom Serumzusatz abhängig sind [32] und *nicht* nach einem absolut starren genetischen Programm verlaufen. Dieses Zellkultursystem sollte die Reinigung von «Seneszenzauslösenden» Serumfaktoren ermöglichen. Darüber hinaus können viele der hier erwähnten Korrelationen auf ihre biologische Relevanz für das Altern überprüft werden, da sich durch Zugabe oder Wegnahme von Serum die proliferative Kapazität von Zellen reversibel verändern läßt. Dies öffnet unter anderem den Weg zum Studium der zugrundeliegenden Genregulationsvorgänge.

Schlußfolgerungen

Zusammen ergeben all diese Befunde das Bild einer mit dem Lebensalter zunehmendem DNS-Schädigung, wobei langlebige Spezies über effizientere Schutz- und Reparatursysteme verfügen als kurzlebige (Abb. 3). Die Spekulation ist naheliegend, daß alternsassoziierte DNS-Schäden, sofern sie nicht repariert werden und daher persistieren, auch auslösende Faktoren für die beobachteten selektiven Verluste bestimmter chromosomaler DNS-Abschnitte, für das Auftreten extrachromosomaler DNS, für numerische und strukturelle Chromosomenaberrationen und für Mutationen sein könnten. Diese vielgestaltigen Formen genetischer Instabilität stellen sehr wahrscheinlich einen wichtigen

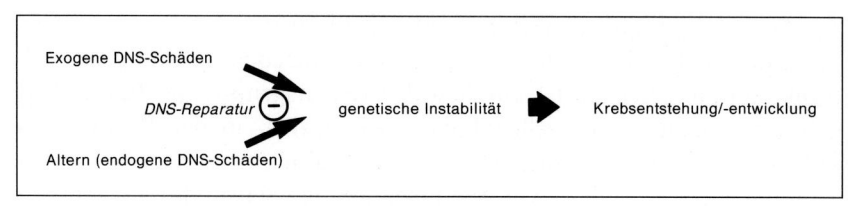

Abb. 3. Altern, genetische Instabilität und Krebs.

Kausalfaktor für die gehäufte Tumorentstehung im Alter dar. Vielleicht sind sie darüber hinaus die letztliche Ursache für die typischen Funktionsbeeinträchtigungen von Zellen, Geweben und Organismen im Alter.

Literatur

1 Dix D, Cohen P, Flannery J: On the role of aging in cancer incidence. J Theor Biol 1980;83:163–173.
2 Blackburn EH: Telomeres: Structure and synthesis. J Biol Chem 1990;265:5919–5921.
3 Lundblad V, Szostak JL: A mutant with a defect in telomere elongation leads to senescence in yeast. Cell 1989;57:633–643.
4 Hastie ND, Dempster M, Dunlop MG, Thompson AM, Green DK, Allshire RC: Telomere reduction in human colorectal carcinoma and with ageing. Nature 1990;346:866–868.
5 Harley CB, Futcher AB, Greider CW: Telomeres shorten during ageing of human fibroblasts. Nature 1990;345:458–460.
6 Kipling D, Cooke HJ: Hypervariable ultra-long telomeres in mice. Nature 1990;347:400–402.
7 Strehler BL, Chang MP: Loss of hybridizable ribosomal DNA from human postmitotic tissues during aging. II. Age-dependent loss in human cerebral cortex – hippocampal and somatosensory comparison. Mech Ageing Dev 1979;11:379–382.
8 Strehler BL, Chang MP, Johnson LK: Loss of hybridizable ribosomal DNA from human postmitotic tissues during aging. I. Age-dependent loss in human myocardium. Mech Ageing Dev 1979;11:371–378.
9 Shmookler Reis RJ, Goldstein S: Loss of reiterated DNS sequences during serial passage of human diploid fibroblasts. Cell 1980;21:739–749.
10 Kunisada T, Yamagishi H, Ogita Z-I, Kirakawa T, Mitsui Y: Appearance of extrachromosomal circular DNAs during in vivo and in vitro ageing of mammalian cells. Mech Ageing Dev 1985;29:89–99.
11 Crowley C, Curtis H: The development of somatic mutations in mice with age. Proc Natl Acad Sci USA 1963;49:626–628.

12 Jarvik LF, Yen F-S, Fu T-K, Matsuyama SS: Chromosomes in old age: A six year longitudinal study. Hum Genet 1976;33:17–22.
13 Hedner K, Högstedt B, Kolnig A-M, Mark-Vendel M, Strömbeck B, Mitelman F: Sister chromatid exchanges and structural chromosome aberrations in relation to age and sex. Hum Genet 1982;62:305–309.
14 Marlhens F, Achkar WA, Aurias A, Couturier J, Dutrillaux AM, Gerbault-Sereau M, Hoffschir F, Lamoliatte E, Lefrançois D, Lombard M, Muleris M, Prieur M, Prod'homme M, Sabatier L, Viegas-Péquignot E, Volobouev V, Dutrillaux B: The rate of chromosome breakage is age dependent in lymphocytes of adult controls. Hum Genet 1986;73:290–297.
15 Fukuchi K-I, Martin GM, Monnat RJ: Mutator phenotype of Werner syndrome is characterized by extensive deletions. Proc Natl Acad Sci USA 1989;86:5893–5897.
16 Suzuki F, Watanabe E, Horikawa M: Repair of X-ray-induced DNA damage in aging human diploid cells. Exp Cell Res 1980;127:299–307.
17 Richter C, Park J-W, Ames BN: Normal oxidative damage to mitochondrial and nuclear DNA is extensive. Proc Natl Acad Sci USA 1988;85:6465–6467.
18 Adelman R, Saul RL, Ames BN: Oxidative damage to DNA: Relation to species metabolic rate and life span. Proc Natl Acad Sci USA 1988;85:2706–2708.
19 Tolmasoff JM, Ono T, Cutler RG: Superoxide dismutase: Correlation with life span and specific metabolic rate in primate species. Proc Natl Acad Sci USA 1980;77:2777–2781.
20 Bucala R, Model P, Cerami A: Modification of DNA by reducing sugars: A possible mechanism for nucleic acid aging and age-related dysfunction in gene expression. Proc Natl Acad Sci USA 1984;81:105–109.
21 Lorenzi M, Montisano DF, Toledo S, Barrieux A: High glucose induces DNA damage in cultured human endothelial cells. J Clin Invest 1986;77:322–325.
22 Hart RW, Setlow RB: Correlation between deoxyribonucleic acid excision-repair and life-span in a number of mammalian species. Proc Natl Acad Sci USA 1974;71:2169–2173.
23 Hart RW, Sacher GA, Hoskins TL: DNA repair in a short-and a long-lived rodent species. J Geront 1979;34:808–817.
24 Francis AA, Lee WH, Regan JD: The relationship of DNA excision repair of ultraviolet induced lesions to the maximum life span of mammals. Mech Ageing Dev 1981;16:181–189.
25 Treton JA, Courtois Y: Correlation between DNA excision repair and mammalian lifespan in lens epithelial cells. Cell Biol Int Rep 1982;6:253–260.
26 Hall KY, Hart RW, Benirschke K, Walford RL: Correlation between ultraviolet-induced DNA repair in primate lymphocytes and fibroblasts and species maximum achievable life span. Mech Ageing Dev 1984;24:163–173.
27 Nette EG, Xi YP, Sun YK, Andrews AD, King DW: A correlation between aging and DNA repair in human epidermal cells. Mech Ageing Dev 1984;24:283–292.
28 Mattern MR, Cerutti PA: Age-dependent excision repair of damaged thymine from gamma-irradiated DNA by isolated nuclei from human fibroblasts. Nature 1975;254:450–452.
29 Hart RW, Setlow RB: DNA repair in late-passage human cells. Mech Ageing Dev 1976;5:67–77.

30 Grube K, Küpper JH, Bürkle A: Direct stimulation of poly(ADP-ribose) polymerase in permeabilized cells by double-stranded DNA oligomers. Anal Biochem 1991;193:236–239.
31 Grube K, Bürkle A: Poly(ADP-ribose) polymerase activity in mononuclear leukocytes of 13 mammalian species correlates with species-specific life span. Proc Natl Acad Sci USA 1992;89:11759–11763.
32 Loo DT, Fuquay JI, Rawson CI, Barnes DW: Extended culture of mouse embryo cells without senescence: Inhibition by serum. Science 1987;236:200–202.

Dr. Alexander Bürkle, Deutsches Krebsforschungszentrum,
Angewandte Tumorvirologie, Im Neuenheimer Feld 242, Postfach 10 19 49,
D-69009 Heidelberg (BRD)

Modellsysteme in der experimentellen Alternsforschung

Heinz D. Osiewacz

Deutsches Krebsforschungszentrum, Abteilung Molekularbiologie der Alterungsprozesse, Heidelberg, BRD

Wohl kaum ein anderes biologisches Phänomen beschäftigte den Menschen über die Jahrtausende hin so sehr, wie der Prozeß des Alterns. In jüngerer Zeit wird das besondere Interesse am Verständnis der *biologischen Vorgänge,* die während dieses Prozesses ablaufen, durch eine Vielzahl von Alternstheorien belegt, die alle eine Erklärung der dem Alternsprozeß zugrundeliegenden Vorgänge versuchen. Keine der zum Teil gegensätzlichen Theorien vermag jedoch zur Zeit die Gesamtheit der ablaufenden Vorgänge hinreichend zu erklären, und es bedarf dringend grundlegender experimenteller Arbeiten, um den biologischen Grundlagen des Alterns auf die Spur zu kommen.

Obwohl dem Verständnis der dem Alterungsprozeß beim Menschen zugrundeliegenden Mechanismen natürlich ein besonderes Interesse zukommt, wird in der experimentellen Alternsforschung eine Reihe verschiedener Modellorganismen bearbeitet. Dies liegt insbesondere an ihrer im Vergleich zum Menschen einfacheren Organisation und der besonderen Eignung für experimentelle Untersuchungen. So werden auf molekularer Ebene z. B. die Fruchtfliege *Drosophila melanogaster* (Vererbung und Physiologie), die Hausfliege *Musca domestica* (Physiologie) und der Nematode *Caenorhabditis elegans* (Vererbung) intensiv untersucht. Eine besondere Bedeutung kommt darüber hinaus einer Reihe von Vertretern der Hyphenpilze (z. B. *Podospora anserina),* einer Gruppe eukaryotischer Mikroorganismen, zu [Übersichten bei 1–3].

Pilze als Modellsysteme in der experimentellen Alternsforschung

Als Modellorganismus zur Untersuchung der genetischen Grundlagen des Alterns bearbeiten wir im Labor den Askomyzeten (Schlauchpilz) *Podospora anserina*. Dieser Hyphenpilz wird seit fast 40 Jahren intensiv auf verschiedenen Ebenen untersucht. Die Gründe hierfür sind vielfältig [Übersicht bei 4]. 1. Kulturen dieses Pilzes sind besonders einfach organisiert und bestehen aus langen verzweigten schlauchförmigen Zellen, den Hyphen, die in ihrer Gesamtheit den Vegetationskörper, das Myzel, ausbilden. Spezialisierte Zellen und «Organe» werden nur im Verlaufe der sexuellen Fortpflanzung ausgebildet. 2. *P. anserina* läßt sich im Labor sowohl in Flüssig- als auch auf Festmedium leicht kultivieren. 3. Die Lebensspanne des Pilzes beträgt nur wenige Tage (z. B. Wildstamm Rasse s: 25 Tage). 4. Ein kompletter Sexualzyklus, h. h. die Zeit zwischen der Kreuzung zweier Stämme und dem Auftreten reifer Kreuzungsprodukte (Nachkommen) beträgt 10–12 Tage. 5. Von *P. anserina* sind eine Reihe unterschiedlicher Wildstämme, aber auch eine Zahl von Mutanten mit voneinander deutlich verschiedenen Lebensspannen verfügbar. 6. *P. anserina* ist transformierbar, wobei isolierte Erbinformation (Desoxyribonukleinsäure, DNS) in vorbehandelte Zellen eingefügt werden kann. 7. Aus *P. anserina* können Zellorganellen (z. B. Mitochondrien), Nukleinsäuren und Proteine für molekularbiologische Untersuchungen isoliert werden.

Diese Eigenschaften machen den Organismus insbesondere für genetische Untersuchungen attraktiv, bei denen es auf die Möglichkeit der Durchführung gezielter genetischer Kreuzungen und eine schnelle Isolierbarkeit möglichst hoher Zahlen an Nachkommen ankommt. Bei anderen biologischen Systemen würden entsprechende Untersuchungen zum Teil eine wesentlich längere Zeit beanspruchen oder wären gar unmöglich.

Eine Reihe anderer Pilze (z. B. *Neurospora intermedia, Neurospora crassa*) weist ähnliche Charakteristika wie *P. anserina* auf, und einige werden deshalb ebenfalls als Modellsysteme in der experimentellen Alternsforschung bearbeitet [5, 6].

Genetische Kontrolle der Alterung bei Podospora anserina

Schon in den frühen sechziger Jahren konnte bei *P. anserina* die Beteiligung von sowohl *chromosomalen* als auch *extrachromosomalen*

Erbfaktoren an der Kontrolle der Alterung nachgewiesen werden [7]. In diesen Untersuchungen spielten verschiedene Wildisolate des Pilzes eine wichtige Rolle. Darüber hinaus konnte eine Reihe von Mutanten mit einem Einfluß auf die Lebensspanne isoliert werden. Einige dieser Mutationen konnten durch klassische genetische Experimente auf spezifischen Chromosomen im Zellkern von *P. anserina* lokalisiert werden [7–10]. Neben dieser Lokalisation alterungsspezifischer Kerngene gelang es ferner durch Kreuzung von jeweils zwei Mutanten, bei denen die Lebenserwartung leicht verlängert ist, zwei Doppelmutanten *(i viv, gr viv)* zu isolieren, in denen die beiden Mutationen der Elternstämme in Kombination auftreten. Diese Stämme altern interessanterweise auch nach nunmehr 15 bzw. 10 Jahren Anzucht im Labor nicht und scheinen unsterblich zu sein.

Neben der Beteiligung von im Zellkern lokalisierten Erbfaktoren mit Einfluß auf die Lebenserwartung haben extrachromosomale, mütterlich vererbte Faktoren eine besondere Bedeutung bei der Kontrolle der Alterung. Vergleichende molekulare Untersuchungen juveniler und seneszenter Kulturen führten zur Identifizierung eines zusätzlichen kovalent geschlossenen zirkulären Plasmids (plDNS) in den Mitochondrien seneszenter *Podospora*-Kulturen [11, 12]. In juvenilen Kulturen ist diese Sequenz als erstes Intron des für die Cytochrom-c-Oxidase-Untereinheit I (COI) ein integraler Bestandteil der hochmolekularen mitochrondrialen DNS (mtDNS) und wird während des Alterns durch einen bisher unbekannten Mechanismus freigesetzt und amplifiziert [13, 14]. Gleichzeitig kommt es zu ausgeprägten Reorganisationen der mtDNS, wobei große Teile von Genen delegiert werden, die für den Energiestoffwechsel essentiell sind. Als Folge treten Defizienzen in der mitochondrialen Enzymausstattung auf, die letztlich zum Absterben der seneszenten Kultur führen.

Die Bedeutung der Freisetzung und Vermehrung (Amplifikation) der plDNS für den Alterungsprozeß wird durch eine Reihe experimenteller Daten belegt. So zeigte eine molekulare Analyse der schon erwähnten langlebigen Doppelmutanten *(i viv, gr viv)*, daß bei ihnen das mitochondriale zirkuläre Plasmid nicht in amplifizierter Form nachweisbar ist. Diese Daten deuten auf eine Kontrolle der Plasmidfreisetzung und -amplifikation durch Gene im Zellkern von *Podospora* hin [15].

Neben langlebigen Kernmutanten sind Mutanten bekannt, bei denen die Mutation(en) in der mitochondrialen DNS selbst lokalisiert ist. In zwei dieser Stämme *(ex1, ex2)* ist ein größerer Bereich der mtDNS deletiert [16, 17]. Zu diesem Bereich gehört die Sequenz, von der das zirkuläre *Podospora*-Plasmid abgeleitet ist. Schließlich ist bei der Mutante *AL2* die Freisetzung und/oder die Amplifikation der plDNS verzögert [18]. Bei dieser Mutante konnten Reorganisationen der mtDNS nachgewiesen werden. Darüber hinaus tritt in den Mitochondrien der Mutante eine zusätzliche DNS-Spezies (pAL2-1) linearer Struktur auf, die alle Charakteristika sogenannter linearer Plasmide aufweist und bisher in keinem Wildstamm nachgewiesen werden konnte.

Einer auf den verfügbaren Daten beruhenden Modellvorstellung entsprechend, sollen die während des Alterns beobachteten Reorganisationen der mtDNS bei *P. anserina* durch Integration der freien plDNS in die hochmolekulare mtDNS und dadurch initiierte Rekombinationsvorgänge zwischen homologen Sequenzen hervorgerufen werden. Alternativ ist in präseneszenten und seneszenten Kulturen die Expression einer auf der plDNS lokalisierten Region, ein sogenannter offener Leserahmen (ORF), denkbar. Ein hierbei gebildetes Protein, das Rekombinaseaktivität aufweisen sollte, könnte für die beobachteten Rekombinationsvorgänge verantwortlich sein [14, 16, 19, 20].

Lassen sich auch bei anderen Organismen molekulare Veränderungen während der Alterung beobachten, die denen bei Podospora anserina *ähneln?*

In der Tat konnte gerade in den letzten etwa 10 Jahren bei mit *P. anserina* nahe verwandten Pilzen die Beteiligung genetischer Faktoren an der Kontrolle von Alterungsprozessen nachgewiesen werden. In einigen Fällen konnten, wie bei *P. anserina,* genetische Elemente (lineare und zirkuläre Plasmide) in den Mitochondrien in Zusammenhang mit der Alterung gebracht werden [Übersicht bei 3]. So werden bei *Podospora curvicolla* während des Alterns zirkuläre Plasmide aus der mitochondrialen DNS freigesetzt [21]. Der entgegengesetzte Vorgang, nämlich der Einbau von zirkulärer Plasmid-DNS und dadurch bedingte Umstrukturierungsvoränge in der mitochondrialen DNS, wurde bei bestimmten Stämmen von *Neurospora intermedia* und *Neurospora crassa* nachgewiesen [1]. Schließlich konnten in verschiedenen Wildtypisolaten von den Inseln Hawaiis bzw. aus Indien bei den gleichen *Neurospora*-Arten lineare mitochondriale Plasmide identifiziert werden, die während des Alterns in essentielle Gene integriert werden und zu Fehlfunktionen in diesen Organellen und schließlich zum Tod der Kultur führen [6, 22, 23].

Interessanterweise deuten Untersuchungen bei höheren Organismen, wie den Säugetieren, in den letzten Jahren ebenfalls auf die Erbträger in den Mitochondrien als Teil des genetischen Apparates hin, der die Alterung kontrolliert. Gerade die mtDNS ist nämlich in besonderem Maße den während der Atmung produzierten hochreaktiven freien Sauerstoffradikalen ausgesetzt. Hinzu kommt ein fehlender Schutz dieser DNS durch Proteinkomplexe, wie sie im Chromatin des Zellkerns gegeben sind, und das Fehlen eines effizienten DNS-Reparatursystems in Mitochondrien. Anderseits scheinen die mitochondrialen Genome aller Säuger aufgrund ihrer ökonomischen Organisation mit einer Größe von 16,5 Kilobasenpaaren (kbp) wesentlich stabiler zu sein als die relativ großen Genome der Hyphenpilze (*P. anserina*: 94 kbp). Intronsequenzen, die zur Bildung mitochondrialer Plasmide und zu DNS-Umorganisationen führen könnten, existieren bei Säugetieren nicht. Trotzdem wurden in den letzten Jahren Instabilitäten der mtDNS auch bei Säugetieren nachgewiesen. So konnten Piko et al. [24] mit elektronenmikroskopischen Untersuchungen von Heteroduplexmolekülen in der mtDNS aus seneszenten Mausleberzellen im Vergleich zu DNS aus jungen Individuen vermehrt kleinere Deletionen und/oder Insertionen von etwa 400 bp nachweisen.

Mit Hilfe der «Polymerasekettenreaktion», einer besonders sensitiven molekularen Technik, gelang es ferner, in Muskelgewebe von Patienten mit bestimmten neuromuskulären Erkrankungen (z. B. Kearns-Sayre-Syndrom, Parkinson-Krankheit) größere Deletionen der mtDNS zu identifizieren [25–28]. MtDNS-Moleküle mit vergleichbaren Deletionen konnten darüber hinaus neben normalen mitochondrialen Genomen in verschiedenen Gewebeproben erwachsener Individuen, nicht jedoch in fetalen Gewebeproben identifiziert werden [27, 29, 30]. Die Zahl der veränderten Moleküle in den Untersuchungen von Cortopassi und Arnheim [29] mit etwa 0,1 % im Vergleich zu normalen mitochondrialen Genomen ist relativ klein und steht in deutlichem Gegensatz zu den um 20–90 % deletierten Genomen beim Kearns-Sayre-Syndrom.

Die Gründe für das unabhängige Auftreten bestimmter Deletionen der mtDNS beim Menschen scheinen zumindest teilweise in der Struktur der DNS zu liegen. In einer Reihe von Fällen konnten an den Deletionspunkten auffällige direkte Sequenzwiederholungen identifiziert werden, die möglicherweise die Voraussetzung für das Zustandekommen der beobachteten Reorganisationen durch homologe Rekombination bilden [28].

Ausblick

Bei dem als Modellsystem in der experimentellen Alternsforschung intensiv bearbeiteten Hyphenpilz *Podospora anserina* zeichnen sich erste Mechanismen der Kontrolle von Alterungsprozessen ab. An diesem komplexen biologischen Vorgang sind genetische Faktoren innerhalb und außerhalb des Zellkerns beteiligt. Die während der Alterung bei *P. anserina* ablaufenden Reorganisationsvorgänge der mitochondrialen DNS finden, neuesten Befunden nach, in ähnlicher Weise auch bei anderen Organismen bis hin zum Menschen statt. Diese Befunde belegen klar die Bedeutung von Modellsystemen in der experimentellen Alternsforschung. Eine weitere detaillierte Untersuchung der molekularen Grundlagen der Alterung bei *P. anserina* verspricht auch weiterhin wichtige, möglicherweise auch auf höhere Systeme übertragbare Daten zu liefern. Dabei stehen zur Zeit insbesondere die genetisch gut charakterisierten Erbfaktoren im Zellkern von *P. anserina* mit ihrem Einfluß auf die Lebensspanne im Vordergrund des Interesses. Von der Klonierung und molekularen Charakterisierung dieser Faktoren können bedeutende neue Erkenntnisse über alterungsspezifische Gene erwartet werden.

Literatur

1 Esser K, Kück U, Lang-Hinrichs C, Lemke P, Osiewacz HD, Stahl U, Tudzynski P: Plasmid of Eukaryotes. Fundamentals and Applications. Heidelberg, Springer, 1986.
2 Kück U: Mitochondrial DNA rearrangements in *Podospora anserina*. Exp Mycology 1989;13:111–120.
3 Osiewacz HD: Molecular analysis of aging processes in fungi. Mutation Res 1990;237:1–8.
4 Esser K: *Podospora anserina;* in King RC (ed): Handbook of Genetics, vol 1. Plenum Press, New York, 1974, pp 531–551.

5   Akins RA, Kelley RL, Lambowitz AM: Mitochondrial plasmids of *Neurospora:* Integration into mitochondrial DNA and evidence for reverse transcription in mitochondria. Cell 1986;47:505–516.
6   Bertrand H, Griffiths AJF, Court DA, Cheng CK: An extrachromosomal plasmid is the etiological precursor of kalDNA insertion sequences in the mitochondrial chromosome of senescent *Neurospora*. Cell 1986;47:829–837.
7   Marcou D: Notion de longevite et nature cytoplasmique du determinant de la senescence chez quelque champignons. Ann Sci Bot 1961;12:653–641.
8   Esser K, Keller W: Genes inhibiting senescence in the ascomycete *Podospora anserina*. Mol Gen Genet 1976;144:107–110.
9   Tudzynski P, Esser K: Chromosomal and extrachromosomal control of senescence in the ascomycete *Podospora anserina*. Mol Gen Genet 1979;173:71–84.
10 Esser K, Tudzynski P: Senescence in fungi; in Thiman KV (ed): Senescence in Plants. CRC Press, Boca Raton, 1980, pp 67–83.
11 Stahl U, Lemke P, Tudzynski P, Kück U, Esser K: Evidence for plasmid-like DNA in a filamentous fungus, the ascomycete *Podospora anserina*. Mol Gen Genet 1978;162:341–343.
12 Cummings DJ, Belcour L, Grandchamps C: Mitochondrial DNA from *Podospora anserina*. II. Properties of mutant DNA and multimeric circular DNA from senescent cultures. Mol. Gen Genet 1979;171:239–250.
13 Kück U, Stahl U, Esser K: Plasmid-like DNA is part of mitochondrial DNA in *Podospora anserina*. Curr Genet 1981;5:143–147.
14 Osiewacz HD, Esser K: The mitochondrial plasmid of *Podospora anserina:* A mobile intron of a mitochondrial gene. Curr Genet 1984;8:200–305.
15 Tudzynski P, Stahl U, Esser K: Development of a eukaryotic cloning system in *Podospora anserina*. I. Long-lived mutants as potential recipients. Curr Genet 1982;6:219–222.
16 Kück U, Osiewacz HD, Schmidt U, Kappelhoff B, Schulte E, Stahl U, Esser K: The onset of senescence is affected by DNA rearrangements of a discontinuous mitochondrial gene in *Podospora anserina*. Curr Genet 1985;9:373–382.
17 Schulte E, Kück U, Esser K: Extrachromosomal mutants from *Podospora anserina:* Permanent vegetative growth in spite of multiple recombination events in the mitochondrial genome. Mol Gen Genet 1988;21:342–349.
18 Osiewacz HD, Hermanns J, Marcou D, Triffi M, Esser K: Mitochondrial DNA rearrangements are correlated with a delayed amplification of the mobile intron (plDNA) in a long-lived mutant of *Podospora anserina*. Mutation Res 1989;219:9–15.
19 Sellem CH, Sainsard-Chanet A, Belcour L: Detection of a protein encoded by a class II mitochondrial intron of *Podospora anserina*. Mol Gen Genet 1990;224:232–240.
20 Osiewacz HD: The genetic control of aging in the ascomycete *Podospora anserina;* in Zwilling R, Balduini C (eds): Biology of Aging. Heidelberg, Springer, 1993, pp 153–164.
21 Böckelmann B, Esser K: Plasmids of mitochondrial origin in senescent mycelia of *Podospora curvicolla*. Curr Genet 1986;10:803–810.
22 Griffiths JF, Bertrand H: Unstable cytoplasms in Hawaiian strains of *Neurospora crassa*. Curr Genet 1984;8:387–398.

23 Bertrand H, Griffiths AJF: Linear plasmids that integrate into mitochondrial DNA in *Neurospora*. Genome 1989;31:155–159.
24 Piko L, Houghham AJ, Bulpitt KJ: Studies of sequence heterogeneity of mitochondrial DNA from rat and mouse tissue: Evidence for an increased frequency of deletions/additions with aging. Mech ageing Dev 1988;43:279–293.
25 Holt JL, Harding AE, Morgan-Hughes JA: Deletion of muscle mitochondrial DNA in patients with mitochondrial myopathies. Nature 1988;331:717–719.
26 Zeviani M, Servidei S, Gellera C, Bertini E, DiMauro S, DiDonata S: An autosomal dominant disorder with multiple deletions of mitochondrial DNA starting at the D-loop-region. Nature 1989;339:309–331.
27 Ikebe S, Tanaka M, Ohno K, Sato W, Hattori K, Kondo T, Mizuno Y, Ozawa T: Increase of deleted mitochondrial DNA in the striatum in Parkinson's disease and senescence. Biochem Biophys Res Commun 1990;170:1044–1048.
28 Degoul F, Nelson I, Amselem S, Romero N, Obermaier-Kusser B, Ponsot G, Marsac C, Lestienne P: Different mechanisms inferred from sequences of human mitochondrial DNA deletions in ocular myopathies. Nucleic Acids Res 1991;19:493–496.
29 Cortopassi GA, Arnheim N: Detection of a specific mitochondrial DNA deletion in tissues of older humans. Nucleic Acids Res 1990;18:6927–6933.
30 Linnane AW, Baumer A, Maxwell RJ, Preston H, Zhang C, Marzuki S: Mitochondrial gene mutation: The ageing process and degenerative diseases. Biochemistry 1990;22:1067–1075.

Priv.-Doz. Dr. Heinz D. Osiewacz, Deutsches Krebsforschungszentrum,
Im Neuenheimer Feld 506, D-69120 Heidelberg (BRD)

Alter und Krebs

Epidemiologische Gesichtspunkte

C. Meisner

Institut für medizinische Informationsverarbeitung der Universität, Tübingen, BRD

Krebs ist die zweithäufigste Todesursache in Deutschland. Die Zahlen der Krebsneuerkrankungen und der Krebstodesfälle weisen mit dem Alter – je nach Art und Lokalisation der Erkrankung – einen teilweise dramatischen Anstieg auf. Derzeit ist es aufgrund der unzureichenden Datenlage nicht möglich, diese Zusammenhänge systematisch in einer Art epidemiologischer Gesamtschau darzustellen. Das Thema soll in zweierlei Hinsicht eingegrenzt werden:
1. Es werden ausschließlich Aspekte der beschreibenden Krebsepidemiologie berücksichtigt. Wo es sinnvoll erscheint, werden aus den beschreibenden Daten Hypothesen über das Krebsgeschehen der älteren Bevölkerungsgruppen im Unterschied zu dem der jüngeren Bevölkerungsgruppen abgeleitet.
2. Es wird ausschließlich das Krebsgeschehen in der Bevölkerung der Bundesrepublik Deutschland betrachtet. Dies bedeutet auch die bewußte Beschränkung auf die Erschließung von deutschen Datenquellen. Gerade bei dem gesundheitspolitisch so bedeutsamen Thema der Krebserkrankungen könnte die Übernahme von epidemiologischen Erkenntnissen aus dem Ausland unter Umständen unerwünschte Fehleinschätzungen zur Folge haben.

Krebssterblichkeit

Der Blick auf die amtliche Todesursachenstatistik stellt nicht nur einen sinnvollen Einstieg in das Thema dar, sondern ermöglicht bereits erste epidemiologische Erkenntnisse zum Krebsgeschehen. Der Todesursachenstatistik liegt eine Pflichtvollerhebung mit Gültigkeit für die gesamte Bundesrepublik zugrunde. Die jüngsten Daten stammen aus dem Jahr 1989. Demnach starben im Gebiet der damaligen Bundesrepublik Deutschland etwa 170 000 Menschen an Krebs [1, p. 446]. Im Gebiet der damaligen DDR waren es etwa 35 000 Menschen [1, p. 448]. Männer und Frauen sind etwa zu gleichen Teilen betroffen. Die altersspezifische Krebssterblichkeit nimmt mit dem Alter stark zu, bei den Männern noch stärker als bei den Frauen [2, p. 354]. Die Altersverteilungen der Krebstodesfälle bei den verschiedenen Krebserkrankungen ergeben ein heterogenes Bild [3, pp. 4–6]. Tumore der Prostata und der Harnblase erweisen sich als die Krebsarten, von denen vor allem ältere Männer betroffen sind. Hier liegen die Altersmediane bei über 75 Jahren. Bei den Frauen weisen die Altersverteilungen des Speiseröhrenkrebses, des Darmkrebses, des Leberkrebses, des Bauchspeicheldrüsenkrebses und des Blasenkrebses einen Altersmedian von über 75 Jahren auf.

Krebsneuerkrankungen

Wie viele Krebsneuerkrankungen es derzeit pro Jahr in Deutschland gibt, kann niemand genau sagen. Eine der wichtigsten Aufgaben bevölkerungsbezogener Krebsregister ist die Messung der absoluten Zahl der Krebsneuerkrankungen in einer definierten Bevölkerung. Im Gebiet der Bundesrepublik vor dem 3. Oktober 1990 gab es nur für die Bevölkerung des Saarlandes (etwa 1,7 % der Bevölkerung des damaligen Bundesgebietes) ein epidemiologisches Krebsregister, das einen international anerkannten Standard erreicht. Zur Beurteilung der epidemiologischen Situation in der gesamten damaligen Bundesrepublik können diese Zahlen – da für diesen Zweck nicht repräsentativ – nur für eingeschränkte Aussagen herangezogen werden.

Die altersspezifischen Verteilungen der Krebsneuerkrankungen im Saarland ähneln den Verteilungen der Krebssterblichkeit, allerdings auf einem höheren Niveau (Abb. 1). Im Jahr 1988, aus dem die letzten Daten stammen, wurden im Saarländischen Krebsregister 472,1 Neuerkrankungen/100 000 männliche Einwohner bzw. 443,8/100 000 Frauen registriert [4]. Im gleichen Jahr wurden in der damaligen Bundes-

Alter und Krebs 35

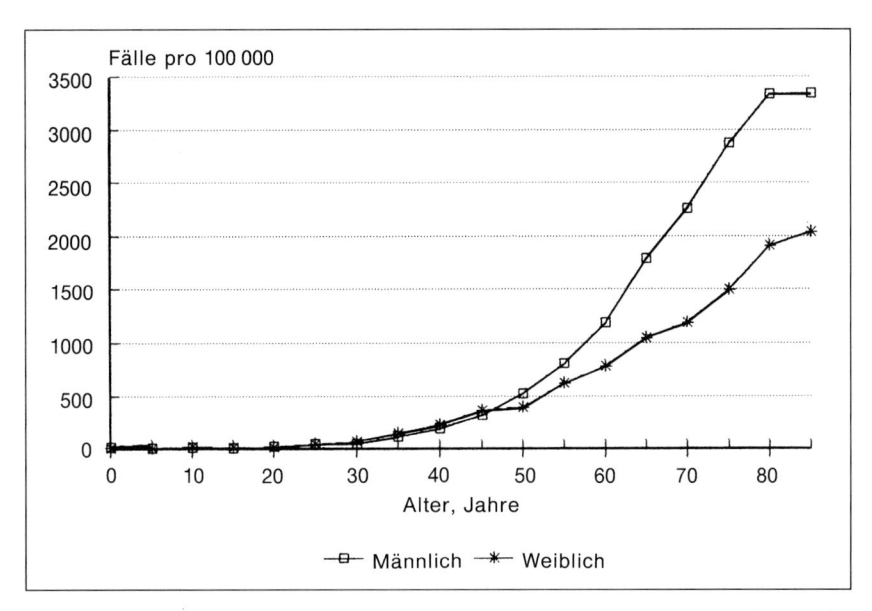

Abb. 1. Altersspezifische Krebsneuerkrankungen je 100 000 der Bevölkerung im Saarland 1988 [4].

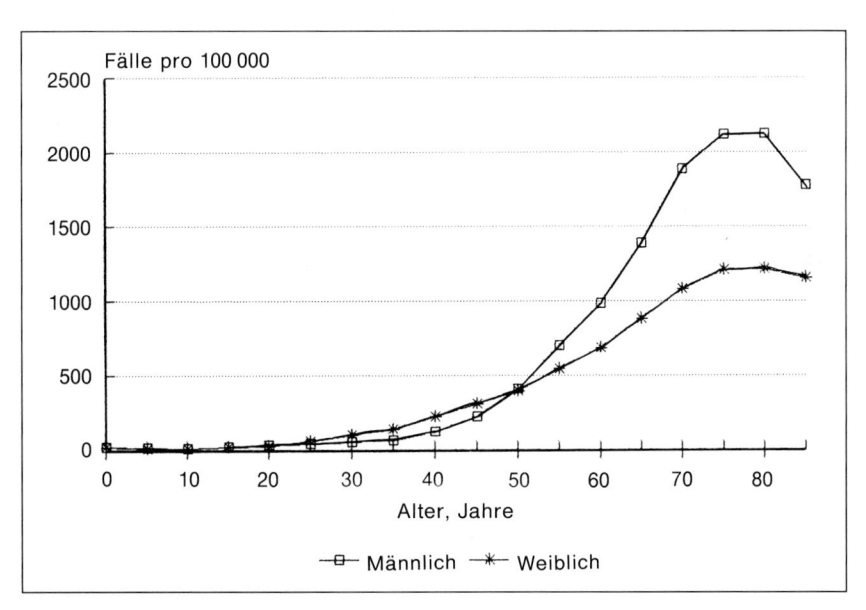

Abb. 2. Altersspezifische Krebsneuerkrankungen je 100 000 der Bevölkerung in der DDR 1987 [6].

republik 286,8 Krebstodesfälle/100 000 männliche Einwohner bzw. 264,7/100 000 Frauen gemeldet [5, p. 404].

In der DDR waren Krebserkrankungen meldepflichtig. Im Nationalen Krebsregister der DDR wurden die Pflichtmeldungen zentral für die gesamte DDR gesammelt und ausgewertet. Bezogen auf die Größe der Bevölkerung stellt dieses Krebsregister eines der umfangreichsten der Welt dar. Im Jahr 1987 wurden in der DDR etwa 55 000 Krebsneuerkrankungen registriert (Abb. 2). Pro 100 000 männliche Einwohner gab es dort 304,7 Krebsneuerkrankungen (aller Krebsarten außer Hautkrebs, ICD 173). Im Saarland waren es dagegen 401,5, also etwa ein Drittel mehr. Pro 100 000 weibliche Einwohner waren es in der DDR 333,8 Krebsneuerkrankungen, im Saarland 377,6. Bezogen auf die Einwohnerzahl gab es also im Gebiet der DDR deutlich weniger Krebsneuerkrankungen als im Saarland. Diese Unterschiede lassen sich nur teilweise auf die im Vergleich zum Saarland durchschnittlich jüngere Bevölkerung in der DDR zurückführen, wie auch der Vergleich der altersspezifischen Krebsneuerkrankungsanteile zeigt. Vieles spricht

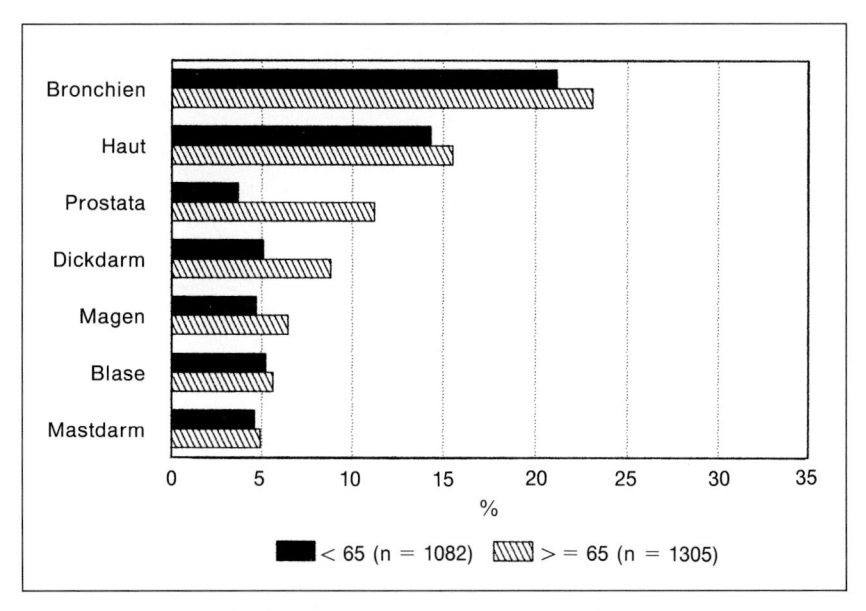

Abb. 3. Die häufigsten Krebsformen in Prozent der jeweiligen gesamten Neuerkrankungen bei den über und unter 65jährigen Männern im Saarland 1988 [4].

dafür, daß es sich hierbei auch um systematische Untererfassungen des Nationalen Krebsregisters der DDR handeln könnte.

Die Verteilung der häufigsten Krebsarten unterscheidet sich zwischen den unter und den über 65jährigen. Bei den Männern (Abb. 3) steigt mit wachsendem Alter vor allem die Bedeutung des Prostatakrebses an (11,2 % der Krebserkrankungen der über 65jährigen Männer, 3,7 % bei den unter 65jährigen). Bemerkenswert ist auch die große Bedeutung des Hautkrebses. Bei den älteren Frauen (Abb. 4) ist vor allem die sinkende Bedeutung des Brustkrebses auffällig. Auch hier spielt der Hautkrebs eine ganz bedeutende Rolle beim Krebsgeschehen in den älteren Bevölkerungsgruppen.

Die geschlechts- und altersspezifischen Verteilungen der Krebsneuerkrankungen nach Zeit, Raum und Art der Erkrankung ist Veränderungen unterworfen, die nur mit Hilfe von langfristig existierenden bevölkerungsbezogenen Krebsregistern zuverlässig erfaßbar sind. Die mangelnde Langfristigkeit des Saarländischen Krebsregisters, das erst

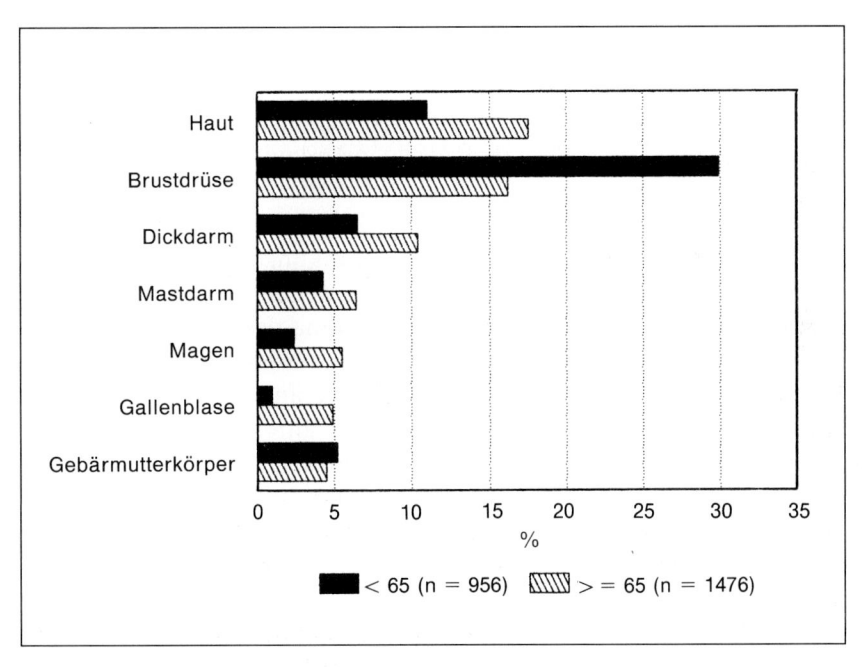

Abb. 4. Die häufigsten Krebsformen in Prozent der jeweiligen gesamten Neuerkrankungen bei den über und unter 65jährigen Frauen im Saarland 1988 [4].

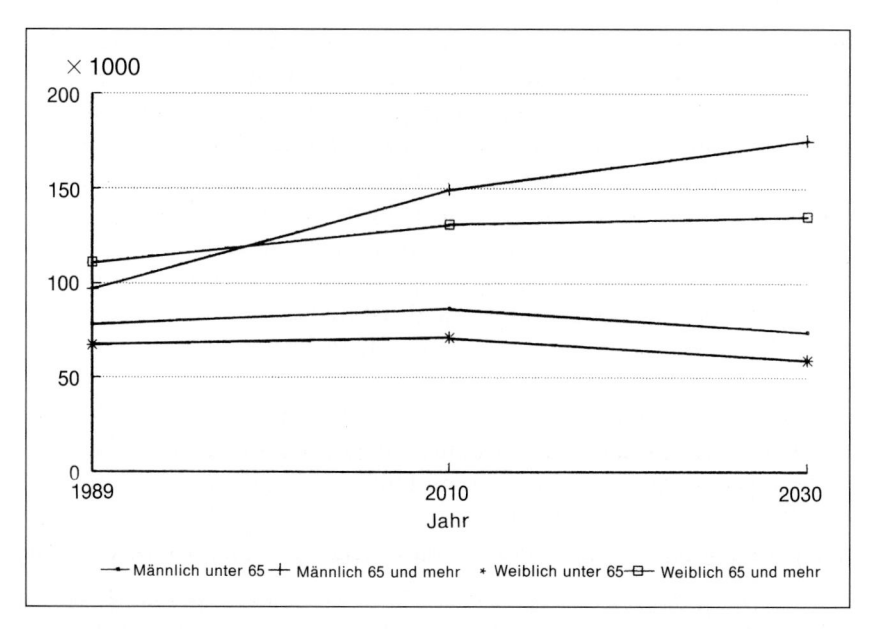

Abb. 5. Vorausschätzung der Zahl der Krebsneuerkrankungen für die Jahre 2010 und 2030.

seit gut 20 Jahren existiert, sowie dessen unzureichende Übertragbarkeit der Ergebnisse auf Gesamtdeutschland erlauben keinerlei wirklich gesicherte epidemiologische Aussagen über die Zahl der Krebsneuerkrankungen und deren Entwicklung in Gesamtdeutschland. Absehbar ist allerdings, daß die Zahl der Krebserkrankungen mit dem sich verändernden Altersaufbau der Bevölkerung weiter ansteigen wird. Die letzte Schätzung der Bevölkerungsentwicklung des Statistischen Bundesamtes für das Gebiet der damaligen Bundesrepublik aus dem Jahr 1987 ergab eine voraussichtlich drastische Veränderung des Altersaufbaus der Bevölkerung bis zum Jahr 2030: Während im Jahr 2030 nur etwa 50 % der Zahl der Geburten des Jahres 1989 zu erwarten sind, wird die Zahl der über 65jährigen Männer um etwa 84 %, die Zahl der über 65jährigen Frauen um rund 22 % ansteigen. Entsprechend wird die Zahl der zu versorgenden Krebspatientinnen und -patienten zunehmen.

Abbildung 5 zeigt eine grobe Hochrechnung der absoluten Zahl der in Deutschland jährlich zu versorgenden Krebsbetroffenen für die Jahre 2010 und 2030. Basis der Rechnung sind, neben der Modellrechnung des Statistischen Bundesamtes, die Bevölkerungszahlen für Gesamtdeutschland 1989 und die alters- und geschlechtsspezifischen Krebsneuerkrankungsanteile des Saarlandes 1988 [4]. Diese Hochrechnung gilt allerdings nur, wenn die Annahmen der Modellrechnung auch für Gesamtdeutschland gelten und die Angaben des Saarländischen Krebsregisters nicht nur auf Gesamtdeutschland übertragbar sind, sondern zudem die nächsten 40 Jahre konstant bleiben. Trotz dieser Unwägbarkeiten bleibt wohl festzuhalten, daß hier ein erheblicher Bedarf gerade im Bereich der Versorgung älterer Krebspatientinnen und -patienten absehbar ist.

Epidemiologische Gesichtspunkte zur Versorgung der geriatrischen Krebsbetroffenen

Krebserkrankungen werden wahrscheinlich durch komplexe und langfristige Vorgänge im menschlichen Körper verursacht. Die Rolle des Alterungsprozesses in diesem Komplex kann mit epidemiologischen Daten bisher nicht eindeutig beschrieben werden [7]. Unterschiede zwischen jüngeren und älteren Krebsbetroffenen deuten sich vor allem im Versorgungsbereich an.

Beispielauswertungen der Daten aus dem Saarländischen Krebsregister legen die Vermutung nahe, daß Krebserkrankungen bei älteren Menschen im Vergleich zu jüngeren mit größerer Häufigkeit in fortgeschritteneren Stadien diagnostiziert werden (Abb. 6). Weitere Anzeichen deuten darauf hin, daß eine genaue diagnostische Abklärung des Tumorstadiums – als Voraussetzung für das therapeutische Vorgehen – bei älteren Betroffenen im Vergleich zu jüngeren öfter unterbleibt (Abb. 7).

Das Saarländische Krebsregister enthält keine auswertbaren Angaben zur Therapie von Krebserkrankungen. Als Datenquelle können dagegen klinische Krebsregister herangezogen werden, die in der Regel differenzierte Angaben zur Therapie enthalten. Nachteil dieser Datenquelle ist allerdings die mangelhafte Übertragbarkeit der Daten auf Bevölkerungsebene. Modellhaft durchgeführte Auswertungen der klinischen Tumordokumentation des Tumorzentrums Tübingen verdeutlichen altersspezifisch unterschiedliche Vorgehensweisen bei der Behandlung von Krebserkrankungen. Die Bedeutung von kombinierten Behandlungsformen scheint bei der Therapie des Brustkrebses mit

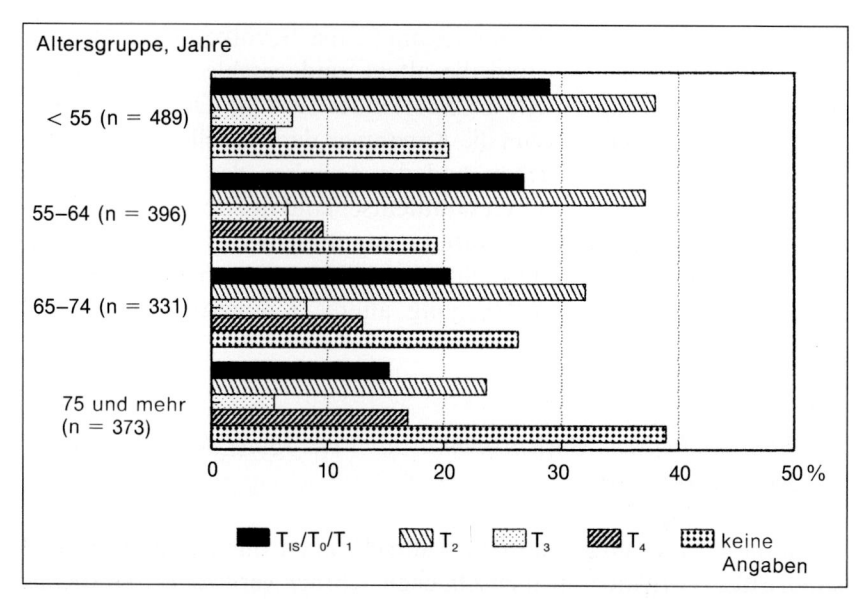

Abb. 6. Altersspezifische Stadienverteilung der Brustkrebsneuerkrankungen im Saarland 1985–1987 [bisher unveröffentlichte Auswertungen des Saarländischen Krebsregisters].

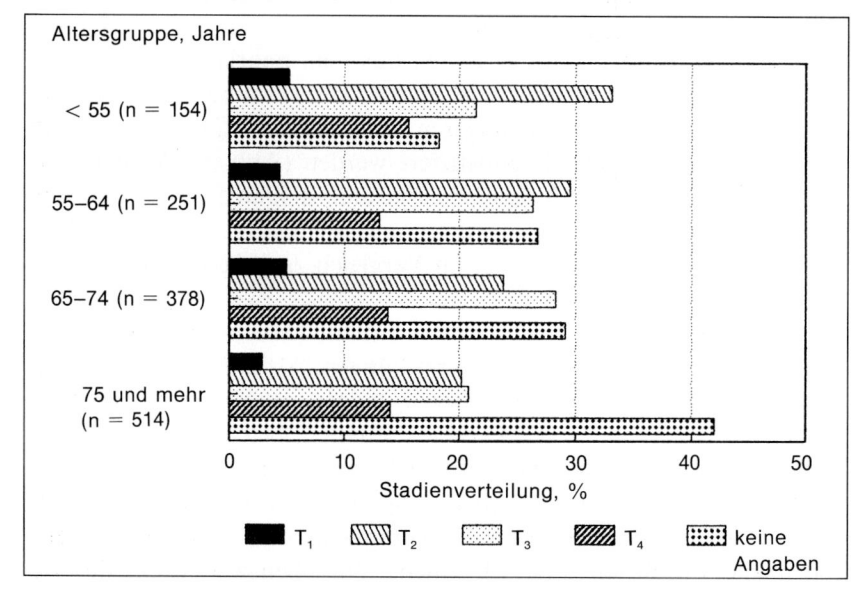

Abb. 7. Altersspezifische Stadienverteilung der Dickdarmkrebsneuerkrankungen im Saarland 1985–1987 [Quelle wie Abb. 6].

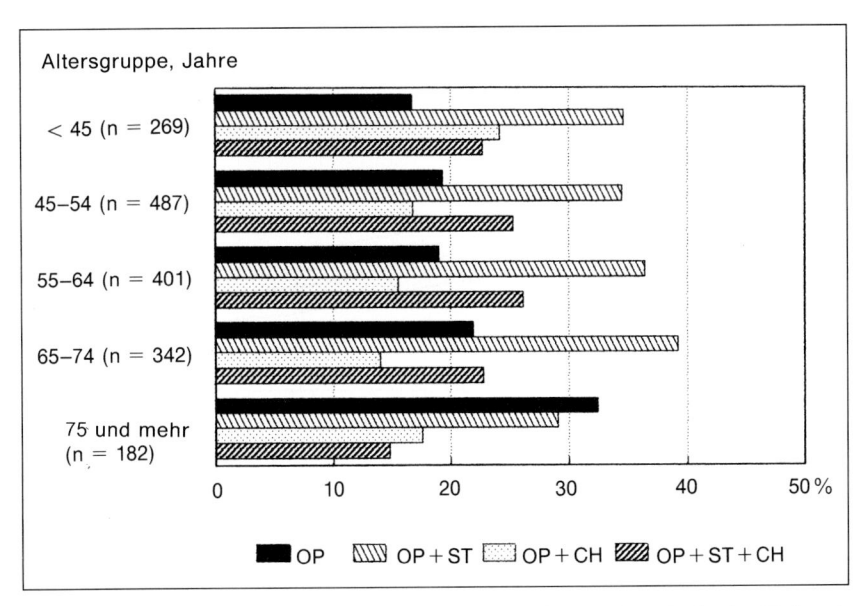

Abb. 8. Altersspezifische Verteilung der Therapie von Brustkrebs im Universitätsklinikum Tübingen 1983–1991 [bisher unveröffentlichte Auswertungen der klinischen Tumordokumentation des Interdisziplinären Tumorzentrums Tübingen]. OP = Operation. ST = Strahlentherapie. CH = Chemotherapie.

wachsendem Alter der Frauen eher abzunehmen (Abb. 8): Der Anteil der nur operierten Frauen verdoppelt sich in der Gruppe der Frauen über 75 Jahren im Vergleich zur Gruppe der unter 45jährigen.

Die altersspezifischen Überlebensraten der von Krebs betroffenen Patientinnen und Patienten verringern sich mit wachsendem Alter. Immerhin fast drei Viertel der zum Diagnosezeitpunkt unter 45 Jahre alten Männer überlebten ihre Krebsdiagnose um mindestens 1 Jahr, gut die Hälfte überlebte mehr als 5 Jahre (Abb. 9). Bei den 65- bis 74jährigen entspricht die 1-Jahres-Überlebensrate etwa der 5-Jahres-Überlebensrate der jüngsten Altersgruppe. Nur etwa ein Viertel dieser Gruppe überlebt die Krebsdiagnose um mindestens 5 Jahre. Die Überlebenschancen bei den Frauen sind etwas besser, insbesondere bei den Altersgruppen bis zu 74 Jahren (Abb. 10).

Diese Betrachtung der beobachteten altersspezifischen Überlebensraten ohne Differenzierung nach Krebsarten ist stark vereinfa-

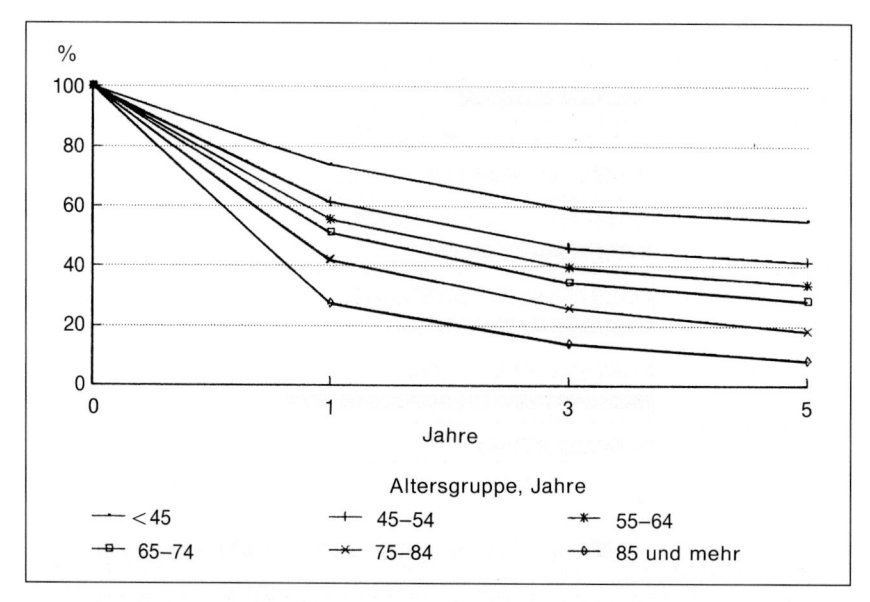

Abb. 9. Altersspezifische 1-, 3- und 5-Jahres-Überlebensraten (Krebsneuerkrankungen bei Männern im Saarland 1980–1984) [Quelle wie Abb. 8].

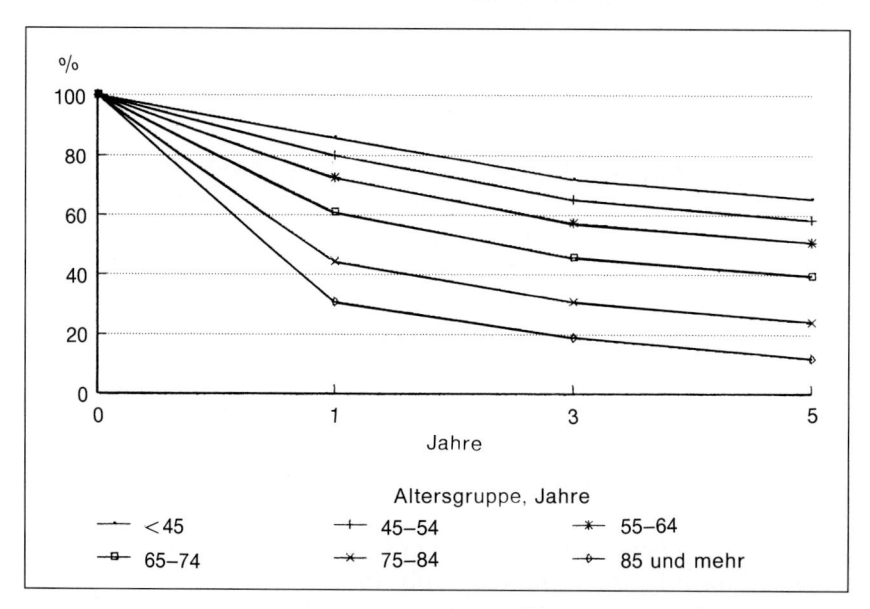

Abb. 10. Altersspezifische 1-, 3- und 5-Jahres-Überlebensraten (Krebsneuerkrankungen bei Frauen im Saarland 1980–1984) [Quelle wie Abb. 8].

chend und durch Effekte der allgemein größeren, von den Krebserkrankungen unabhängigen Sterblichkeit älterer Menschen überlagert. Die Analyse der Überlebenszeiten kann durch die Betrachtung der relativen tumorspezifischen Überlebensraten sinnvoll ergänzt werden. Entsprechende Analysen mit Daten aus dem Saarländischen Krebsregister liegen bereits vor [8]. Dabei zeigte sich, daß die älteren Betroffenen vor allem in der ersten Zeit nach der Diagnose eine erheblich höhere, durch die Krebserkrankung bedingte Zusatzsterblichkeit aufweisen als eine vergleichbare Gruppe der allgemeinen Bevölkerung. Bei jüngeren Altersgruppen steigt die Zusatzsterblichkeit dagegen mit wachsendem Abstand von der Krebsdiagnose.

Schlußfolgerungen

Die vorgeführten Daten, die nicht ohne weiteres auf die Situation in Gesamtdeutschland übertragbar sind, erlauben keine eindeutigen Schlußfolgerungen über Krebs im Alter. Um in Zukunft medizinisch und gesundheitspolitisch relevante Ergebnisse zu gewinnen, ist es zunächst erforderlich, die Datenlage so weit zu verbessern, daß ein epidemiologisches Gesamtbild erkennbar wird. Bis dahin ist es sicherlich noch ein langer Weg. Aufgrund der hier vorgestellten Daten wären kurzfristig zweierlei Schlüsse zu ziehen:
1. Absehbar ist eine erhebliche Zunahme des Versorgungsbedarfs gerade für ältere krebskranke Menschen. Die Frage ist, wie unser Gesundheitssystem darauf vorbereitet ist.
2. Es spricht viel dafür, daß in der Versorgung älterer Krebspatientinnen und -patienten nicht mit der gleichen Konsequenz vorgegangen wird wie bei jüngeren Betroffenen. Es wäre die Aufgabe der medizinischen Versorgungsforschung, dieser Hypothese mit gezielten Versorgungsstudien nachzugehen.

Dank

Der Verfasser bedankt sich für die Durchführung von Auswertungen durch das Saarländische Krebsregister und die klinische Tumordokumentation des Interdisziplinären Tumorzentrums Tübingen.

Literatur

1 Statistisches Jahrbuch 1991 für das Vereinte Deutschland. Wiesbaden, Statistisches Bundesamt, 1991.
2 Selbmann HK: Altersentwicklung und Krebshäufigkeit. Eine epidemiologische Betrachtung für die Bundesrepublik Deutschland. Fortschr. Med 1990;108:353–357.
3 Hölzel D: Klinisch-epidemiologische Daten zu Krebserkrankungen; in Onkologische Nachsorge Bayern. Handbuch für niedergelassene Ärzte, München, KV Bayern, Kap 8a, pp 1–15.
4 Saarländisches Krebsregister: Morbidität und Mortalität an bösartigen Neubildungen im Saarland 1988. Jahresbericht des Saarländischen Krebsregisters. Saarbrücken, Saarland in Zahlen, Sonderheft 157, 1991.
5 Statistisches Jahrbuch 1990 für die Bundesrepublik Deutschland. Wiesbaden, Statistisches Bundesamt, 1990.
6 Zentralinstitut für Krebsforschung. Bereich Nationales Krebsregister und Krebsstatistik. Krebsinzidenz in der DDR 1987. Berlin, unveröff. Manuskript.
7 Dix D: The role of the aging in cancer incidence: An epidemiological study. J Gerontol Biol Sci 1989;44:10–18.
8 Wiebelt H, Hakulinen T, Ziegler H, Stegmaier C: Leben Krebspatienten heute länger als früher? Eine Überlebenszeitanalyse der Krebspatienten im Saarland der Jahre 1972 bis 1986. Soz Präventivmed 1991;36:86–95.

C. Meisner, M.A., Institut für Medizinische Informationsverarbeitung der Universität, Westbahnhofstraße 55, D-72070 Tübingen (BRD)

Statistische Grundlagen einer epidemiologischen Betrachtungsweise

Arthur Wischnik

Frauenklinik des Klinikums, Mannheim, BRD

Ziel der analytischen Krebsepidemiologie ist es, auf der Basis der Daten der deskriptiven Epidemiologie, mithin der Erfassung geographischer oder bevölkerungsbezogener Verteilungseigentümlichkeiten von Malignomen zu Aussagen über Risikofaktoren bzw. Ursachenzusammenhängen zu kommen, um letztlich Vermeidungsstrategien zu erarbeiten.

Im Gegensatz zu den USA steht die deskriptive Epidemiologie im mitteleuropäischen Bereich vor der Schwierigkeit, daß nationale Krebsregister nicht verfügbar sind. Lediglich die ehemalige DDR besaß ein nationales Krebsregister, das aber nicht komplett publiziert wurde.

Sind also die pragmatischen Voraussetzungen für analytisch-epidemiologische Überlegungen bereits problematisch, so gilt dies erst recht für deren erkenntnistheoretische Fundierung.

Grundlagen

Die Ableitbarkeit von Gesetzmäßigkeiten aus Beobachtungen im Sinne des klassischen Wissenschaftsbegriffs beruht auf fünf Prinzipien [1]:
- Determinismus;
- Geschlossenheit der Systeme;
- Kontinuität;
- Zeitunabhängigkeit;
- Verständlichkeit.

Der menschliche Organismus erfüllt keine dieser Voraussetzungen. Die regelhafte Verknüpfung von Ursache und Wirkung, wie der Determinismus dies fordert, ist nicht gegeben, die gleiche Ursache (etwa Einwirkung eines kanzerogenen Agens) kann bei verschiedenen Menschen zu unterschiedlichen Wirkungen führen. Der Organismus ist nicht geschlossen, sondern stellt ein offenes System dar, dem Materie, Informationen und Energie zufließen, die er aber auch wieder abgibt. Viele Vorgänge im menschlichen Organismus sind diskontinuierlich, dies gilt insbesondere für das Einsetzen bösartigen Wachstums. Die Unabhängigkeit von der Krankheit ist gleichfalls nicht gegeben, da die Entstehung einer Krankheit eng mit der einem Menschen eigenen Geschichte, z. B. auch Alterungsprozesse, korreliert und damit zeitabhängig ist. Aus der Summe dieser Feststellungen resultiert schließlich, daß den Vorgängen im menschlichen Organismus keine umfassende Verständlichkeit eignet, da die Kenntnis von Ausgangsbedingungen nicht notwendig die Prognose der Folgen zuläßt. Hierzu tragen im wesentlichen drei Faktoren bei [1]:

1. Die Komplexität des Systems. Dies braucht hier nicht vertieft zu werden, ist doch die vielfache Vernetzung von Ursachen und Wirkungen im menschlichen Organismus an unzähligen Beispielen belegbar.

2. Die Entfernung vom Gleichgewichtszustand und Irreversibilität. Wenngleich der Begriff des «steady state» zum festen Bestandteil unseres Naturverständnisses geworden ist, muß doch konstatiert werden, daß biologische Vorgänge mehrheitlich irreversibel sind, wie etwa zelluläre Differenzierungs-, aber auch Stoffwechselvorgänge, verlaufen doch beispielsweise die meisten katabolen Vorgänge auf anderen Pfaden als die anabolen, können mithin nicht als deren Umkehrung begriffen werden.

3. Die Existenz von Rückkoppelungsschleifen, d. h. die Tatsache, daß Endzustände eines Prozesses auf den Ausgangszustand einwirken. Auch dieses Phänomen ist hinlänglich bekannt, wobei hervorzuheben ist, daß die Vorstellung isolierter Rückkoppelungsvorgänge lediglich eine didaktische Vereinfachung ist.

Unter diesen für den menschlichen Organismus mithin zutreffenden Beziehungen ist der Zusammenhang zwischen definiertem Ausgangs- und Endzustand nicht mehr durch lineare Differentialgleichungen zu beschreiben, vielmehr gerät dieser Zusammenhang in Abhängigkeit von der Größe eines Kontrollparameters. Bei der Vermehrung von Zellen eines Gewebes ist dieser Kontrollfaktor die Replikationsrate. Liegt diese < 1, so führt dies zum Absterben des Gewebes. Liegt

Statistische Grundlagen einer epidemiologischen Betrachtungsweise   47

er bei 1, bedeutet dies Wachstumsstillstand, ist er > 1, bedeutet dies Wachstum. Bei niedriger Replikationsrate bleibt das System deterministisch, es strebt einem durch systemimmanente Ressourcenbegrenzung festgelegten Grenzwert zu. Stärkere Replikationsraten rufen hingegen – bedingt durch Rückkoppelungen – Beeinflussungen hervor, die von außerhalb des Systems kommen und weiterer Vermehrung die Voraussetzung entziehen. In diesem Moment beginnt die Größe der Zellpopulation zwischen zwei möglichen Werten zu oszillieren. Wird die Kontrollgröße «Replikationsrate» weiter gesteigert, treten weitere Bifurkationen auf, bis schließlich ein chaotisches Verhalten erreicht ist. Die Verhältnisse sind in Abbildung 1 illustriert.

Der mögliche Weg, der sich für eine Analyse deskriptiv-epidemiologischer Daten in dieser – chaotischen – Situation ergibt, hat bereits

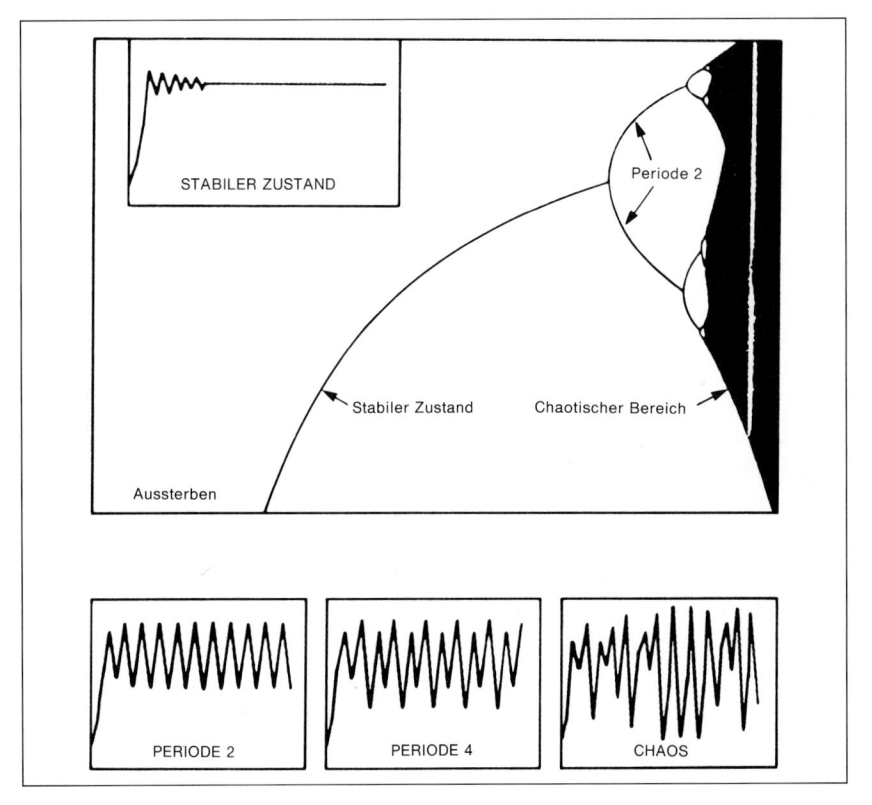

Abb. 1. Populationsgröße (y-Achse) in Abhängigkeit von der Replikationsrate (x-Achse) im rückgekoppelten System [modifiziert nach Ref. 1].

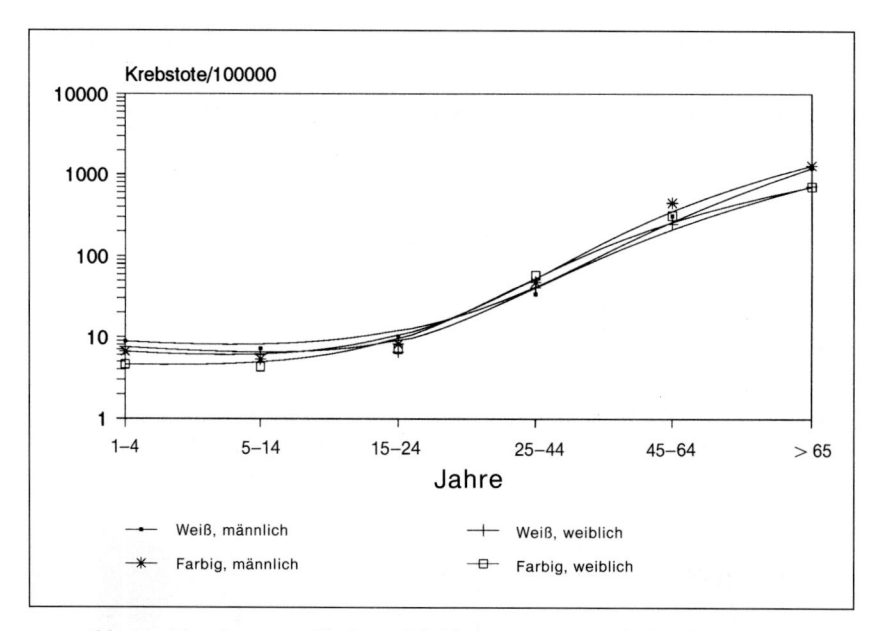

Abb. 2. Altersbezogene Krebssterblichkeit, getrennt nach Geschlecht und Hautfarbe [2].

Descartes gewiesen: «Wenn ein Problem zu komplex ist, als daß du es auf einmal lösen kannst, so zerlege es in so viele Unterprobleme, die dann entsprechend so klein sind, daß du jedes dieser Unterprobleme für sich lösen kannst.»

Wenn sich die analytische Epidemiologie jedoch beim Paradigmenwechsel vom Determinismus zur Chaostheorie des Intermediärbegriffs vom «deterministischen Chaos» [Lorenz, zit. in Ref. 1] unter Zuhilfenahme reduktionistischer Betrachtungsweisen bedient, muß sie sich gleichwohl der Tatsache bewußt sein, daß das Ganze mehr ist als die Summe seiner Teile.

Alter, Geschlecht, Rasse

Die Krebsmortalität nimmt vom 20. bis zum 70. Lebensjahr etwa um den Faktor 100 zu (Abb. 2). Die seit der Jahrhundertwende stetig

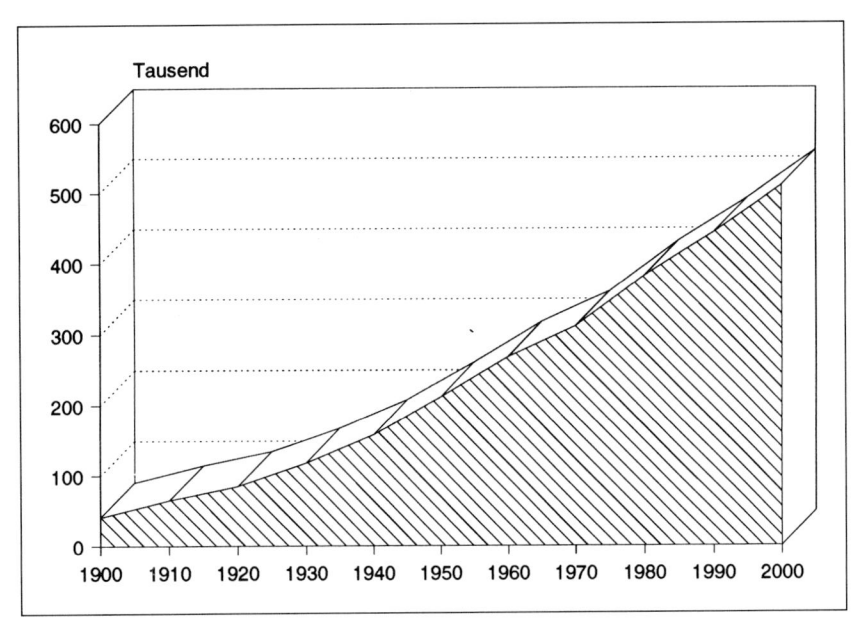

Statistische Grundlagen einer epidemiologischen Betrachtungsweise 49

Abb. 3. Entwicklung der Krebstodesfälle in den USA [3].

ansteigende Entwicklung der Krebstodesfälle (Abb. 3) läßt von da her eine Begründung durch die gleichfalls angestiegene Lebenserwartung, aber auch durch die Überalterung der Bevölkerung, zu. Dieser quantitative Aspekt verleiht der Thematik des «geriatrischen Tumorpatienten» natürlich seine eminente Bedeutung.

Die Gerontologie hat für diesen Zusammenhang im wesentlichen folgende Annahmen zusammengetragen [4–7]:
– Anhäufung somatischer Mutationen;
– erhöhte Sensibilität gegenüber onkogenen Prinzipien (Viren, kanzerogenen Substanzen);
– reduzierte antineoplastische Immunitätslage;
– Veränderungen des Endokriniums.

Die diesen Theorien zugrundeliegende Annahme einer im Alter abnehmenden Abwehrlage gegen bösartige Geschwulste ist indessen im Kern unbewiesen [8].

Unter epidemiologischen Gesichtspunkten sollte man vorsichtig sein, das Alter als eine Krebsursache sui generis anzusehen. Abbildung 4 zeigt den jeweiligen Anteil von Krebstodesfällen bezogen auf die

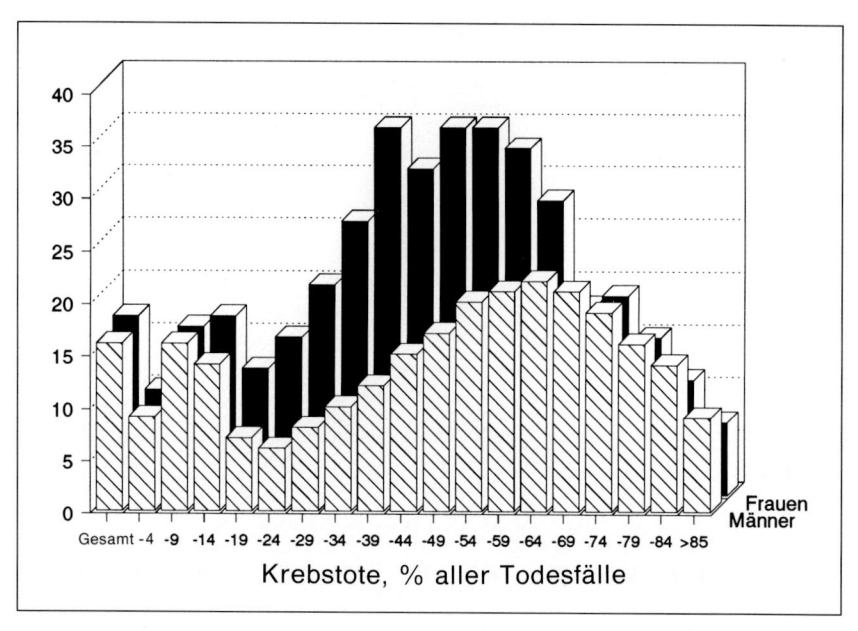

Abb. 4. Anteil der Krebstodesfälle an den Gesamttodesfällen in verschiedenen Altersstufen [2].

Gesamttodesfälle in den verschiedenen Altersstufen. Es zeigt sich, daß der Anteil der Krebstodesfälle nach einem Gipfel, der bei den Frauen etwa zwischen 45 und 55 Jahren und bei den Männern Mitte der Sechziger liegt, in höheren Altersstufen wieder deutlich abnimmt.

Auch eine Modellrechnung zur möglichen Zunahme der Lebenserwartung bei Eliminierung der Todesursache „Krebs" belegt dies [9]. Wie Abbildung 5 zeigt, ist diese potentielle Zunahme gering und insbesondere beim alten Menschen zu vernachlässigen, weil die Sterberaten an anderen Krankheitsarten mit dem Lebensalter exponentiell zunehmen, was für die Herz-Kreislauf-Erkrankungen sogar noch ausgeprägter ist als für die bösartigen Geschwülste.

Geographische Verteilung

Zum Studium der geographischen Karzinomverteilung hat für die (alte) Bundesrepublik die Erstellung des Krebsatlanten der BRD [10]

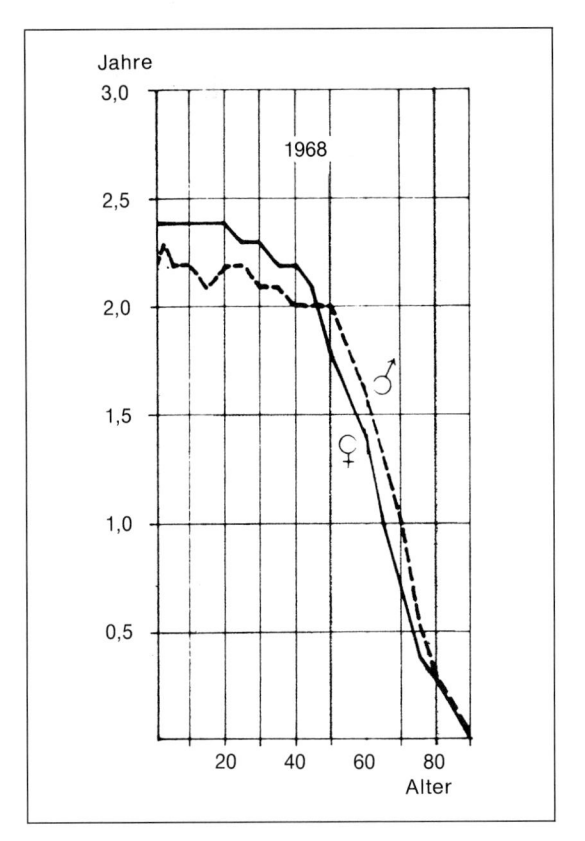

Abb. 5. Möglicher Anstieg der Lebenserwartung in den USA unter der Annahme, daß Krebs als Todesursache entfällt [9].

einen wichtigen Beitrag geleistet. Nach Erscheinen dieses Atlanten wurden weitreichende Spekulationen über mögliche ortstypische bzw. ortsgebundene Krebsursachen laut, die den deskriptiven Ansatz des Werkes völlig überzogen. Becker und Wahrendorf [11] wiesen unlängst auf die erheblichen Probleme hin, die sich aus der epidemiologischen Bewertung regionaler Krebsfallhäufungen ergeben. Diese resultieren im wesentlichen einerseits aus den Schwierigkeiten, «Häufungen» statistisch abzusichern, anderseits aus der Interpretation einer gegebenenfalls ermittelten Häufung im Sinne von Zufälligkeit oder Zuschreibbarkeit zu einer bestimmten Exposition.

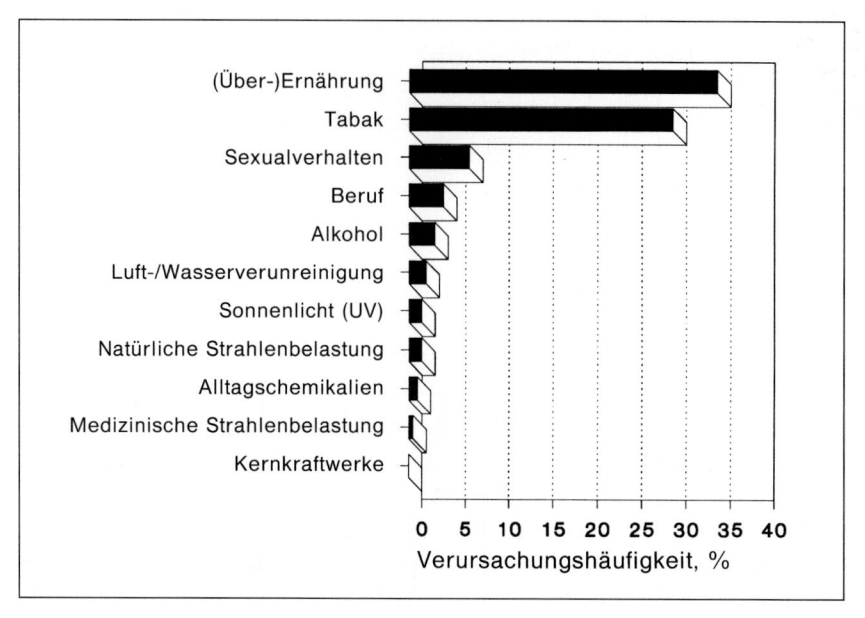

Abb. 6. Ursachenhäufigkeit für die Entstehung von bösartigen Tumoren [12].

Umweltexpositionen, Lebensumstände, Lebensgewohnheiten

Für ihre Untersuchungen zum Einfluß von Umweltfaktoren auf die Krebsentstehung erhielten die Toxikologen D. Henschler, H. G. Neumann und W. K. Lutz sowie der Radiobiologe L. Ehrenberg den Förderpreis für Europäische Wissenschaft der Körber-Stiftung. Aufgrund dieser Untersuchungen sind die Aussagen, daß bis zu 85% menschlicher Krebserkrankungen umweltbedingt sind, widerlegt Auch die steigende Krebsmortalität in Industrieländern läßt sich hierbei nicht als Beweis heranziehen, da sich in gleichem Maße in Industrieländern die Altersstruktur verändert hat. Auch die Überschreitung von Grenzwerten bei Schadstoffen ist in einer sachlichen Diskussion kaum verwertbar, da im Bereich stochastischer Krebsrisiken das Ziehen solcher Grenzlinien a priori problematisch, weil weitgehend arbiträr, ist. Vielmehr sind allgemeinen Luft- und Wasserverunreinigungen etwa 2% aller Krebserkrankungen zuzuschreiben. Etwa 35% sind in Zusammenhang mit der Ernährung zu bringen, wobei umfangreiche Studien, unter anderem in den Vereinigten Staaten und in China, zeigen, daß vor allem ein hoher Fleisch- und Fettanteil, häufig verbunden mit der mutagene Stoffe erzeugenden Hitzebehandlung, kanzerogene Risiken beinhaltet. Die Verteilung weiterer Krebsursachen nach diesen Studien ist Abbildung 6 zu entnehmen.

Schlußfolgerungen

Die Annahme eines «intrinsic effect of ageing» [13] ist unter epidemiologischen Gesichtspunkten, insbesondere nach den eingangs aufgeführten Überlegungen zur Problematik linearer Ableitung bei den Krankheitsursachen, zur Erklärung der bekannten Beziehungen zwischen Alter und Auftreten von bzw. Sterblichkeit an bösartigen Neubildungen nicht erforderlich. Die medizinische Auseinandersetzung mit dem «geriatrischen Tumorpatienten» bezieht ihren Sinn nicht aus der quantitativ zu vernachlässigenden möglichen Lebensverlängerung durch die Bekämpfung der Krebskrankheit, sondern daraus, daß im Spektrum der altersassoziierten Multimorbidität die Erkrankung an einer bösartigen Geschwulst die Lebensqualität besonders beeinträchtigt.

Abbildung 6 ist zu entnehmen, daß etwa drei Viertel aller bösartigen Neubildungen auf Ursachen entfallen, die Änderungen der Lebensweise zugänglich sind. Da das Erreichen eines höheren Alters gleichbedeutend ist mit einer Kumulation solcher Noxen, ist hier ein wichtiger Ansatz zu sehen. Finanzielle, politische und publizistische Anstrengungen im Bereich der primären Prävention sollten daher schwerpunktmäßig diesen Aspekt berücksichtigen – Stichworte sind vernünftige Ernährung, Reduktion bzw. Verzicht auf Tabak- und Alkoholkonsum, angemessene Sexualhygiene, Verzicht auf übermäßige UV-Licht-Exposition. Die zum Teil monomane Fixierung auf Umweltnoxen stellt ein psychologisch verständliches, sachlich aber keinesfalls gerechtfertigtes Ablenkungsmanöver dar, das, da es im politischen und publizistischen Bereich wohlfeiler ist als die Tatsachen, in ungerechtfertigter Weise Kapazitäten auf dem Gebiet der Gesundheitserziehung bindet.

Betrachtet man die Verteilung der Sterbefälle an Malignomen (Abb. 7), so stellt man die große Bedeutung von Krebslokalisationen

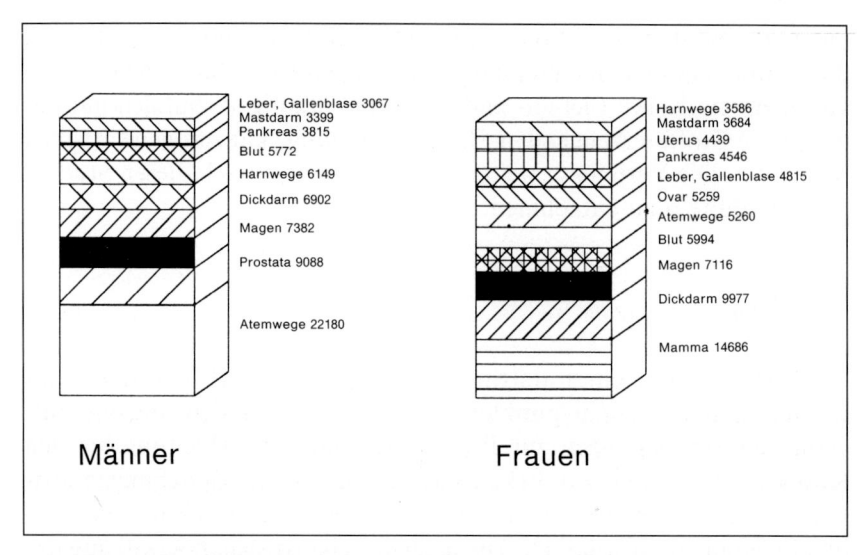

```
                                                              Harnwege 3586
Leber, Gallenblase 3067                                       Mastdarm 3684
Mastdarm 3399                                                 Uterus 4439
Pankreas 3815                                                 Pankreas 4546
Blut 5772                                                     Leber, Gallenblase 4815
Harnwege 6149                                                 Ovar 5259
Dickdarm 6902                                                 Atemwege 5260
Magen 7382                                                    Blut 5994
Prostata 9088                                                 Magen 7116
                                                              Dickdarm 9977
Atemwege 22180
                                                              Mamma 14686

           Männer                                    Frauen
```

Abb. 7. Sterbefälle an Malignomen für Männer und Frauen 1988 [14].

Tabelle 1. Europäischer Kodex gegen den Krebs

1. Rauchen Sie nicht.
2. Verringern Sie Ihren Alkoholkonsum.
3. Vermeiden Sie starke Sonnenbestrahlung.
4. Folgen Sie den Gesundheits- und Sicherheitsvorschriften an Ihrem Arbeitsplatz.
5. Essen Sie häufig frisches Obst und Gemüse sowie Getreideprodukte mit hohem Fasergehalt.
6. Vermeiden Sie Übergewicht. Begrenzen Sie den Verzehr fettreicher Lebensmittel.
7. Gehen Sie zum Arzt, wenn Sie eine ungewöhnliche Schwellung bemerken, eine Veränderung an einem Hautmal oder eine abnorme Blutung.
8. Gehen Sie zum Arzt, wenn Sie andauernde Beschwerden haben, wie chronischen Husten oder Heiserkeit, wenn Sie dauerhafte Auffälligkeiten bei der Verdauung oder einen ungeklärten Gewichtsverlust bemerken.
9. Gehen Sie einmal im Jahr zur Krebsfrüherkennungsuntersuchung.
10. Für Frauen: Untersuchen Sie regelmäßig Ihre Brust. Gehen Sie in regelmäßigen Abständen zur Mammographie, wenn Ihr Arzt dies für erforderlich hält.

fest, die – unter Gesichtspunkten der sekundären Prävention – durch die Früherkennungsuntersuchung erfaßt werden. Hierfür sei das Mammakarzinom als Beispiel genannt. Bei diesem häufigsten Karzinom der Frau hat sich die Anzahl der neu diagnostizierten Fälle in den USA von 1960 (63 000) bis 1991 (175 000) annähernd verdreifacht, wohingegen die Mortalität seit 1955 um lediglich 3 % gestiegen ist [3], bei gleichzeitig abnehmender Erfordernis für therapeutische Radikalität: So ließ sich im Krankengut der Frauenklinik des Klinikums Mannheim der Anteil an brusterhaltenden Karzinomoperationen in den letzten 5 Jahren von 11,7 auf 33,7 % steigern.

Trotz der mehrfach angeschnittenen Schwierigkeiten der analytischen Epidemiologie läßt sich somit ableiten, daß auch oder gerade beim «geriatrischen Tumorpatienten» die Möglichkeiten der primären und sekundären Prävention bei weitem noch nicht ausgeschöpft sind. Die Beachtung des «Europäischen Kodex gegen den Krebs» (Tab. 1) ist daher unter epidemiologischen Gesichtspunkten auch und gerade für den älteren Menschen von eminenter Bedeutung.

Die Summe dieser Überlegungen sollte Anlaß sein, von der fatalistischen Einstellung zum Krebs als (schicksalhafter) Alterskrankheit Abschied zu nehmen.

Literatur

1 Gerok W: Die gefährdete Balance zwischen Chaos und Ordnung im menschlichen Körper; in Ditfurth H von, Fischer EP (Hrsg.): München, Piper, Mannheimer Forum 89/90, 1990, p. 137.
2 National Center for Health Statistics, Division of Vital Statistics, zit. in Ref. [3].
3 American Cancer Society: Cancer Facts and Figures 1991.
4 Finch CE, Hayflick L: Handbook of the Biology of Aging. New York, Norstrand Reinhold, 1977.
5 Kohn RR: Principles of Mammalian Aging. Englewood Cliffs, Prentice-Hall, 2. Aufl. 1978.
6 Pitot HC: Carcinogenesis and aging – two related phenomena? Am J Pathol 1977;87 444.
7 Theimer W: Altern und Alter. Stuttgart, Thieme 1973.
8 Oeser H: Krebs: Schicksal oder Verschulden. Stuttgart, Thieme 1979.
9 Levin DL, Devesa SS, Godwin JD, Silverman DT: Cancer Rates and Risks. Washington, US Department of Health, Education and Welfare, Government Printing Office, 1974.

10 Becker N, Frentzel-Beyme R, Wagner G: Krebsatlas der Bundesrepublik Deutschland, Berlin, Springer 1984.
11 Becker N, Wahrendorf J: Regionale Häufungen von Krebsfällen. Dtsch Ärzteblatt 1991;88:B-2411.
12 Doll, R: Epidemiology and the prevention of cancer: Some recent developments. J Cancer Res Clin Oncol 1988;114:447.
13 Peto R, Roe FJC, Lee PN, Levy L, Clack J: Cancer and ageing in mice and man. Br J Cancer 1975;32:411.
14 Statistisches Bundesamt (Hrsg): Statistisches Jahrbuch für die Bundesrepublik Deutschland 1990, Stuttgart, Kohlhammer, 1991.

Prof. Dr. med. Arthur Wischnik, Leitender Oberarzt der Frauenklinik des Klinikums Mannheim, Fakultät für Klinische Medizin der Universität Heidelberg, Theodor-Kutzer-Ufer, D-68167 Mannheim (BRD)

Schützt eine gesunde Lebensweise vor Krebs im Alter?

Ergebnisse einer Vegetarierstudie des Deutschen Krebsforschungszentrums

R. Frentzel-Beyme

Deutsches Krebsforschungszentrum, Heidelberg, BRD

Die Zellforschung dringt immer tiefer in die Geheimnisse des Alterns von Zellen ein. Eine verblüffende Erkenntnis *mikroskopischer* Untersuchungsmethoden ist, daß normales Altern von Zellen ohne Transformation in dadurch unsterblich werdende Zellen zunehmend vor der Wirkung vor Karzinogenen oder Promotoren, also vor dem Auftreten klinischer Krebserkrankungen, schützt [1]. Mit epidemiologischen Methoden kann das Geheimnis eines hohen Alters des ganzen menschlichen Organismus, ohne an Krebs zu erkranken, untersucht werden (quasi durch *makroskopische* Beobachtung natürlicher Lebensverläufe). Eine solche, typischerweise mit menschlichen Bevölkerungsgruppen durchgeführte Beobachtungsforschung ist die Vegetarierstudie gewesen, die, beginnend mit einer 1976 erfolgten Umfrage zur möglichen Beteiligung, Anfang 1978 in die eigentliche prospektive Follow-up-Phase überging [2, 3]. Gleichsam begleitend – deshalb auch als konkurrierende prospektive Studie bezeichnet – wurden sowohl in der Verweigerer- als auch in der Teilnehmergruppe Krankheits- und Todesfälle erfaßt und mit den Erwartungswerten der Allgemeinbevölkerung verglichen.

Vor einer Präsentation der Ergebnisse nach Abschluß der vorläufig 11jährigen Beobachtungsphase ist nach der Definition zu fragen: Was ist eine gesunde Lebensweise?, da nämlich die Interpretation unserer Studienergebnisse wie auch vergleichbarer Studien über den Ernäh-

Tabelle 1. Verlust von Autonomie (und Mobilität) als Prädiktor für Mortalität, Zufriedenheit als Prädiktor für Gesundheit

Autor(en)	Referenz	Jahr	Anzahl	Alter Jahre	Dauer des Follow-up Jahre	Bemerkungen bezüglich Prädiktoren
Abramson et al., Jerusalem	4	1982	387	>60	5	Alter war kein unabhängiger Prädiktor, wenn für Bewegungseinschränkung und Arbeitsunfähigkeit korrigiert wurde
Pekkanen et al., Finnland	5	1987	636(m.)	45–64	20	Männer mit hoher physischer Aktivität hatten ein reduziertes Sterberisiko, d. h. Überlebenszeit um 2,1 Jahre verlängert
Hodkinson und Exton-Smith, England	6	1976	852	>65	5	Verlust von Unabhängigkeit und Autonomie als Risikofaktor, Nicht- und Exraucher hatten eine höhere Sterblichkeit als Raucher
Ho, Hongkong	7	1991	1054	>70	2	eingeschränkte Bewegungsfähigkeit als der stärkste von 3 Prädiktoren, der Unabhängigkeit und Autonomie reflektiert
Zuckerman et al., New Haven, USA	8	1984	398	>65	2	niedrigeres Sterberisiko, wenn durch Interviewer «happiness» angegeben wurde, ebenso für Religiosität und lebende Nachkommen
Palmore, Durham, USA	9	1969	268		15	Zufriedenheit mit Arbeit[1] bester Prädiktor für Gesundheit, vor «happiness», physischen Funktionen, Tabakkonsum, Hobbies

Risikomarker sind nicht zwangsläufig ursächlich, so wie nichtgenannte bzw. -erfaßte Prädiktoren nicht unbedingt ohne Einfluß auf das Risiko sind.

[1] Als Reaktion einer Person auf ihre allgemeine Nützlichkeit und Fähigkeit, eine sinnvolle soziale Rolle zu spielen.

rungsanteil hinaus andere Faktoren einbeziehen muß, und zwar solche, die möglicherweise von ebenso großer Relevanz sind wie die vegetarische Ernährung.

Dies geschieht vor dem Hintergrund, daß eine Reihe von Studien (Tab. 1) den Verlust von Unabhängigkeit und Autonomie als Prädiktoren der Mortalität ergeben hat, so daß eher die bewußte Lebensweise mit gesunder Lebensweise assoziiert werden sollte. Auf diese Befunde wird noch näher einzugehen sein.

Unter dem Eindruck von Erkenntnissen neurotoxischer Eigenschaften vieler exogener Faktoren, wie z. B. der chemischen Lösungsmittel mit ihren Auswirkungen auf chronische Krankheitsrisiken, einschließlich Krebs [10], hat inzwischen die «Dekade des Gehirns» begonnen, nicht zuletzt, weil die Interaktion zwischen dem Zentralnervensystem, dem endokrinen System und dem Immunsystem zunehmend an Interesse gewinnt. Der aufmerksame Beobachter muß diese Trias nicht nur aus holistischer Sicht, sondern auch logischerweise verknüpft betrachten. Allerdings beginnt für die Art der Interaktion des Impakts von psychologischen Stressoren auf die Suppression der Immunantwort gerade erst das Verständnis zu wachsen. Sicher ist, daß die Stressoren auf bestimmte Vorgänge der Immunantwort wirken [11]. Vor nunmehr 15 Jahren war dieser Hintergrund noch weniger deutlich als heute, so galten unsere Fragen an die Vegetarier zunächst auch ganz groben Zusammenhängen.

Der Ansatz der Vegetarierstudie als prospektive Studie mit 1904 Teilnehmern beruht auf einer Alterszusammensetzung (1978), die aus Tabelle 2 hervorgeht. Da unsere Studienbevölkerung zu einem Viertel im Alter über 65 Jahre war, weist dies auf ein etwas höheres Durchschnittsalter unserer Gruppe gegenüber der Gesamtbevölkerung hin, in der sich nur 12 % der Männer und fast 18 % der Frauen in dieser Altersgruppe befanden.

Auch die Dauer des Vegetarismus ist von Bedeutung, die für eine große Gruppe von streng vegetarisch lebenden Mitgliedern im Mittel um 20 Jahre lag und bei über 70 % länger als 10 Jahre währte, während die gemäßigten Vegetarier im Mittel weit kürzere Dauer dieser Ernährungsform hatten. Infolge der 10jährigen Beobachtungszeit kommen jeweils bis zu 10 Jahre dieser Dauer hinzu.

Natürlich spielen auch die Gründe für diesen Lebensstil eine große Rolle, wobei strenge Vegetarier viel häufiger ethische Gründe angaben als weniger strenge, reformerisch lebende Naturköstler, bei denen ge-

Tabelle 2. Vegetarierstudie. Altersverteilung im Vergleich zur Allgemeinbevölkerung [18]

Alter 1978 Jahre	Männer			Frauen		
	Anzahl	%	Allgemein-bevölke-rung	Anzahl	%	Allgemein-bevölke-rung
<15	45	4,2	20,6	36	3,4	17,9
15–24	95	11,1	16,5	90	8,6	14,3
25–34	161	18,8	14,1	148	14,1	12,2
35–44	155	18,1	16,5	185	17,7	14,1
45–54	102	11,9	12,3	134	12,8	11,8
55–64	77	9,0	8,1	181	17,3	10,9
65–74	129	15,0	8,0	169	16,2	11,6
75–84	82	9,6	3,3	87	8,3	6,0
85+	12	1,4	0,5	16	1,5	1,1
Gesamt	858			1046		
Median, Jahre	42,1			49,9		

sundheitliche Gründe und Leistungssteigerung im Vordergrund standen.

Die Bedeutung der *bewußten Lebensweise* läßt sich demnach ableiten von
1. einer Entscheidung für den Lebensstil,
2. einer Entscheidung für die mentale Anregung aus eigener Kraft, sozusagen mittels physischer Aktivität, dagegen ohne Nikotin oder Koffein, also weniger Abhängigkeit von Stimulantien, und
3. einer Ernährungszusammenstellung nach individueller selbstbestimmender Wahl – etwa als Alternative zur Tradition.

Die Entscheidung für den Vegetarismus bzw. den gesundheitsbewußten Lebensstil wird individuell getroffen, d. h. daß Personen, die sich dazu bekennen, zwangsläufig eine selbstselektierte Gruppe aus der Gesamtbevölkerung sind, anderseits für diese Selbstselektion auch ein bestimmtes Selbstbewußtsein und eine Selbstbestimmung haben müssen, die ihnen das Außenseiterdasein erleichtern. Daher ist oft ein höherer Sozialstatus bei den Vegetariern zu beobachten, der allerdings auch eine größere Freiheit in der Gestaltung der Lebensweise mit dem begünstigenden Einfluß auf die Sterblichkeit mit sich bringt. Schließlich scheint die Fähigkeit, sich unabhängig von den von außen zuzuführenden Stimulanzien, wie Nikotin, Alkohol oder anderen Mitteln, anregen zu können, auch vom Bewußtsein abzuhängen und somit von einer autonomen Persönlichkeit.

Ergebnisse

Der externe Vergleich der beobachteten Sterbefälle mit den Erwartungswerten auf der Basis der Gesamtsterblichkeit zeigt, daß die Zahl der in der Allgemeinbevölkerung über 460 erwarteten Todesfälle mehr als doppelt über der Zahl der bei Vegetariern tatsächlich aufgetretenen 225 Todesfälle liegt (Abb. 1). Gleichzeitig kann man für die Haupttodesursachen Herzkreislaufkrankheiten, Krebs, Krankheiten der Atmungsorgane und der Verdauungsorgane sowie für alle übrigen Todesursachen ein jeweils um die Hälfte oder mehr als die Hälfte herabgesenktes Risiko in der Übersicht erkennen.

Bei getrennter Betrachtung der Sterblichkeit der Männer und Frauen zeigen sich die Unterschiede besonders eindrucksvoll in Form

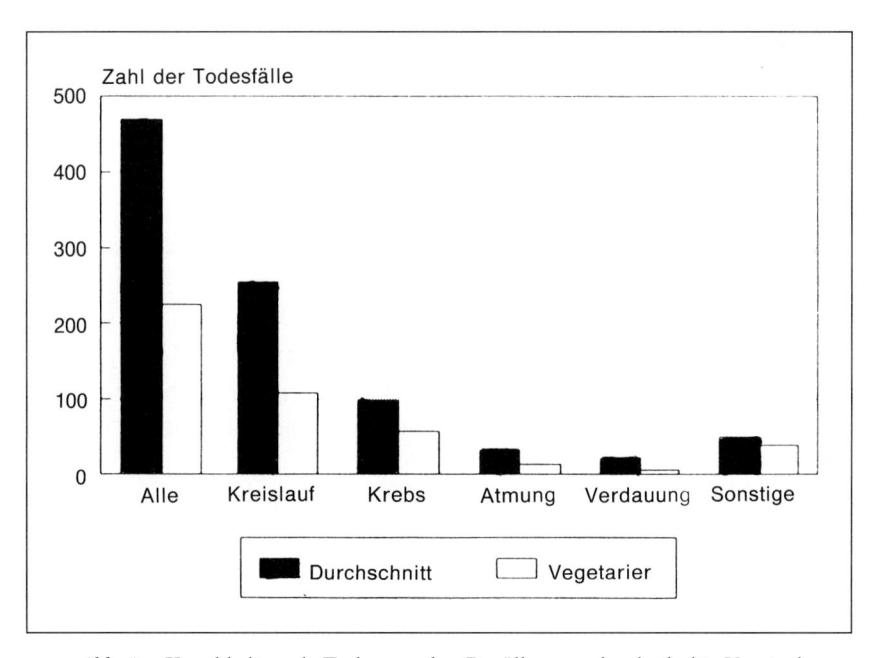

Abb. 1. Krankheiten als Todesursache. Bevölkerungsdurchschnitt, Vegetarier.

Tabelle 3. Sterblichkeit an Haupttodesursachen 1978–1989 in der Vegetarierstudie

	Beobachtet	Erwartet	Standardisierte Mortalitätsrate
Alle Todesursachen			
Männer	111	254,6	44*
Frauen	114	214,5	53*
Bösartige Tumoren			
Männer	26	54,2	48
Frauen	32	43,6	74
Herzkreislaufkrankheiten			
Männer	52	134,1	39
Frauen	56	121,2	46
Blutkrankheiten			
Männer	3	0,5	622*
Frauen	1	0,5	200
Krankheiten der Atemwege			
Männer	9	21,9	41*
Frauen	5	10,6	47
Krankheiten der Verdauungsorgane			
Männer	2	11,7	17*
Frauen	4	9,3	43
Unnatürliche Todesursachen			
Männer	7	10,6	66
Frauen	7	8	87

* Statistisch gesichert über oder unter 100, $p < 0,05$.

der standardisierten Mortalitätsraten (Tab. 3). Die standardisierte Mortalitätsrate (SMR) wird aus dem Quotienten der beobachteten geteilt durch die erwarteten Todesfälle gebildet und mal hundert genommen. Bei gleicher Anzahl von beobachteten und erwarteten Todesfällen ist die SMR 100. Für alle Todesursachen zeigt sich der krasse Unterschied in Form einer statistisch gesicherten herabgesenkten SMR bei beiden Geschlechtern. Für bösartige Tumoren ist der Unterschied erkennbar deutlicher bei Männern mit der Hälfte der erwarteten Todesfälle, während für Frauen drei Viertel der erwarteten Todesfälle aufgetreten sind. Herzkreislaufkrankheiten sind besonders deutlich herab-

Tabelle 4. Krebstodesursachen im Studienzeitraum 1978–1989 der Vegetarierstudie

	Beobachtet		Erwartet		SMR	
	Männer	Frauen	Männer	Frauen	Männer	Frauen
Krebsformen der Verdauungsorgane	11	9	19,6	18,3	56	49*
Magenkrebs	5	3	6,4	4,7	78	63
Darmkrebs	2	4	4,5	5,1	44	78
Mastdarmkrebs	0	0	2,8	2,2		
Bauchspeicheldrüse	3	0	2,2	2,1	137	
Atemwegstumoren						
Lungenkrebs	1	2	13,0	2,2	7*	89
Brustkrebs		5		6,7		75
Urogenitalsystem	8	8	11,7	7,9	68	101
Ovarialkrebs		3		2,5		121
Prostatakarzinom	3		7,3		41	
Testistumor	2		0,1		1519	
Harnblasenkarzinom	1	1	2,7	0,8	37	119
Nierenkrebs	2	2	1,5	0,9	138	211
Gehirntumoren	2	0	0,4	0,4	457	
Lymphoretikuläres System	1	1	2,8	2,4	36	42

SMR = Standardisierte Mortalitätsrate.
* Statistisch gesichert über oder unter 100, p < 0,05.

gesenkt bei Männern und Frauen, während Blutkrankheiten, wenn auch nur 4 Todesfälle insgesamt, wegen der sehr niedrigen Erwartungswerte ein hohes Sterberisiko mit sich bringen. Krankheiten der Atemwege sind für beide Geschlechter ebenfalls sehr deutlich herabgesenkt, das gleiche gilt für Krankheiten der Verdauungsorgane, jeweils aber nur für Männer statistisch gesichert. Die unnatürlichen Todesfälle sind – was eigentlich verwunderlich ist – auch *unter* dem Erwartungswert gefunden worden. Hierbei deutet sich schon ein Unterschied in der sozialen Schicht der Vegetarier im Vergleich zur Gesamtbevölkerung an.

Krebsformen, die besonders deutlich seltener als erwartet zum Tode führten, waren Lungenkrebs bei Männern und Darmkrebs bei Männern und Frauen sowie Rektumkarzinom, das überhaupt nicht beobachtet wurde (Tab. 4).

Für einige vereinzelt auftretende spezifische Krebsformen, wie Ovarialkrebs, Testistumoren und Nierenkrebs und Gehirntumoren sowie Pankreaskarzinom bei Männern, sind die Raten erhöht, was wegen der wenigen Fälle jedoch noch mit Zufallsschwankungen vereinbar ist. Hierdurch ist auch die Interpretation bisher erheblich erschwert.

Dem deutlich abgesenkten Lungenkrebsrisiko kommt dadurch Bedeutung zu, daß der Einfluß der Rauchgewohnheiten wahrscheinlich eine wichtige Rolle spielt, deshalb wurde nach Rauchgewohnheiten ausgewertet. Sowohl für Herzkreislaufkrankheiten als auch für Krebs als Todesursachen galten reduzierte Sterberaten sowohl bei Rauchern als auch bei Nichtrauchern. Obwohl für Frauen Herzkreislaufkrankheiten bei Raucherinnen etwas höher als in der Nichtrauchergruppe waren, gab es hier wiederum keinen Krebsfall.

Tabelle 5. Ratenverhältnis der Todesfälle unter strengen im Vergleich zu moderaten Vegetariern, ausgewählte Diagnosengruppen

Todesursache (ICD-9)	Anzahl Fälle		Raten-verhältnis	95%-Konfidenz-intervall
	streng	moderat		
Männer				
Alle Todesursachen (001–999)	71	40	0,94	0,63–1,39
Krebs (140–208)	18	8	1,26	0,54–2,93
Herzkreislauf (390–459)	31	21	0,75	0,43–1,30
Personenjahre	5038	3383		
Anzahl Personen	521	387		
Frauen				
Alle Todesursachen (001–999)	90	24	1,68*	1,07–2,65
Krebs (140–208)	25	7	1,82	0,78–4,24
Herzkreislauf (390–459)	42	14	1,22	0,66–2,23
Personenjahre	6312	4150		
Anzahl Personen	642	404		

* Signifikant mit p < 0,05.

Der interne Vergleich zwischen strengen und gemäßigten Vegetariern ergab noch einmal interessante Unterschiede. Die geringe Anzahl von Todesfällen ließ einen direkten Vergleich nur bezüglich der größeren Krankheitsgruppen zu (Tab. 5).

Die relativen Risiken (hier werden die erwarteten Werte für die Gruppe der strengen Vegetarier aufgrund der Sterblichkeit in der Vergleichsgruppe der gemäßigten Vegetarier berechnet und dann wieder der Quotient der beobachteten und erwarteten Fälle als Rate ausgedrückt) zeigten ein rundum besseres Abschneiden der moderaten Vegetarier. Bei Männern zeigt sich dieses Ratenverhältnis für alle Todesursachen zugunsten der strengen Vegetarier (aber nicht gesichert) und für Herzkreislaufkrankheiten. Für Krebs war das Risiko um 25 % über dem Erwartungswert erhöht. Für Frauen zeigte sich, daß alle Todesursachen, wie Krebs und Herzkreislaufkrankheiten, bei den strengen Vegetarierinnen deutlich erhöht waren. Diese Unterschiede der relativen Sterberisiken zwischen gemäßigten und strengen Vegetariern für beide Geschlechter bezüglich Krebs einerseits und deutlichen Unterschiede zwischen Männern und Frauen bezüglich Herzkreislaufkrankheiten anderseits deuten auf einen andersgearteten Einfluß des Ernährungsstils auf die verschiedenen Todesursachengruppen hin. Es wird deutlich, um wieviel die strengen Vegetarier relativ zu den anderen häufiger versterben. Betrachtet man sich diese Unterschiede noch einmal graphisch anhand der standardisierten Sterblichkeitsrate mit der Gesamtbevölkerung (Abb. 2), so zeigt sich bei Männern nur für Krebs und Hirnschlag eine höhere Rate bei den strengen Vegetariern, jedoch immer noch deutlich unter dem Erwartungswert liegend. Bei Frauen (Abb. 3) ist der Unterschied bei Krebs, Herzkreislaufkrankheiten und Hirnschlag ausgeprägt und zeigt daher auch für alle Todesursachen insgesamt eine höhere Rate bei strengen Vegetarierinnen. Immer noch liegen alle Werte unter dem Erwartungswert der Gesamtbevölkerung.

Zur Interpretation unserer Studie wäre sehr viel zu sagen. Die Ernährung spielt bezüglich der Selbstauswahl der Teilnehmer schon eine wesentliche Rolle. Bezüglich der schon erwähnten Selbstbestimmung ist wichtig festzustellen, daß ein Teil unserer Studienmitglieder wegen ethischer oder familiärer Gründe Anhänger der Lebensform sind. Sie sind zum Teil geprägt durch die Jugendbewegung der 30er Jahre, einer als Ausbruchsbewegung selbstbestimmter Jugendlicher aus dem staatsautoritären Zwang der postwilheminischen Erziehungs- und Militärideale gekennzeichneten Wandervogel- und Reformernährungs-

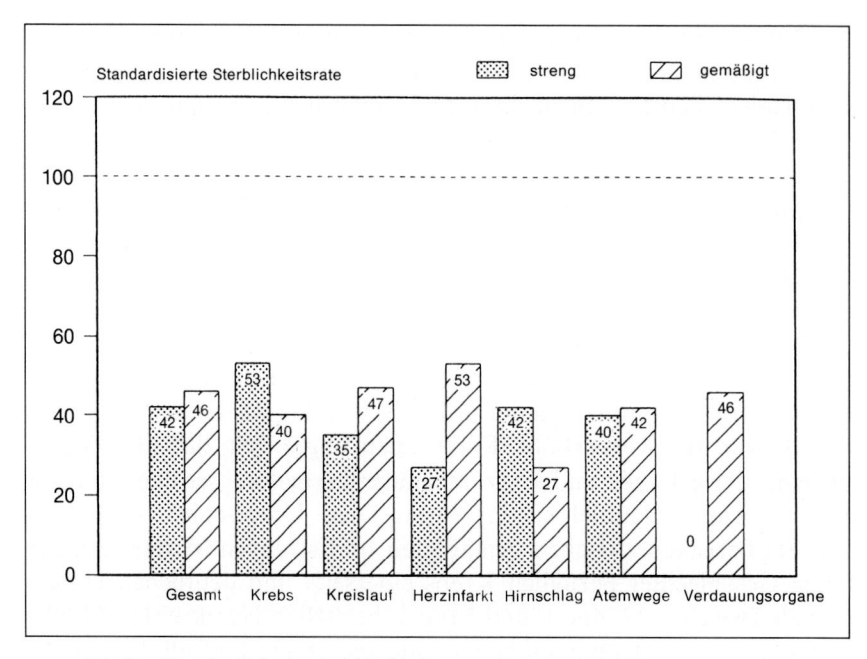

Abb. 2. Standardisierte Sterblichkeitsrate für ausgewählte Todesursachen bei Männern: Vergleich zwischen strengen und gemäßigten Vegetariern.

bewegung. War damit auch ein gesünderer Lebensstil möglich, ungeachtet der Zusammensetzung der Nahrung in bestimmten Lebensabschnitten?

Studien in den USA [12] und den Niederlanden [13] zur Mortalität bei Adventisten, die sich auch gesundheitsbewußt und abstinent ernähren, haben unsere Ergebnisse entweder vorweggenommen oder parallel zu der bei uns laufenden Studie ergänzend bestätigt.

Dennoch ist die Frage, ob es sich um die Ernährungsweise oder um andere modifizierende Faktoren handeln kann. Unsere eigene Studieninterpretation läßt aufgrund der multivariaten Regressionsanalyse unserer Daten die Beurteilung zu, daß physische Aktivität (Selbsteinschätzung der Probanden), niedriges Körpergewicht («body mass index») und moderate Ernährungsform den größten Vorteil in der Prävention von Krebs mit sich bringen. Dabei ist bezüglich der vegetarischen Ernährungsweise von Bedeutung, daß eine Dauer dieser Ernährungsweise von über 20 Jahren einen deutlichen Vorteil mit sich bringt

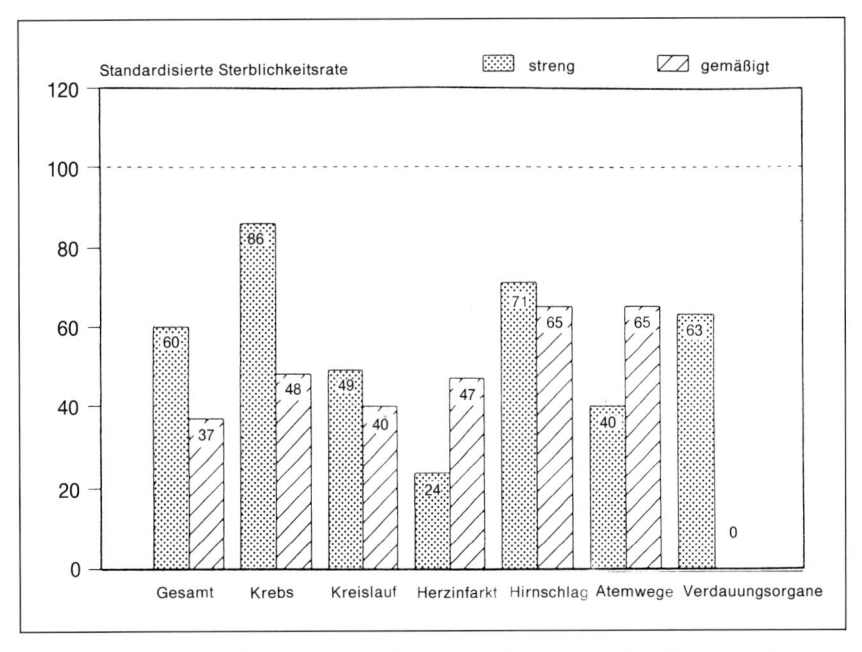

Abb. 3. Standardisierte Sterblichkeitsrate für ausgewählte Todesursachen bei Frauen: Vergleich zwischen strengen und gemäßigten Vegetariern.

(d. h. Reduktion des relativen Risikos auf durchschnittlich 44 % des Erwartungswertes). Bezüglich der körperlichen Aktivität ist festzuhalten, daß sie nicht nur gut für die Gewichtskontrolle ist, sondern auch Depressionen und vage Beschwerden reduziert.

Diskussion

Hierzu sind Aussagen von Studien von Bedeutung, die den Verlust von Autonomie als Prädiktor für Mortalitätsangaben haben und die alle einem Grundmuster folgen (Tab. 1). Zusammenhänge zwischen Änderungen der sozialen Beziehungen bei alternden Menschen bezüglich der Gesundheitsfolgen ergaben jeweils eine wichtige prädiktive Rolle sich verschlechternder oder begrenzter Einsatzfähigkeit im täglichen Leben sowie schlechter mentaler Verfassung, wogegen zunehmendes Alter keinen vergleichbaren Einfluß hatte.

Tabelle 6. Auswirkungen beruflicher Streßfaktoren auf das Risiko für Kolon-Rektum-Karzinom (Ergebnisse einer Fall-Kontrollstudie)[1]

Kummulativer Risikofaktor-Score (Belastungen am Arbeitsplatz)	Odds ratio	p
Psychologische Anforderungen: hohes Arbeitspensum – häufige Konflikte	1,56	0,04
Physische Anstrengung	1,29	0,25
Gute Kontrolle der Bedingungen entsprechend den Fähigkeiten (skill-level decision autonomy)	1,38	0,15
Arbeitsplatzunsicherheit	1,68	0,02
Hohe Anforderungen – niedrige Einflußnahme (high demand – low control)	2,51	0,03

[1] Die kumulativen Tätigkeitsfaktoren-Scores sind in niedrige vs. mittlere und hohe Tertile dichotomisiert worden. Quelle: [14].

Tabelle 7. Explorative Analyse der Sterblichkeit 1966–1981, Kohorte Rheinland-Pfalz. Risikoraten (RR) für ausgewählte Todesursachen und Variablen

Variable	Herz-Kreislauf-Krankheiten						Krebs		
	Herzinfarkt u.a. (ICD 390–429)			Gehirnschlag u.a. (ICD 430–459)			Lungenkrebs (ICD 162)		
	n	RR	p	n	RR	p	n	RR	p
Familienstand: verwitwet	3	0,95		1	0,73		2	2,94	0,06[+]
Beruf									
Beruflich erfolglos	13	0,91		7	1,18		8	3,10	0,002*
Mit Berufswahl zufrieden	110	1,09		42	0,53	0,028*	24	0,83	
Krankheit									
«Krankgeschrieben» für 4 Wochen (in den letzten 3 Jahren)	45	0,87	0,23	35	2,97	0,000*	12	1,14	0,36
Im Krankenhaus gewesen	13	1,03		11	2,30	0,006*	0	0,15	0,066[+]
Häufig für kurze Zeit arbeitsunfähig	17	1,28	0,17	8	1,44	0,17	1	0,30	0,10[+]
Erwerbsminderung	20	0,91		9	0,97		4	0,79	

* ≤ 0,05. [+] ≤ 0,10.

Welche Hinweise gibt es nun für die Bedeutung der mentalen Verfassung für die Lebenserwartung oder für das Krebsrisiko? In einer retrospektiven Fall-Kontroll-Studie zu Risikofaktoren für kolorektale Tumoren, die auf den Daten des «Third National Cancer Survey» beruhte und Angaben von Patienten mit anderen Krebsformen als Vergleichsdaten verwendete, allerdings ohne die Tumoren des Harn- und des Respirationstraktes [14], fand sich zur Überraschung der Autoren die höchste Risikorate für solche Faktoren, die unter beruflichem Streß subsummiert wurden. Arbeitsplatzunsicherheit, vor allem aber hohe Anforderungen an das Individuum mit geringer Bestimmungsmöglichkeit («high demand – low control») hatten die statistisch gesicherte Risikorate von 2,5 (Tab. 6).

Eine eigene prospektive Follow-up-Studie an Männern über 55 Jahren, deren nach einer Fragebogenerhebung einschlägiger Daten im Jahre 1966 beobachtete Mortalität 15 Jahre später analysiert wurde, zeigte 1981 ein besonders hohes Lungenkrebsrisiko für Männer, die sich 1966 als Gesunde geäußert hatten, im Beruf nicht erfolgreich gewesen zu sein [15] (Tab. 7).

Auch hier überraschte die Höhe der Risikorate von 3,1 (statistisch gesichert), während die Aussage «Zufrieden mit der Wahl des Berufes» sogar ein herabgesenktes Krebsrisiko ergab. Dies waren Befunde, die erhoben wurden, ohne daß eine Hypothese geprüft wurde. Andere Studien, die der Untersuchung von Prädiktoren für Gesundheit und Mortalität dienten, ergaben in England, Dänemark und Finnland Zusammenhänge zwischen Arbeitslosigkeit und Mortalität von teilweise beträchtlicher Dimension für gewaltsame Todesursachen, aber auch für Herzkreislaufkrankheiten. Für Lungenkrebs zeigte sich in Finnland eine deutliche Assoziation mit Arbeitslosigkeit, und zwar mit deren Dauer, wenn gleichzeitig für andere Faktoren, wie soziale Schicht, Familienstand und Gesundheitsindikatoren, kontrolliert wurde [5].

Der Vergleich der Männer:Frauen-Ratio für spezifische Todesursachen in den 70er Jahren der Länder Japan, Chile, Indien sowie der USA und Guatemala ergab für maligne Neubildungen ein deutlich von anderen Todesursachen abweichendes Muster, mit dem ein Geschlechtsunterschied zu ungunsten der Männer, in den Ländern Japan und den USA ab dem Alter von 50 Jahren bereits deutlich wird (Abb. 4). Ist das genügend Rechtfertigung, eine Rolle genetischer Faktoren anzunehmen? Für die Sterblichkeit ist dies zumindest nicht anzunehmen, denn obwohl das Geschlecht ein entscheidender Faktor für die

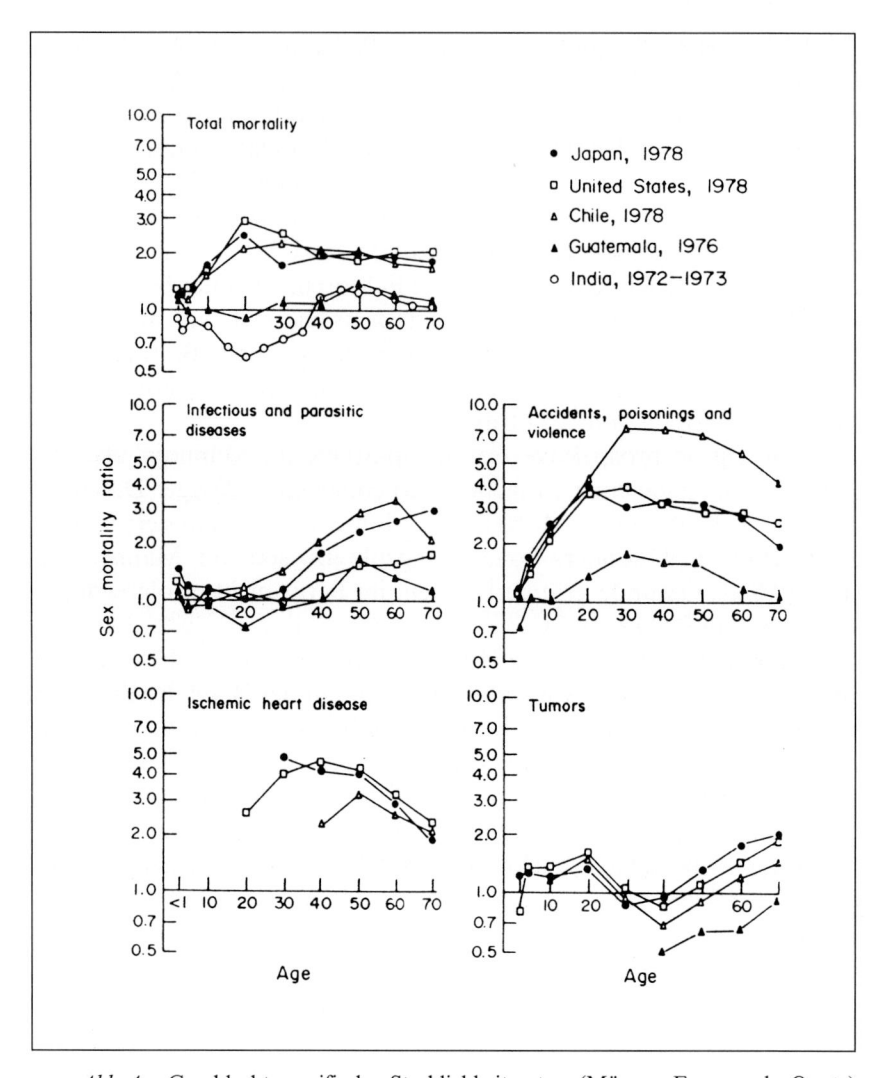

Abb. 4. Geschlechtsspezifische Sterblichkeitsraten (Männer:Frauen als Quote) für Gesamtsterblichkeit (total mortality), und für die Todesursachen Infektionskrankheiten, unnatürliche Todesursachen (accidents, poisonings and violence), Herzinfarkt (ischemic heart disease) und Krebs (tumors) in verschiedenen Ländern, die ausgewählt wurden, um allgemeine Muster der Geschlechtsunterschiede in zeitgenössischen Mortalitätsdaten zu verdeutlichen. Für Indien waren keine verläßlichen Daten über Todesursachen verfügbar, so daß nur die Gesamtsterblichkeit dargestellt wird. Die Raten (Quoten) wurden auf logarithmischer Skala dargestellt. Altersgruppen mit weniger als 100 Todesfällen für eine Ursache in einem Land wurden nicht berücksichtigt. Quelle: [16].

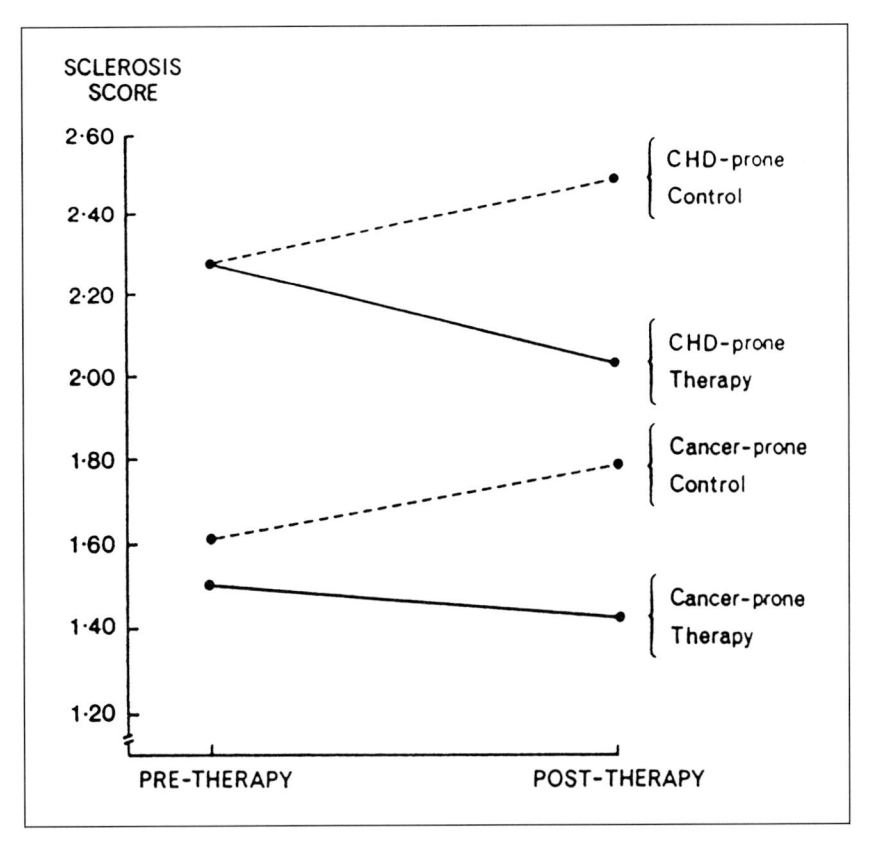

Abb. 5. Sklerose-Veränderungen des Augenhintergrundes als Funktion prophylaktischer Psychotherapie. Therapie-Effekte in Form von Sklerose-Scores im Vergleich zu Kontrollgruppen ohne Therapie bei Krebs-(cancer-prone) und Herz-Kreislauf-Risikogruppen (CHD-prone). Quelle: [17].

Inzidenz der Krebserkrankung ist, so verschwindet die Bedeutung des Geschlechts, wenn jemand einmal erkrankt ist, für dessen Überlebenswahrscheinlichkeit [16].

Seit den prospektiven Studien von Grossarth-Maticek et al. [17] ist ein erstes Mal belegt, daß die Selbstbestimmtheit und autonome Persönlichkeit eine weit größere Rolle zu spielen scheinen als das Zusammenwirken einzelner Krankheitsfaktoren bei der Prävention gegenüber auftretenden und tödlich verlaufenden Krankheiten. Der

Grundgedanke dabei ist, daß die Wirkung von Giften und Karzinogenen oft nicht rückgängig gemacht werden kann, während eine Persönlichkeitsbeeinflussung durch kognitive Psychotherapie möglich ist. Welche spezifischen Veränderungen sich durch eine Psychotherapie auch im fortgeschrittenen Alter zeitlich bereits erkennbar noch vor den weit härteren, aber endgültigen beobachtbaren Sterbefällen zeigen lassen, wurde kürzlich mittels Augenhintergrundbefunden gezeigt (Abb. 5): Abnahme der Sklerose der Retinagefäße bzw. ein Rückgang von Score-Werten infolge einer 2 Jahre zuvor applizierten Psychotherapie [17]. Diese Befunde gingen einher mit einer Abnahme des Risikos für Herzinfarkt und für Krebs, und zwar jeweils weitgehend spezifisch für 1. eine Gruppe von anhand von Prädiktoren ermittelten Herzinfarktkandidaten, und 2. ebenso vorhergesagten Krebskandidaten. Die Herabsenkung der Krebsmortalität war statistisch gesichert und dieses Ergebnis ruft nach einer unabhängigen Replikation. Hierdurch wäre zugleich die Frage der bewußten Lebensführung ohne vegetarischen Ernährungsstil auf dem Prüfstand, um die Bedeutung der gehemmten zentralnervösen Stimulation zu ermitteln. Leider droht noch vor einer solchen Prüfung die eigentliche Fragestellung bereits im Streit um die Zulässigkeit der psychotherapeutischen Prävention unterzugehen.

Wir werden mit Interesse und Spannung die weiteren Ergebnisse dieser international heftig umstrittenen Forschungsrichtung verfolgen. Es bleibt festzuhalten, daß es wohl nicht ausreicht, einen vegetarischen Speiseplan minutiös zu verfolgen und sich nur damit alle Vorteile dieser Lebensform zu versprechen.

Literatur

1 Yaar M, Garmyn M, Gilani A, Gilchrest BA: Influence of aging and malignancy on keratinocyte gene expression. J Cancer Res Clin Oncol 1991;117(suppl 2):71.
2 Frentzel-Beyme R: Ist der vegetarische Lebensstil empfehlenswert für die Verringerung des Krebsrisikos und der Sterblichkeit an Herzinfarkt? Dtsch Zeitschr Onkologie 1991;23:145–154.
3 Chang-Claude J, Frentzel-Beyme R, Eilber U: Prospektive epidemiologische Studie bei Vegetariern. Ergebnisse nach 10 Jahren Follow-up. Abt. Epidemiologie, DKFZ, Heidelberg, 1991
4 Abramson JH, Gofin R, Peritz E: Risk markers for mortality among elderly men – a community study in Jerusalem. J Chron Dis 1982;35:565–572.
5 Pekkanen J, Martti B, Nissinen A, Tnomilehto J, Punisar S, Karvonen M: Reduction of premature mortality by high physical activity: A 20-year follow-up of middle-aged Finnish men. Lancet 1987;1:1473–1477.

6   Hodkinson HM, Exton-Smith AN: Factors predicting mortality in the elderly in the community. Age Ageing 1976;5:110–115.
7   Ho SC: Health and social predictors of mortality in an elderly Chinese cohort. Am J Epidemiol 1991;133:907–921.
8   Zuckerman DM, Kasl SV, Ostfeld AM: Psychosocial predictors of mortality among the elderly poor. The role of religion, well-being, and social contacts. Am J Epidemiol 1984;119:410–423.
9   Palmore E: Predicting longevity: A follow-up controlling for age. Gerontologist 1969;9:247–250.
10 Frentzel-Beyme R: The role of the central nervous involvement in occupational cancer risk of persons exposed to organic solvents; in Sakurai H et al (eds): Occupational Epidemiology. Amsterdam, Elsevier Science Publishers, pp 83–88, 1990.
11 Glaser R, Kennedy S, Lafuse W P, Bonneau R H, Speicher L, Hillhouse J, Kiecolt-Glacer J K: Psychological stress-induced modulation of interleukin – 2 receptor gene expression and interleukin – 2 production in peripheral blood leukocytes. Arch Gen Psych 1990;47:707–712
12 Phillips RL, Garfinkel L, Kuzma JW, Beason WL, Lotz T, Brin B: Mortality among California Seventh-Day Adventists for selected cancer sites. N Natl Cancer Inst 1980;65:1097–1107.
13 Berkel J, de Waard F: Mortality pattern and life expectancy of Seventh-Day Adventists in the Netherlands. Int J Epidemiol 1983;12:455–459.
14 Spiegelman D, Wegman DH: Occupation-related risks for colorectal cancer. J Natl Cancer Inst 1985;75:813–821.
15 Frentzel-Beyme R, Michaelis J: Attitudes to early retirement and the possible connection with subsequent mortality from cardiovascular diseases after 15 years of follow-up. J Univ Occup Environ Health 1989;11(suppl):84–95.
16 Waldron I: Sex differences in human mortality: The role of genetic factors. Soc Sci Med 1983;17:321–333.
17 Grossarth-Maticek R, Eysenck H, Gallasch G, Vetter H, Frentzel-Beyme R: Changes in degree of sclerosis as a function of prophylactic treatment in cancer-prone and CHD-prone probands. Behav Res Ther 1991;29:343–351.
18 Statistisches Jahrbuch 1980 für die Bundesrepublik Deutschland: Daten der Allgemeinbevölkerung von 1978. Wiesbaden, Statistisches Bundesamt, 1980.

Prof. Dr. med. R. Frentzel-Beyme, Deutsches Krebsforschungszentrum, Abteilung Epidemiologie, Im Neuenheimer Feld 280, D-69120 Heidelberg (BRD)

Versorgungskonzepte aus der Sicht des Sozialministeriums

Dorothee Siefert

Ministerium für Arbeit, Gesundheit, Familie und Frauen – Baden-Württemberg, Stuttgart, BRD

Die Versorgung alter und insbesondere kranker alter Menschen stellt eine herausragende gesellschaftspolitische Herausforderung dar. Die Zahl der über 65jährigen betrug in Baden-Württemberg 1985 rund 1,27 Mio, dies entspricht einem Anteil von rund 14% an der gesamten Bevölkerung. 1990 waren es bereits 1,38 Mio. Vorausschätzungen lassen erkennen, daß sowohl die Zahl als auch der relative Anteil der älteren Menschen in der Bevölkerung zunehmen wird. Bereits für das Jahr 2000 ist mit etwa 1,7 Mio Menschen zu rechnen, die älter als 65 Jahre sind. Ganz besonders stark wird dabei die Zahl der Hochbetagten, d. h. der über 80jährigen, zunehmen.

Diese steigende Zahl von älteren Menschen und insbesondere die überproportional ansteigende Zahl der Hochbetagten erfordert noch mehr als bisher einen Ausbau und auch eine Neuorientierung der Versorgungsangebote für alte Menschen. Notwendig ist eine lückenlose und bedarfsgerechte geriatrische Betreuung, die sicherstellt, daß alte Menschen bei Krankheit oder Pflegebedürftigkeit das ihnen erreichbare Maß an Selbständigkeit zurückgewinnen oder bewahren können.

In gesundheitlicher Hinsicht ist die Situation des alten Menschen oft dadurch gekennzeichnet, daß nicht nur *eine* Krankheit vorliegt, sondern gleichzeitig mehrere gesundheitliche Beeinträchtigungen, die sich wechselseitig nachhaltig beeinflussen. Obwohl in der geriatrischen Diskussion Krankheitsbilder wie Schlaganfälle, Knochenbrüche und zerebrale Störungen im Vordergrund stehen, ist auch die Krebsproblematik von zunehmender Bedeutung, da mit höherem Alter immer mehr Menschen davon betroffen sein werden.

Wie muß die geriatrische Versorgung der Zukunft nun angelegt sein, damit sie den Bedürfnissen und Erfordernissen entspricht? Nach unserer Einschätzung muß sie folgende Kriterien erfüllen:
- Sie muß human sein, d. h., die Wahrung der Würde eines selbständigen Menschen muß gewährleistet sein;
- sie muß disziplinübergreifend und ganzheitlich orientiert sein, d. h., die psychischen, physischen und sozialen Bedingungen müssen adäquat berücksichtigt werden;
- sie muß kooperativ und vernetzt sein, d. h., die Versorgungskette muß lückenlos sein;
- sie muß familien- und gemeindenah sein, d. h., die Verankerung in der Familie und am Wohnort sollte möglichst erhalten bleiben;
- sie muß leistungsfähig und wirtschaftlich sein, d. h., sie muß eine hohe Versorgungsqualität und wirtschaftliche Betriebsgröße haben;
- sie muß finanziell und personell tragfähig sein, d. h., daß jedermann einen finanziellen Beitrag leisten muß und daß das erforderliche Personal gewonnen und qualifiziert werden muß.

Die Herausforderungen, die mit diesen skizzierten Anforderungen verbunden sind, erscheinen enorm. Dies insbesondere deswegen, da nicht nur die Versorgungs*quantität* für ältere und hochbetagte Patienten zur Debatte steht, sondern vor allem deren *Qualität*.

Zur Weiterentwicklung der bestehenden Versorgungsangebote für alte Menschen hat das Sozialministerium einen «Runden Tisch der Geriatrie» einberufen, der «Grundsätze und Zielvorstellungen zur Verbesserung der Versorgung alter kranker Menschen» erarbeitet hat. Diese stellen heute das Geriatriekonzept der Landesregierung dar.

Das Geriatriekonzept sieht ein gebündeltes, aufeinander abgestimmtes Maßnahmenprogramm vor. Dabei soll zunächst die geriatrische Akutbehandlung verbessert werden.

Bereits heute sind 50 % der Patienten in den Krankenhäusern älter als 60 Jahre. Eine umfassende Verbesserung der stationären Behandlung alter Menschen im Sinne einer ganzheitlichen Versorgung kann daher nicht durch zusätzliche Spezialeinrichtungen erreicht werden, sondern es muß, von den heutigen Versorgungsstrukturen ausgehend, flächendeckend eine neue Qualität der Versorgung geschaffen werden. Hierzu ist ein dreistufiges Versorgungssystem vorgesehen:

- Grundsätzlich müssen sich alle Akutkrankenhäuser im Laufe der Zeit für die altersgerechte Versorgung ihrer Patienten weiterqualifizieren.
- Pionierhaft soll dazu zunächst in jedem Landkreis an einem geeigneten Krankenhaus ein geriatrischer Behandlungsschwerpunkt eingerichtet werden.
- Letztlich soll in den großen Behandlungszentren in Heidelberg, Mannheim, Tübingen, Ulm, Freiburg, Stuttgart und Kalrsruhe als Standorten der Maximalversorgung der geriatrische Schwerpunkt zu einem geriatrischen Zentrum ausgebaut werden.

Das Geriatriekonzept sieht außerdem den Ausbau der geriatrischen Rehabilitation vor. Für die Umsetzung des Grundsatzes «Rehabilitation vor Pflege» ist innerhalb der nächsten 10 Jahre die Schaffung von 2 450 Rehabilitationsplätzen erforderlich. Die Krankenkassen im Lande haben erfreulicherweise diesem Ausbau zugestimmt. Es ist vorgesehen, durch Versorgungsverträge zwischen Krankenkassen und Rehabilitationseinrichtungen möglichst in jedem Landkreis die gewünschte wohnortnahe Versorgung zu schaffen.

Weiterhin soll die Zusammenarbeit der ambulanten Dienste verbessert werden. Hierzu soll in jedem Stadt- und Landkreis oder auch für jedes Gebiet einer Sozialstation eine Arbeitsgemeinschaft der Anbieter der Dienste eingerichtet werden. Diese Arbeitsgemeinschaft soll dann eine Informations-, Anlauf- und Vermittlungsstelle einrichten. Grundlage hierfür ist die Konzeption der Landesregierung zur Neuordnung der ambulanten Dienste der Altenhilfe. Sie wird seit 1. Januar 1991 umgesetzt.

Diese konzeptionellen Vorstellungen mögen manchen idealistisch erscheinen. Sicherlich werden Sie fragen: Wie wird das alles finanziert? Nun, zweifellos sind die Hauptkostenträger des Ausbaus der geriatrischen Versorgung sowohl im Krankenhaus als auch in der Rehabilitation die Krankenkassen. Zur Erhaltung der Beitragssatzstabilität ist es in jedem Fall erforderlich, im Rahmen der Krankenhausbedarfsplanung das Angebot auf das Bedarfsnotwendige zu beschränken. Hier ist die Gesundheitspolitik der Landesregierung gefordert. Und hier wird das Land seinen Beitrag durch die Förderung der Umwandlung von Krankenhausbetten, durch die Investitionsförderung von Pflegeheimen und durch den Ausbau der Sozialstationen leisten.

Da das Land in der geriatrischen Versorgung nur für den Krankenhausbereich eine unmittelbare Zuständigkeit hat, war es wichtig und unumgänglich, mit allen anderen Beteiligten eine Übereinstimmung über die gesamte Konzeption der Versorgung und Betreuung alter Menschen zu erreichen. Daher wurde das Geriatriekonzept mit den Landesverbänden aller Beteiligten, d. h. den Krankenkassen, Kommunen, Landeswohlfahrtsverbänden, Trägern der freien Wohlfahrtspflege, Ärzten und niedergelassenen Therapeuten abgestimmt. Die weitere Konkretisierung des Geriatriekonzeptes erfolgt zusammen mit allen Beteiligten am «Runden Tisch der Geriatrie».

Wie soll nun die Umsetzung des Geriatriekonzeptes erfolgen? Die Landesregierung hat im November 1989 den Beschluß gefaßt, das Geriatriekonzept in den «Allgemeinen Teil des Krankenhausplanes III» aufzunehmen, wodurch dem Konzept für diesen Bereich Verbindlichkeit gegeben wurde. Es ist vorgesehen, das Geriatriekonzept und die Fortschreibung des Krankenhausplanes III zusammen und kontinuierlich umzusetzen.

Wie dies im einzelnen geschehen soll und welche Einzelfestlegungen im Krankenhausplan III vorbereitet werden müssen, wird seit Februar 1990 vom Sozialministerium in intensiven Strukturgesprächen in den einzelnen Land- und Stadtkreisen erörtert. Dieser erste Teil des Verfahrens ist inzwischen abgeschlossen. Hinsichtlich der geriatrischen Rehabilitation haben sich die Landesverbände der Krankenkassen und die Verbände der Ersatzkassen bereiterklärt, nach der Abstimmung auf Kreisebene und aufgrund entsprechender Beschlüsse des Landeskrankenhausausschusses mit den vorgesehenen geriatrischen Rehabilitationseinrichtungen die Vertragsverhandlungen über den Abschluß von Versorgungsverträgen nach § 111 SGB V aufzunehmen. Hierzu werden derzeit entsprechende Vorgespräche geführt. Außerdem bereiten der AOK-Landesverband und die Baden-Württembergische Krankenhausgesellschaft momentan Musterverträge vor, auf deren Basis die Versorgungsverträge abgeschlossen werden sollen. Die Landesverbände der Krankenkassen haben in diesem Zusammenhang mitgeteilt, daß bereits sieben Anträge auf Abschluß eines Versorgungsvertrages vorliegen.

Lassen Sie mich nach diesem Überblick über die allgemeinen Grundsätze und Zielvorstellungen des Landes zur Verbesserung der Versorgung alter kranker Menschen zum Ausgangspunkt dieses Symposiums zurückkehren:

Das Thema «Krebs» wirft spezifische versorgungsrelevante Probleme auf, zu deren möglichst optimaler Aufarbeitung das Sozialministerium im Jahre 1983 das «Aktionsprogramm Krebsbekämpfung» ins Leben gerufen hat. Dieses Programm enthält folgende Schwerpunktbereiche, die in der Summe zum Ziel haben, für alle krebskranken Patienten eine gleichmäßige gute Versorgung und Betreuung auf hohem Niveau zu gewährleisten durch

- den Aufbau von Tumorzentren und onkologischen Schwerpunkten;
- die Verbesserung der Krebsnachsorge, und
- die Verzahnung der stationären mit der ambulanten Versorgung.

Durch den sukzessiven Aufbau von Tumorzentren an den vier Universitätskliniken Baden-Württembergs und die Ausweisung von inzwischen acht onkologischen Schwerpunktkrankenhäusern wurde ein flächendeckendes stationäres Versorgungsnetz für krebskranke Patienten geschaffen. Zur Sicherung der qualitativen Voraussetzungen dieser Behandlungseinrichtungen auf hohem Niveau wurden «Gründsätze und Kriterien für die qualitativen Voraussetzungen eines onkologischen Schwerpunktes» erarbeitet und in die Krankenhausplanung eingebracht.

Die vom Land geförderte Verbesserung der Krebsnachsorge ist ein Thema, das nicht zuletzt durch Modellprojekte Schlagzeilen gemacht hat. Um eine in medizinischer Hinsicht möglichst einheitliche Nachsorge zu gewährleisten wurde ein landeseinheitlicher «Krebsnachsorgepaß Baden-Württemberg» eingeführt. Außerdem wurde ein «Nachsorgeleitfaden Onkologie» für die Zielgruppe der Ärzte und psychosozialen Fachkräfte sowie ein «Nachsorgeleitfaden Krebs» für Krebspatienten und Selbsthilfegruppen erarbeitet. Beide Wegweiser informieren erstmalig umfassend über die in Baden-Württemberg bestehenden Angebote zur Nachsorge und Rehabilitation in der Onkologie.

Gewissermaßen im Vorgriff auf das Geriatriekonzept hat das Sozialministerium Empfehlungen dazu entwickelt, welche Kriterien und Standards für den Bereich der stationären Krebsnachsorge erfüllt werden müssen. Diese Anforderungen haben in der Folge auf Bundesebene den Anstoß dazu gegeben, ein «Anforderungsprofil für Einrichtungen der medizinischen Krebsrehabilitation» zu entwickeln, das künftig beim Abschluß von Versorgungsverträgen nach § 111 SGB V von den Kassenverbänden, aber auch den Rentenversicherungsträgern, beachtet werden soll.

Die nahtlose Verzahnung der stationären mit der ambulanten Behandlung und Versorgung bereitet in der täglichen Praxis häufig noch erhebliche Schwierigkeiten. Im Grundsatz geht es darum, die Zusammenarbeit zwischen den Krankenhäusern, den niedergelassenen Ärzten, den Sozialstationen sowie anderen professionellen oder ehrenamtlichen Stellen weiter zu intensivieren. Hierfür haben wir zusammen mit dem Landesbeirat «Onkologie», der das Sozialministerium hinsichtlich des «Aktionsprogramms Krebsbekämpfung» wissenschaftlich berät, strukturelle und organisatorische Rahmenempfehlungen erarbeitet, die es nun umzusetzen gilt. Die Baden-Württembergische Krankenhausgesellschaft, die kassenärztlichen Vereinigungen und die Krankenkassen sind aufgefordert, in eigener Zuständigkeit entsprechende Regelungen zu vereinbaren.

Um die «häusliche Betreuung schwerkranker Tumorpatienten» zu ermöglichen oder auch die gegebenen Möglichkeiten zu verbessern, hat das Sozialministerium in Abstimmung mit den Empfehlungen des Landesbeirats «Onkologie» mit regionalen Modellprojekten neue Formen der kooperativen Zusammenarbeit zwischen Kliniken, niedergelassenen Ärzten und Sozialstationen erprobt. Ein Modellprojekt war die «mobile ambulante Nachbehandlung» (MAN), weitere Modellprojekte wurden inzwischen am onkologischen Schwerpunkt Stuttgart, am Tumorzentrum Tübingen in Verbindung mit dem Paul-Lechler-Krankenhaus sowie an der Universitätsklinik Ulm etabliert. Ziel ist dabei, in enger Zusammenarbeit aller Beteiligten ambulante wohnortnahe Versorgungsangebote für schwerkranke Tumorpatienten und deren Angehörige aufzubauen, damit krebskranke Patienten länger und mit noch besserer Lebensqualität als bisher zu Hause verbleiben und behandelt werden können.

Von wesentlicher oder oft auch entscheidender Bedeutung ist die Möglichkeit einer suffizienten Schmerztherapie im häuslichen Bereich. Um insbesondere die niedergelassenen Ärzte zu einer hinreichenden Therapie zu ermutigen, wurde bereits im vergangenen Jahr auf Initiative des Sozialministeriums von Klinikern und Wissenschaftlern ein umfassendes Konzept zur «abgestuften schmerztherapeutischen Versorgung von Tumorpatienten» erarbeitet, das unter anderem eine flächendeckende Schaffung von Schmerzambulanzen und telephonischen Schmerzberatungsdiensten an allen Tumorzentren und onkologischen Schwerpunkten vorsieht. Flankierend hierzu hat das Sozialministerium in Zusammenarbeit mit dem Krebsverband als gemeinsame Empfehlung der Tumorzentren, der kassenärztlichen Vereinigungen und der Landesärztekammer eine neue Broschüre «Schmerztherapie bei Tumorpatienten» entwickelt und der Öffentlichkeit vorgestellt. Die Broschüre enthält ausführliche Hinweise zu Schmerzursachen, Schmerzdiagnosen und Schmerztherapien, eine umfangreiche Sammlung von Betäubungsmittelmusterrezepten sowie einen Überblick über kompetente Ansprechpartner an den Tumorzentren und onkologischen Schwerpunkten Baden-Württembergs. Sie soll allen Benutzern ein praktischer Ratgeber sein und zu einer frühzeitigen und effektiven Schmerztherapie bei Tumorpatienten motivieren. Das Echo auf diese Broschüre ist enorm, Anforderungen erreichen uns aus der ganzen Bundesrepublik.

Für den ambulanten ärztlichen Versorgungsbereich entwickeln die kassenärztlichen Vereinigungen in Baden-Württemberg derzeit verbesserte Versorgungskonzeptionen für die ambulante onkologische Nachbehandlung. Wegbereiter hierfür war – und das ist ein ganz wesentlicher Verdienst – das an der chirurgischen Universitätsklinik Heidelberg angesiedelte Modellprojekt «mobile ambulante Nachbehandlung» (MAN). Die daraus in Gang gekommene Weiterentwicklung der ambulanten Krebsnachsorge, die auch Qualitätssicherungsmaßnahmen umfassen soll, ist unbestreitbar notwendig und muß im ganzen Lande fortgeführt werden.

All diese Maßnahmen zur Verbesserung der Versorgung onkologischer Patienten sind zwar keine speziellen Versorgungskonzepte für *geriatrische* Tumorpatienten, aber natürlich kommen sie auch in besonderem Maße den alten und hochbetagten Tumorpatienten zugute.

Dr. med. D. Siefert, Ministerialrätin,
Ministerium für Arbeit, Gesundheit und Sozialordnung – Baden-Württemberg,
Postfach 10 34 43, D-70029 Stuttgart (BRD)

Besonderheiten bei der Behandlung

Neises M, Wischnik A, Melchert F (Hrsg): Der geriatrische Tumorpatient.
Beitr Onkol. Basel, Karger, 1994, vol 45, pp 81–94

Besonderheiten der Arzneimitteltherapie im Alter

K. Bühl, M. Eichelbaum

Dr. Margarete Fischer-Bosch-Institut für Klinische Pharmakologie,
Stuttgart, BRD

Der Anteil älterer Menschen, d. h. Personen über 60 Jahre, hat in den letzten Jahren in allen Industrieländern aufgrund höherer Lebenserwartung und zurückgehender Geburtenraten ständig zugenommen. Er beträgt zur Zeit in Deutschland zirka 20% der Gesamtbevölkerung, wobei bis zum Jahre 2030 mit einer Zunahme auf 35–44% zu rechnen ist. Insbesondere die Zahl sehr alter Menschen (älter als 80 Jahre) wird bis Ende dieses Jahrhunderts um 50% zunehmen.

Da in höherem Alter vermehrt Erkrankungen auftreten, die eine Pharmakotherapie, insbesondere eine Mehrfachmedikation, notwendig machen, verwundert es nicht, daß die Hälfte aller in Deutschland verordneten Medikamente älteren Menschen verschrieben werden (Abb. 1). Eine 1991 durchgeführte prospektive Studie zeigte, daß zwischen 43 und 53% der über 75jährigen, die in eine geriatrische Klinik eingewiesen wurden, mehr als 5 Medikamente gleichzeitig einnahmen [1]. Mit der Anzahl der verabreichten Arzneimittel steigt die Wahrscheinlichkeit unerwünschter Wirkungen. 10–16% aller stationären Aufnahmen älterer Menschen sind auf Arzneimittelnebenwirkungen zurückzuführen, wobei hierfür insbesondere Antihypertensiva, Antiparkinsonmedikamente, antipsychotisch wirksame Medikamente und Sedativa verantwortlich sind.

Die Behandlung älterer Menschen wird dadurch erschwert, daß unerwünschte Arzneimittelwirkungen in dieser Population häufig nicht oder kaum von krankheits- oder altersbedingten Störungen zu unterscheiden sind. Bei vielen unspezifischen Symptomen wie Schwindel,

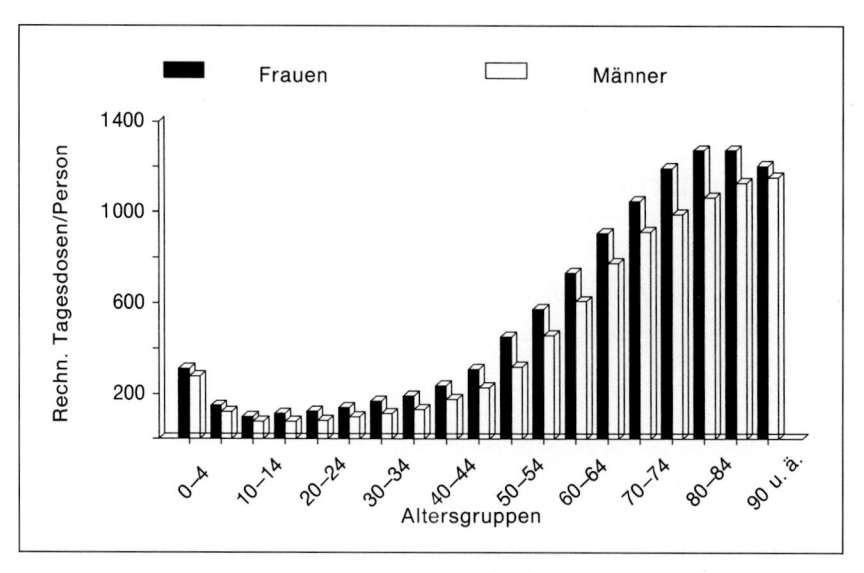

Abb. 1. Tagesdosenprofil aller Arzneimittel nach Alter und Geschlecht für das Jahr 1988.

Verwirrtheit, orthostatischen Beschwerden, Synkopen oder Obstipation sollte differentialdiagnostisch auch an medikamenteninduzierte Nebenwirkungen gedacht werden.

Die im höheren Lebensalter zu beobachtenden verstärkten und veränderten Arzneimittelwirkungen sind auf zwei Mechanismen zurückzuführen:

1. *Pharmakokinetik:* Die mit dem Alter in der Regel physiologischerweise abnehmende Nieren- und Leberfunktion, die noch zusätzlich krankheitsbedingt eingeschränkt werden kann, führt zur verzögerten Elimination vieler Arzneimittel. Durch diese Änderungen im pharmakokinetischen Verhalten kann es zur Kumulation und damit zu Nebenwirkungen kommen, wenn die Dosis nicht entsprechend reduziert wird.

2. *Pharmakodynamik:* Im Alter kommt es zu Änderungen der Pharmakodynamik, die auf eingeschränkten Regulationsmechanismen vieler physiologischer Funktionen und eine veränderte Empfindlichkeit von Rezeptoren zurückzuführen ist. Daraus können ebenfalls verstärkte oder veränderte Arzneimittelwirkungen resultieren.

Altersbedingte Änderungen der Pharmakokinetik

Unsere Kenntnis über das pharmakokinetische Verhalten der meisten Arzneimittel beruht in der Regel auf Studien mit jungen, gesunden Probanden, obwohl eine Vielzahl der Substanzen später von älteren, kranken Menschen eingenommen wird. Die Extrapolation der in diesen Studien gewonnenen Daten auf ältere Menschen ist nicht in jedem Fall zulässig. Vorstellbar ist, daß Resorption, Bioverfügbarkeit, Verteilung, Stoffwechsel und Ausscheidung von Arzneimitteln altersbedingten Änderungen unterliegen und daher beim älteren Menschen zu einem im Vergleich zu jungen Probanden unterschiedlichen kinetischen Verhalten der Substanzen führen können.

Resorption

Im Alter ändern sich eine Reihe von Funktionen des Gastrointestinaltrakts (Tab. 1). Somit ist eine Beeinflussung der Resorption von oral applizierten Medikamenten vorstellbar. Diese Faktoren scheinen jedoch ohne Bedeutung für die Resorption und Bioverfügbarkeit zu sein. Die relative Achlorhydrie und die daraus resultierende Zunahme des pH-Wertes des Magensafts vermindert den undissoziierten Anteil saurer Arzneimittel, wie zum Beispiel der Acetylsalicylsäure (ASS). In undissoziierter Form sind Arzneimittel sehr viel fettlöslicher und werden daher aufgrund ihrer Membranpermeabilität besser resorbiert als die dissoziierte Substanz. Es wäre somit eine herabgesetzte Resorption von ASS zu erwarten. Andererseits ist der Kontakt mit der Magen- und Darmmukosa durch die verzögerte Magenentleerung und Darmpassage erhöht, so daß im Endeffekt die Resorptionsquote von ASS bei älteren im Vergleich zu jungen Menschen unverändert ist [2].

Tabelle 1. Altersbedingte Änderungen des Gastrointestinaltrakts

Achlorhydrie des Magensaftes
Verzögerte Magenentleerung
Erhöhte intestinale Verweildauer
Abnahme der Resorptionsfläche
Reduktion des gastrointestinalen Blutflusses

Verteilung und Proteinbindung

Der Anteil der Fett- und Muskelmasse sowie des Körperwassers am Gesamtgewicht ändert sich mit dem Alter (Tab. 2). Neben den physikochemischen Eigenschaften des Arzneimittels bestimmen dessen Proteinbindung und die Zusammensetzung des Körpers die Verteilung des Pharmakons. Altersbedingte Änderungen des Gesamtkörperwassers, der Fett- und Muskelmasse können das sogenannte Verteilungsvolumen verändern. Das Verteilungsvolumen ist ein berechnetes Volumen, in welchem sich das zugeführte Arzneimittel zu verteilen scheint. Es ist eine fiktive Größe und entspricht keinem anatomischen Raum. In Abhängigkeit von den physikochemischen Eigenschaften und der Proteinbindung der Pharmaka (Wasser- und Fettlöslichkeit) variiert das Verteilungsvolumen zwischen wenigen Litern, die in etwa dem intravasalen Volumen entsprechen, und mehreren tausend Litern. Erfolgt die Bindung, wie im Fall des Digoxins an die quergestreifte Skelettmuskulatur, führt die Abnahme der Muskelmasse im Alter dazu, daß weniger Digoxin im Muskel gebunden werden kann. Das Verteilungsvolumen wird kleiner und somit nehmen die Plasmakonzentrationen bei gleicher Dosis zu [3]. Im Falle lipophiler Arzneimittel, wie zum Beispiel der Benzodiazepine, kann die Zunahme des Fettgewebes ein Grund für die verlängerte Halbwertszeit von Diazepam unter anderem im höheren Lebensalter sein.

Zwar ändert sich im Alter der totale Plasmaeiweißgehalt nicht, der Albumin/Globulin-Quotient ist jedoch bei älteren Menschen vermindert. Viele Arzneimittel sind im Blut an Albumin gebunden. Eine Abnahme der Serumalbuminkonzentration im Alter kann somit die Proteinbindung der Arzneimittel verändern. Da in der Regel nur der freie Anteil, d. h. die nicht an Plasmaproteine gebundene Substanz, für phar-

Tabelle 2. Altersbedingte Änderungen des Elektrolythaushalts sowie des Wasser- und Fettgewebes

Kalium (hauptsächlich intrazellulär)	−1000 mmol
Plasmavolumen	−8 %
Gesamtkörperwasser	−17 %
Intrazellulärwasser	−40 %
Fettgewebe	+30 − 50 %

makodynamische Effekte verantwortlich ist, bedeutet ein Anstieg des nicht proteingebundenen Anteils bei unveränderten Gesamtkonzentrationen eine Zunahme der effektiven Plasmakonzentrationen. Ein bekanntes Beispiel hierfür sind Änderungen der Proteinbindung oraler Antikoagulantien. Die Zunahme der freien Fraktion dieser Substanzen kann bei älteren Patienten zu einer erhöhten antikoagulatorischen Wirkung führen, weshalb insbesondere bei der Neueinstellung älterer Menschen zur Vermeidung von Blutungskomplikationen engmaschige Kontrollen der Gerinnungsparameter notwendig sind [4].

Elimination
Von entscheidender Bedeutung für die pharmakokinetisch bedingten Veränderungen der Arzneimittelwirkungen im Alter sind Funktionseinschränkungen der für die Elimination verantwortlichen Organe Niere und Leber. Neben altersbedingten Funktionseinbußen können Krankheiten die Ausscheidungskapazität weiter vermindern.

Renale Ausscheidung. Die Elimination von Arzneimitteln, die überwiegend renal ausgeschieden werden, ist abhängig von der glomerulären Filtrationsrate und der tubulären Funktion der Niere. Ab dem 20. Lebensjahr kommt es physiologischerweise durch Abnahme der Anzahl der Nephrone zu einer Reduktion der glomerulären Filtrationsrate von zirka 1 ml/min/1,73 m^2 sowie der renalen Durchblutung und der tubulären Funktion um zirka 1% pro Jahr. Häufig wird nicht beachtet, daß aufgrund der mit dem Alter abnehmenden Muskelmasse die endogene Kreatininproduktion abnimmt und somit die Kreatininkonzentrationen im Serum trotz herabgesetzter Kreatininclearance normal bleiben. Anhand des Serumkreatinins, des Lebensalters und des Körpergewichts kann man die Kreatininclearance und so das Ausmaß der Nierenfunktionseinschränkung abschätzen.

$$\text{Kreatininclearance (ml/min)} = \frac{(140 - \text{Alter}) \times \text{Körpergewicht (kg)}}{72 \times \text{Serumkreatinin (ml/min)}}.$$

Bei Frauen ist dieses Ergebnis mit dem Faktor 0,85 zu multiplizieren. Berechnet man mit Hilfe dieser Formel die Kreatininclearance eines 20- und eines 70jährigen Patienten mit gleichem Körpergewicht und einem Serumkreatinin von 1 mg/dl, so findet man bei dem 70 Jahre alten Patienten eine um 40% geringere Kreatininclearance (70 vs. 120 ml/min).

Die Clearance von Arzneimitteln, die überwiegend unverändert renal eliminiert werden, wird proportional zur reduzierten glomerulären Filtrationsrate abnehmen. Abbildung 2 zeigt die Abhängigkeit der Clearance der Aminoglykoside Gentamicin und Amikacin von der Kreatininclearance [5]. Wird die Aminoglykosiddosis beim älteren Patienten nicht entsprechend der Nierenfunktionseinschränkung angepaßt, kommt es zur Kumulation der Antibiotika, und es treten Nebenwirkungen wie Ototoxizität und Tubulusnekrosen auf. Auch beim Digoxin, Penicillinen, Cephalosporinen und den H_2-Antagonisten Cimetidin, Famotidin und Ranitidin ist die Dosierung dem Grad der Abnahme der Nierenfunktion anzupassen.

Metabolismus und Bioverfügbarkeit. Die Mehrzahl der Arzneimittel wird in der Leber zu Stoffwechselprodukten abgebaut, die in der Regel therapeutisch nicht oder weniger wirksam sind als die Ausgangssubstanz. Die Leber stellt somit das wichtigste Organ für die «Inaktivie-

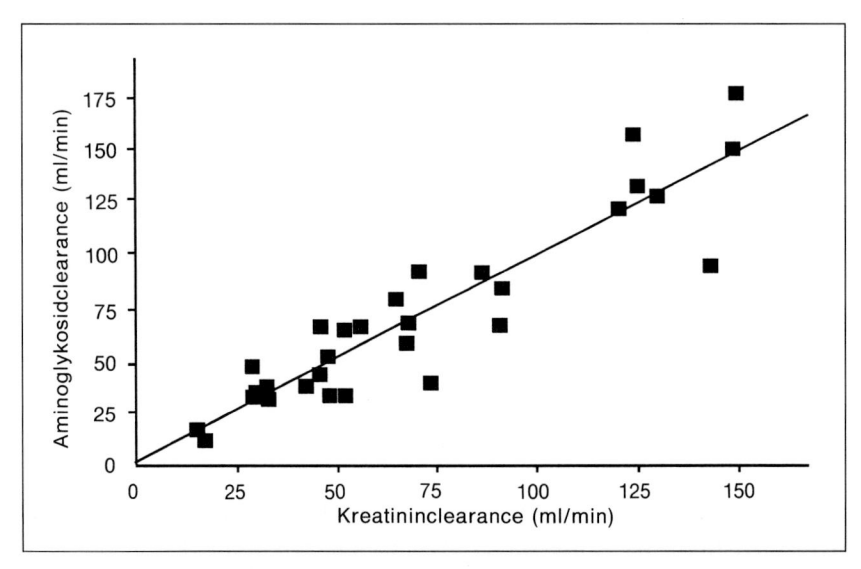

Abb. 2. Abhängigkeit der Clearances von Gentamicin und Amikacin von der Kreatininclearance [modifiziert nach 5].

rung» von Arzneimitteln dar. Analog der renalen Clearance benutzt man die hepatische Clearance, um das Eliminationsverhalten von Arzneimitteln durch die Leber zu beschreiben. Die hepatische Clearance gibt das Blutvolumen an, das pro Zeit von dem Arzneimittel gecleart wird. Sie wird im wesentlichen vom Leberblutfluß und der Lebergröße, d. h. der Anzahl der funktionsfähigen Hepatozyten, beeinflußt.

Lange Zeit waren Ergebnisse von Tierversuchen [6], die eine altersbedingte Abnahme der Aktivität von arzneimittelabbauenden Enzymen zeigten, auch für den älteren oder alten Menschen eine allgemein akzeptierte Erklärung für die im Alter verminderten Clearances vieler Pharmaka. Ende der achtziger Jahre äußerten mehrere Autoren Zweifel an der Vorstellung, daß die Funktion hepatischer Enzyme wesentlich beeinträchtigt sei. Studien mit humanen Leberbiopsieproben konnten keine altersbedingten Unterschiede im Gehalt oder in den Aktivitäten arzneimittelabbauender Enzymen beobachten [7–11]. Für die von manchen Autoren berichtete altersabhängige Clearanceabnahme von Arzneimitteln scheint nach heutigen Erkenntnissen weniger eine Abnahme

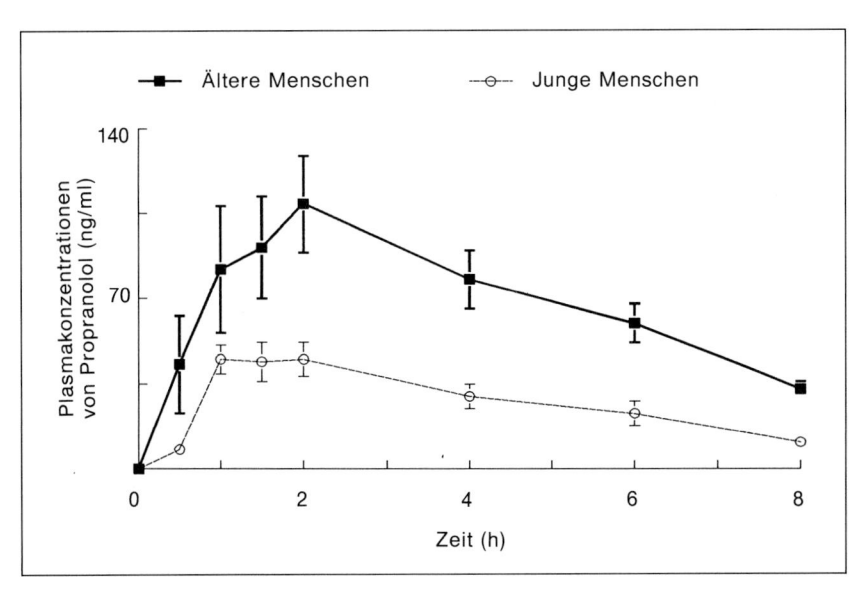

Abb. 3. Mittelwerte der Plasmakonzentrationen von 8 alten Probanden (78 ± 3 Jahre) und 7 jungen Probanden (29 ± 2 Jahre) nach Gabe von 40 mg Propranolol [13].

der Enzymaktivität pro Hepatozyt als vielmehr eine im Alter auftretende Reduktion der Lebergröße um bis zu 35% und somit der Anzahl der funktionsfähigen Hepatozyten sowie die Abnahme des Leberblutflusses eine Rolle zu spielen [12]. Diese Faktoren können den Arzneimittelmetabolismus reduzieren.

Insbesondere bei Substanzen, die nach oraler Gabe aufgrund eines ausgeprägten hepatischen Metabolismus eine niedrige Bioverfügbarkeit haben, kann der verminderte Arzneimittelmetabolismus in der Leber zu einer erheblichen Zunahme der Bioverfügbarkeit führen.

Propranolol (z. B. Dociton®) ist ein Betarezeptorenblocker, der einen hohen hepatischen First-pass-Metabolismus aufweist. Mehrere Studien konnten zeigen, daß die Plasmakonzentrationen von Propranolol bei älteren Menschen signifikant höher waren als bei jungen Menschen (Abb. 3) [13, 14], bedingt durch eine deutliche Zunahme der Bioverfügbarkeit bei älteren Menschen. Auch für das Antihypertensivum Prazosin (z. B. Minipress®) konnte eine altersabhängig zunehmende Bioverfügbarkeit gezeigt werden [15]. Folge dieser erhöhten Bioverfügbarkeit können, sofern die Dosis nicht entsprechend reduziert wird, höhere Plasmakonzentrationen und in der Folge stärkere Effekte und Nebenwirkungen sein. Ähnliches gilt für Calciumantagonisten und andere β-Rezeptorenblocker. Auch für Substanzen wie Morphin [16] oder Clomethiazol (Distaneurin®) [17] wurde eine 35- bzw. 30%ige Reduktion der präsystemischen Elimination beobachtet.

Die Varianz in der Abnahme der Leberfunktion bei älteren Patienten ist allerdings beträchtlich. Mitverantwortlich dürften daher auch Einflüsse durch die jeweilige Grunderkrankung, Umweltfaktoren, Interaktionen mit anderen Medikamenten und auch genetische Faktoren sein.

Altersbedingte Änderungen der Pharmakodynamik

Die beim älteren Patienten häufig veränderten oder verstärkten Arzneimittelwirkungen können durch eine veränderte Organreaktion, Rezeptorantwort oder herabgesetzte homöostatische Regulation bedingt sein. Für die meisten Homöostasemechanismen gilt, daß ihre Kapazität mit zunehmendem Alter schrittweise abnimmt. Das bedeutet auch, daß die Fähigkeit, bestimmte arzneimittelbedingte Effekte zu kompensieren, nachläßt.

Änderungen von Rezeptorfunktionen

Besser als andere Rezeptorfunktionen sind die der *β-adrenergen Rezeptoren* untersucht.

Vestal et al. [18] konnten zeigen, daß ältere Patienten nach intravenöser Infusion des β-Sympathomimetikums Isoprenalin einen deutlich geringeren Herzfrequenzanstieg zeigten als junge Probanden. Auch betablockierende Effekte durch Propranolol oder das Ausmaß einer belastungsinduzierten Tachykardie sind im Alter vermindert. β-Rezeptorvermittelte Reaktionen scheinen mit steigendem Alter abzunehmen. Tierexperimentelle Untersuchungen wiesen eine altersabhängige Annahme der β-Rezeptordichte auf verschiedenen Zellen nach [19]. Untersuchungen mit humanen β-Rezeptoren dagegen zeigen keine einheitlichen Ergebnisse. Als Ursachen für die abnehmenden Rezeptorantworten kommen entweder Änderungen in der Anzahl der Rezeptoren [20], in der Affinität ihrer Bindungsstellen [21] oder in den den Rezeptoren nachgestellten Transduktionsprozessen in Frage. Neuere Untersuchungen konnten eine im Alter reduzierte Rezeptorendichte der Zellen nicht bestätigen [21, 22]. Ob die in peripheren Blutzellen in vitro nachgewiesene Abnahme der intrazellulären cAMP-Bildung [23] eine Erklärung für die im Alter herabgesetzte betaadrenerge Reaktion sein könnte, ist umstritten. Die kürzlich von Ford veröffentlichte Arbeit mit älteren Probanden zeigte, daß die durch Adenosin und eine β-rezeptorunabhängige vermittelte cAMP-Bildung im Alter nicht verändert ist [24]. Möglich wäre neben den diskutierten Mechanismen eine Beeinträchtigung der Kopplung des Rezeptorkomplexes an das Enzym Adenylatzyklase, das die Bildung des cAMP katalysiert.

Beim Menschen konnten bislang keine Änderungen der α-adrenergen Reaktion in Abhängigkeit vom Alter nachgewiesen werden. Untersuchungen über die Wirkung von Noradrenalin auf operativ gewonnenes, humanes Arteriengewebe zeigte bei älteren Patienten keine Abweichungen der α-adrenergen Antwort im Vergleich zu jungen Patienten.

Benzodiazepine zeigen bei älteren Patienten trotz vergleichbarer Konzentrationen stärkere Wirkungen auf Psychomotorik und Wahrnehmungsfähigkeit [25]. Der Mechanismus ist noch unklar. Auch hier werden Änderungen in Anzahl und Affinität spezifischer Benzodiazepinrezeptoren angenommen.

Änderungen der Rezeptorfunktion werden auch hinsichtlich der im Alter verstärkten Wirkung von Morphin diskutiert. Bei gleicher

Dosis ist die Dauer der analgetischen Wirkung von Morphin deutlich verlängert und entspricht der Wirkdauer, die man bei jüngeren Patienten nach einer 3- bis 4fach höheren Morphindosis beobachtet. Erklärbar wäre diese verstärkte Morphinwirkung auch durch eine Kumulation des Metaboliten Morphin-6-glucuronids aufgrund der Nierenfunktionseinschränkung. Morphin-6-glucuronid ist im Vergleich zum Morphin zirka 20- bis 50mal stärker wirksam.

Änderungen physiologischer Funktionen und homöostatischer Regulationen

Gesunde, ältere Patienten ohne koronare Herzerkrankung zeigen im Vergleich zu jungen Menschen keine signifikanten Änderungen des Herzzeitvolumens. Wahrscheinlich als Konsequenz der reduzierten β-Rezeptorenempfindlichkeit ist jedoch ihre Herzfrequenz sowohl in Ruhe als auch unter Belastung signifikant niedriger. Das in den Industrieländern bei vielen älteren Menschen herabgesetzte Herzzeitvolumen ist Folge ischämischer oder hypertoner Kardiomyopathien. Die reduzierte kardiale Leistung ist eine Ursache für die Perfusionsabnahme und Funktionseinschränkung von Leber und Niere. β-Blocker, Calciumantagonisten oder Antiarrhythmika haben negativ inotrope Wirkungen und können bei diesen Patienten zur manifesten Herzinsuffizienz führen. Nach Aufrichten aus horizontaler Lage treten beim gesunden Erwachsenen Mechanismen in Gang, die darauf gerichtet sind, daß der orthostatische Abfall des systolischen Blutdrucks minimal bleibt. Diese Mechanismen werden über Barorezeptoren vermittelt und haben eine Erhöhung des Venentonus, eine arterielle Vasokonstriktion und einen Anstieg der Herzfrequenz zur Folge. Ältere Menschen zeigen zum Teil einen ausgeprägten Abfall des systolischen Blutdrucks verbunden mit orthostatischen Symptomen wie Schwindel bis hin zu Synkopen. Ein Faktor, der an der mangelnden Gegenregulation auf Lagewechsel beteiligt ist, ist der unzureichende Frequenzanstieg als Antwort auf die Vasodilatation. Abbildung 4 verdeutlicht den ausbleibenden Frequenzanstieg gesunder, älterer Personen nach Gabe von 10 mg Nifedipin im Vergleich zu einem Kollektiv junger Probanden [26] als Ausdruck der mangelnden Antwort des Organismus auf die durch Nifedipin ausgelöste Vasodilatation.

Die Abnahme des zirkulierenden Plasmavolumens (Tab. 1) und die um 30–50 % herabgesetzte Plasmareninaktivität des älteren Patienten kann zur Verstärkung orthostatischer Effekte beitragen.

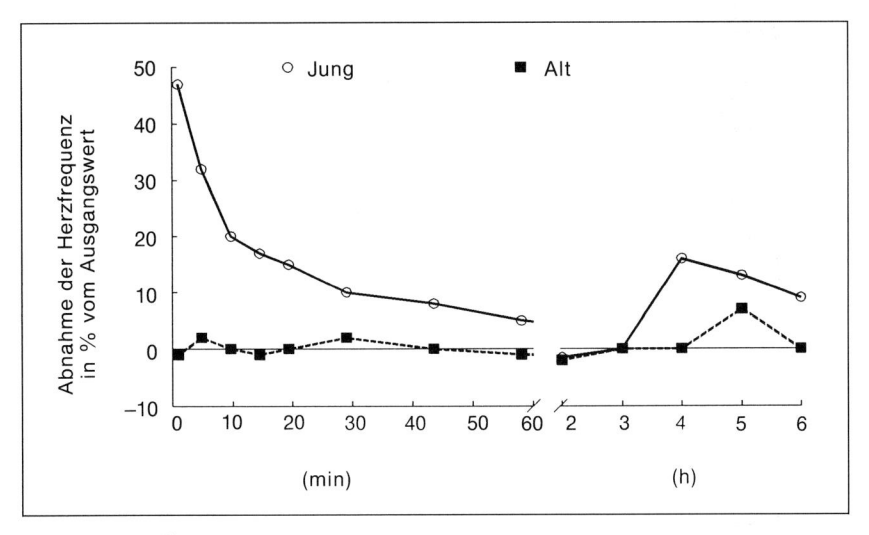

Abb. 4. Änderung der Herzfrequenz nach i.v.-Gabe von 10 mg Nifedipin bei jungen und alten gesunden Probanden [modifiziert nach 26].

Viele Arzneimittel können aufgrund ihres Wirkmechanismus zur orthostatischen Hypotension führen. Hierzu zählen nicht nur Substanzen, die primär zur Blutdrucksenkung eingesetzt werden oder von denen ein venöses Pooling erwünscht ist, wie zum Beispiel α-Blocker, Calciumantagonisten vom Dihydropyridintyp oder Nitrate, sondern auch Pharmaka, die sekundäre Effekte auf das kardiovaskuläre System haben (Neuroleptika, trizyklische Antidepressiva oder Opioidanalgetika). Auch Diuretika können über eine Verminderung des intravasalen Volumens zu diesen Reaktionen führen.

Der Alterungsprozeß muß nicht notwendigerweise mit einer wesentlichen Beeinträchtigung kognitiver Funktionen wie Gedächtnis, Orientierungsfähigkeit oder Bewußtsein einhergehen. Die mögliche Abnahme des zerebralen Blutflusses, der Verlust neuronaler Strukturen oder Änderungen in der Zusammensetzung von Neurotransmittern und ihrer Bindungsstellen können jedoch zu der gesteigerten Empfindlichkeit älterer Personen gegenüber zentral wirksamen Substanzen beitragen [27].

Neben primär zentral wirksamen Arzneimitteln können auch andere ZNS-gängige Substanzen zentralnervöse Symptome auslösen oder verstärken. Nach Einnahme von β-Blockern zeigen ältere Menschen gehäuft depressive Reaktionen oder Schlafstörungen [28].

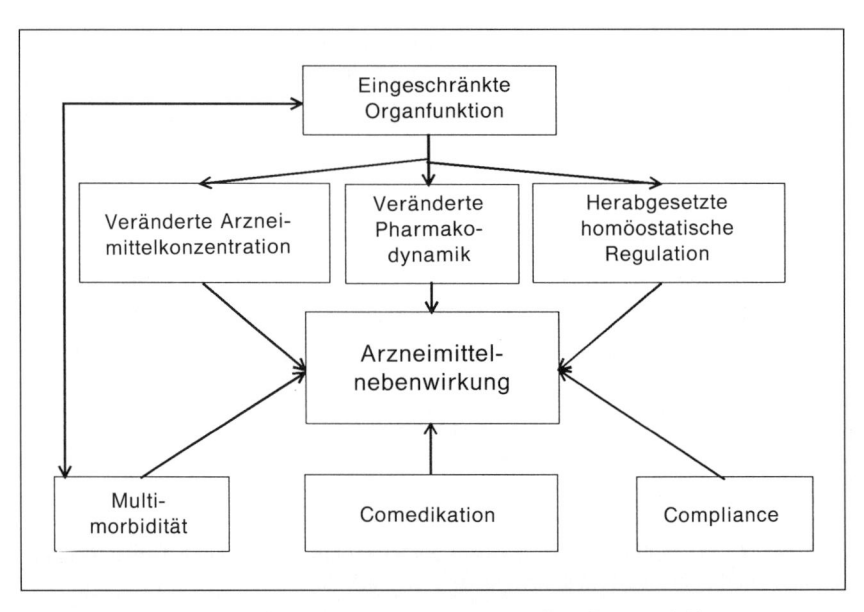

Abb. 5. Faktoren, die beim älteren Menschen für die Entwicklung von unerwünschten Arzneimittelwirkungen verantwortlich sein können.

Schlußfolgerungen

Folgende Aspekte sind bei der Arzneimitteltherapie des älteren Patienten zu beachten (Abb. 5):
1. Ältere Menschen sind häufig multimorbid und nehmen mehrere Pharmaka gleichzeitig ein. Das Risiko von Arzneimittelnebenwirkungen und -interaktionen nimmt mit der Zahl der eingenommenen Pharmaka zu.
2. Unerwünschte Arzneimittelwirkungen sind beim älteren Patienten eine häufige Ursache für Morbidität und Hospitalisation.
3. Das Risiko von Nebenwirkungen wird durch die mit dem Alter in der Regel eingeschränkte Nieren- und Leberfunktion und dadurch abnehmende renale und hepatische Clearance einiger Arzneimittel erhöht. Nach Gabe der gleichen Dosis können im Vergleich zum jüngeren Patienten Arzneimittelkonzentrationen, Dauer der Wirkung und Organantwort erheblich verändert sein.

4. Durch Änderungen von Rezeptorantworten, der Einschränkung physiologischer Funktionen und Regulationsmechanismen ist die normale homöostatische Antwort des älteren Organismus auf krankheitsbedingte und pharmakainduzierte Störungen beeinträchtigt.
5. Complianceprobleme in der Pharmakotherapie können bei älteren Patienten durch Hör- und Sehstörungen verstärkt werden. Schwierigkeiten, komplexe Dosierungsschemata zu erfassen und Probleme im Umgang mit Arzneimittelverpackungen oder der Zubereitung und Anwendung der Arzneimittel (Aufziehen von Insulinspritzen etc.) komplizieren die Pharmakotherapie im Alter.

Literatur

1 Kruse W, Rampmaier J, Frauenrath-Volkers C, Volkert D, Wankmüller I. Micol W, Oster P, Schlierf G: Drug-prescribung patterns in old age. A study of the impact of hospitalization on drug prescriptions and follow-up survey in patients 75 years and older. Eur J Clin Pharmacol 1991;41:441–447.
2 Tregaskis BF, Stevenson IH: Pharmacokinetics in old age. Br Med Bull 1990;46(1):9–21.
3 Crusack B, Kelly J, O'Malley K, Noel J, Lavan J, Horgan J: Digoxin in elderly: Pharmacokinetic consequences of old age. Clin Pharmacol Ther 1979;25:772–776.
4 Shepard AMM, Hewick DS, Moreland TA: Age as a determinant of sensitivity to warfarin. Br J Clin Pharmacol 1977;4:315–320.
5 Deeter RG, Krauss EA, Penn F, Nahaczewski AE: Comparison of aminoglycoside clearance and calculated serum creatinine cleareances. Ther Drug Monitoring 1989;11:155–161.
6 Kato R, Vassanelli P, Frontino G, Chiesara E: Variation in the activity of liver microsomal drug-metabolising enzymes in rats in relation to old age. Biochem Pharmacol 1964;13:1037–1051.
7 Brodie MJ, Boobies AR, Bulpitt CJ: Influence of liver disease and environmental factors on hepatic monooxygenase activity in vitro. Eur J Clin Pharmacol 1981;20:39–40.
8 Woodhouse KW, Mutch E, Williams EM: The effect of age on pathways of drug metabolism in human liver. Age Ageing 1984;13:328–334.
9 Schmucker DL, Woodhouse KW, Wang RK, Wynne H, James OFW, McManus M, Kremers P: Effects of age and gender on in vitro properties of human liver microsomal monooxygenases. Clin Pharmacol Ther 1990;48:365–374.
10 Herd B, Wynne H, Wright P, James OFW, Woodhouse KW: The effect of age on glucuronidation and sulphation of paracetamol by human liver fractions. Br J Clin Pharmacol 1991;32:768–770.
11 Murray TG, Chaing ST, Koepke HH, Walker BR: Renal disease age and oxazepam kinetics. Clin Pharmacol Ther 1981;30:805–809.

12 Wynne H, Cope LH, Mutch E, Rawlins MD, Woodhouse KW, James OFW: The effect of age upon liver volume and apparent liver blood flow in healthy man. Hepatology 1988;9:297–301.
13 Castleden CM, George CF: The effect of ageing on the hepatic clearance of propranolol. Br J Clin Pharmacol 1979;7:49–54.
14 Zhou H, Whealan E, Wood AJJ: Lack of effect of ageing on the stereochemical disposition of propranolol. Br J Clin Pharmacol 1992;33:121–123.
15 Rubi PC, Scott PJW, Reid JL: Prazosin disposition in young and elderly subjects. Br J Clin Pharmacol 1981;12:401–404.
16 Baillie SP, Bateman DN, Coates PE, Woodhouse KW: Age and the pharmacokinetics of morphine. Age Ageing 1989;18:258–262.
17 Natio RL, Learoyd B, Barber J, Triggs EJ: The pharmacokinetics of chlomethiazole following intravenous administration in old age. Eur J Clin Pharmacol 1976;10:407–415.
18 Vestal RE, Wood AJJ, Shand DG: Reduced beta-adrenoceptor sensitivity in the elderly. Clin Pharmacol Ther 1979;26:181–186.
19 Giudicelli Y, Pecquery R: Beta-adrenergic receptors and catecholamine-sensitive adenylate cyclase in rat fat cell membranes: influence of growths, cell size and ageing. Eur J Biochem 1978;90:413.
20 Schocken D, Roth G: Reduced beta-adrenergic receptor concentrations in ageing man. Nature 1977;267:856–857.
21 Feldman RD, Limbird LE, Nadeau JL: Alterations in leucocyte beta-receptor affinity with ageing: A potential explanation for altered beta-adrenergic sensitivity in the elderly. N Eng J Med 1984;310:815–819.
22 Abrass IB, Scarpace PJ: Human lymphocate beta-adrenergic receptors are unaltered with age. J Gerontol 1981;26:298–301.
23 Dillon N, Chung S, Kelly J: Age and beta adrenoceptor-mediated function. Clin Pharmacol Ther 1980;27:769–772.
24 Ford GA, Hoffman BB, Vestal RE, Blaschke TF: Age-related changes in adenosine and β-adrenoceptor responsiveness of vascular smooth muscle in man. Br J Clin Pharmacol 1992;33:83–87.
25 Swift CG, Ewen JM, Clarke P: Responsiveness to oral diazepam in the elderly: Relationship to total and free plasma concentrations. Br J Clin Pharmacol 1985;20:111–118.
26 Robertson DRC, Waller DG, Renwick AG, George CF: Age-related changes in pharmacokinetics and pharmacodynamics of nifedipin. Br J Clin Pharmacol 1988;25:297–305.
27 Swift CG: Pharmacodnyamics: changes in homeostatic mechanism, receptor and target organ sensitivity in the elderly. Br Med Bull 1990;46(1):36–52.
28 Larson EB, KuKull WA, Buchner D, Reifler BV: Adverse drug reactions associated with global cognitive impairment in elderly persons. Ann Int Med 1987;107:169–173.

Prof. Dr. M. Eichelbaum, Dr. Margarete Fischer-Bosch-Institut für
Klinische Pharmakologie, Auerbachstraße 112, D-70376 Stuttgart (BRD)

Anästhesiologische Besonderheiten der Therapie im höheren Alter

W. Segiet, K. van Ackern

Institut für Anästhesiologie und operative Intensivmedizin, Fakultät für Klinische Medizin Mannheim, Universität Heidelberg, Mannheim, BRD

Im Jahre 1963 definierte die Weltgesundheitsorganisation Patienten, die über 65 Jahre alt waren, als «alt». Diese Festlegung der Altersgrenze ist sicher problematisch. Aus der klinischen Praxis wissen wir, daß biologisches und kalendarisches Alter relativ häufig sehr weit differieren, die Bezeichnung «alter Patient» wird zudem in klinischen und experimentellen Studien nicht einheitlich definiert. Das 65. Lebensjahr wurde in früheren Jahrhunderten nur in Ausnahmefällen erreicht, die mittlere Lebenserwartung stieg im Verlauf etwa der letzten hundert Jahre in den Industrienationen erheblich an [1]. Gründe hierfür sind wohl allgemein verbesserte Lebensbedingungen sowie eine verbesserte medizinische Versorgung. Es besteht kein Zweifel daran, daß die Krankenhaussterblichkeit operierter Patienten im höheren Alter die durchschnittliche postoperative Mortalität übersteigt. Nach Stephen [2] beträgt die Krankenhaussterblichkeit aller operierter Patienten in den USA 0,75%, bei Patienten über 65 Jahren 4,88%. Nach einer Untersuchung von Hosking et al. [3] ergab sich eine Mortalität von 8,4% bei einem Patientenkollektiv von 795 Patienten, die älter waren als 90 Jahre.

Für die erhöhte Krankenhaussterblichkeit betagter operierter Patienten gibt es im wesentlichen zwei Gründe: 1. eine erhöhte Inzidenz von Begleiterkrankungen und 2. eine verminderte Organfunktion im höheren Alter. Franke [4] stellte im Jahre 1983 bei einer Untersuchung von 7 896 Patienten unterschiedlichen Alters folgendes fest: Bei Patienten unter 20 Jahren lag in 70% aller Fälle nur eine Diagnose vor, bei Patienten, die älter als 60 Jahre waren, wurde nur in 5–10% eine einzige Diagnose als Einweisungsgrund festgestellt. Im Patientenkollektiv, das über 60 Jahre alt war, wiesen über 60% der Patienten mehr als 3 Krankheitsdiagnosen auf. Inwieweit diese verminderten Organfunktionen zu der hohen postoperativen Komplikationsrate beitragen, ist bisher statistisch noch nicht eindeutig geklärt. Schmucker et al. [5] konnten an einer Untersuchung an über 2 000 Patienten zeigen, daß kardiovaskuläre Vorerkrankungen mit zunehmendem Alter häufiger auftreten. Die Häufigkeit einer Herzinsuffizienz steigt bei Patienten unter 59 Jahren von unter 10% auf zirka 55% bei über 59jährigen an (Abb. 1).

Für Begleiterkrankungen bei betagten Patienten gelten jedoch die gleichen Regeln wie bei jungen Patienten: Eine patientenspezifische präoperative Diagnostik und nach Möglichkeit eine Behandlung der Vorerkrankungen. Diese Behandlung von Risikopatienten erfolgt üblicherweise interdisziplinär in enger Zusammenarbeit zwischen Operateur, Anästhesisten und Internisten. In den letzten Jahren wurde sicherlich ein sehr hohes Niveau der perioperativen Betreuung erreicht, die rein anästhesiebezogene Letalität wird mit einem Todesfall auf 10 000 Anästhesien angegeben [6, 7].

Die hohe Inzidenz interkurrierender Erkrankungen und die Multimorbidität der betagten Patienten erfordert, daß der Anästhesist

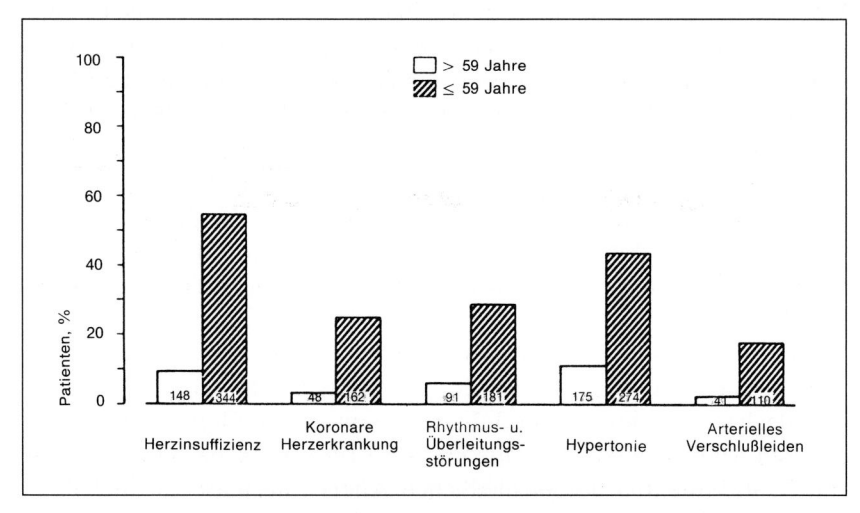

Abb. 1. Prozentuale Häufigkeit kardiovaskulärer Vorerkrankungen im Rahmen einer prospektiven Studie bei 2 173 Patienten [nach 5].

durch eine konsequente präoperative Befunderhebung sich über die individuelle Problematik eines ihm anvertrauten alten Patienten Klarheit verschaffen muß. Eine optimale Vorbereitung des betagten Risikopatienten hat zum Ziel, bestehende Organinsuffizienzen so weit wie möglich zu stabilisieren bzw. zu therapieren, um die Narkose und die Nachbehandlung sicher planen und durchführen zu können. Der Einsatz von pauschaler Maximalbetreuung oder hochspezialisierter Medizintechnik sowie die Anwendung ungezielter präoperativer Screeningverfahren sind hier sicherlich der falsche Weg. Nach Albrecht [8] ist vielmehr eine exakte Differenzierung der spezifischen Risiken aller beteiligten Einzelfaktoren entscheidend. Dabei sind an patientenspezifischen Risiken an erster Stelle zu erwähnen kardiozirkulatorische Probleme, ferner pulmonale, metabolische sowie andere Begleiterkrankungen, wie Stoffwechselstörungen und Beeinträchtigung der ZNS-Funktionen. Eingriffsspezifische Risiken sind determiniert durch die Invasivität der Operationsdauer, aber auch der Operationstechnik und dem auftretenden Blutverlust. Aus anästhesiologischer Sicht sind im Rahmen des technischen Managements Vor- und Nachteile unterschiedlicher Anästhesieverfahren abzuwägen, Anästhetikawirkungen und Nebenwirkungen zu beurteilen. Entscheidende Bedeutung hat sicherlich die postoperative Überwachung. Um in Zukunft eindeutige Aussagen in bezug auf die Aufgabenteilung im Rahmen der interdisziplinären Zusammenarbeit machen zu können, sowie die Validisierung neuer Operationstechniken und die notwendige Bewertung ihrer Risiken durchführen zu können, ist die Strukturierung der perioperativen Phase in einzelne Phasen erforderlich, wie sie von Albrecht vorgeschlagen wurde (Tab. 1).

Diese detaillierte Datenerfassung kann dazu beitragen, Antworten auf aktuell anstehende Fragen zu erhalten: Wird beispielsweise das Risiko für Patienten im Rahmen sogenannter minimal invasiver Eingriffe wirklich gesenkt? Ist eine ausführliche internistische Befunderhebung bei allen kardialen Risikopatienten benefiziell und lassen sich Konsequenzen für das anästhesiologische Monitoring daraus ableiten? Je früher dem Anästhesisten der Operationstermin bekannt ist, um so optimaler kann eine perioperative anästhesiologische Betreuung beim Risikopatienten durchgeführt werden. Spezifische Risiken können durch weitgehende präoperative Laborscreeningtests nur schlecht erkannt werden, zudem sind sie teuer und häufig insuffizient [9–11]. Um eine optimale Kosten-Nutzen-Relation zu erzielen sowie dem indivi-

Tabelle 1. Die 4 Phasen der perioperativen Betreuung [8]

1. *Präoperative Phase*
   Präoperative Befunderhebung und Bewertung
   Einleitung eventuell notwendiger Therapie
   Aufklärung und Eingriffsplanung
       OP-Zeitpunkt
       Anästhesie-Management
       Postoperative Überwachung
2. *Intraoperative Phase*
   Standardisierte Operationstechnik
   Adaptierte Anästhesieführung und Monitoring
   Direkte postoperative Überwachung und Anästhesie
3. *Postoperative Phase*
   Postoperative Überwachungsintensität und Dauer
   Schmerz- und patientenspezifische Therapie
   Rehabilitation
4. *Erfolgskontrolle und Dokumentation*

duellen Patienten gerecht zu werden, sollten spezifische Laboruntersuchungen erst nach vorher durchgeführter Anamneseerhebung und klinischer Voruntersuchungen durchgeführt werden. Die gängige klinische Praxis, die Patienten erst am Vorabend vor der Operation dem Anästhesisten vorzustellen, ermöglicht nicht mehr die individuelle Auswahl von Untersuchungsverfahren und Labortests. Im folgenden soll exemplarisch die präoperative Befunderhebung bei Vorliegen bestimmter Risikofaktoren dargestellt werden, sowie deren Relevanz für das anästhesiologische Management.

Der kardiale Risikopatient

Unter den Erkrankungen des Herz-Kreislauf-Systems ist die koronare Herzerkrankung mit dem Auftreten eines postoperativen Myokardinfarkts die wohl häufigste und schwerwiegendste. Die präoperative kardiale Risikoklassifizierung sollte in enger Kooperation zwischen Internisten und Anästhesisten durchgeführt werden. Besteht eine koronare Herzkrankheit, eine manifeste Herzinsuffizienz, eine Aortenstenose oder Arrhythmie, so ist von einer erhöhten perioperativen Komplikationsrate und Letalität auszugehen [12]. Bei der Betreuung von Patienten mit koronarer Herzerkrankung ist entscheidend, das Risiko eines Infarktes oder Reinfarktes in der perioperativen Phase möglichst gering zu halten. In den letzten Jahren wurde eine Vielzahl von Studien und Untersuchungen zu diesem Thema durchgeführt. Noch immer ist die Mortalität nach einem perioperativen Infarkt oder instabiler Angina pectoris erschreckend hoch [9]. Dabei muß man zusätzlich von einer hohen Dunkelziffer von Herzinfarkten ausgehen, da Sensitivität der Nachweismethoden bei kleineren und nichttransmuralen Infarkten gering ist. In den letzten Jahren hat sich durch verbesserte präoperative Diagnostik und invasives hämodynamisches Monitoring das Risiko eines Reinfarktes nach vorausgegangenem Infarkt oder instabiler Angina pectoris von etwa 55% im Jahre 1964 auf 2,3% im Jahre 1983 senken lassen. Von entscheidender Bedeutung ist, daß das Risiko des Reinfarktes mit zunehmend länger zurückliegendem Vorinfarkt stark absinkt. Aus diesem Grund besteht allgemeiner Konsens, daß für elektive Eingriffe die «magische Grenze» von 6 Monaten einzuhalten ist. Rao et al. [13] konnten in einer teils retrospektiven, teils prospektiven Studie zeigen, daß das Reinfarktrisiko im Intervall bis zu 3 Monaten nach Infarkt 36% beträgt, in einem weiteren untersuchten Intervall vom 3. bis 6. Monat auf 26% sank. Im prospektiven Teil der Studie, die unter invasivem Monitoring durchgeführt wurde, sank die Infarktinzidenz in den ersten 3 Monaten von 36 auf 5,7%, in der zweiten Intervallgruppe konnte sie von 26 auf 2,3% gesenkt werden. Daraus ergeben sich folgende Konsequenzen: Ein großer elektiver Eingriff sollte nicht in den ersten 3 Monaten nach Infarkt durchgeführt werden. Ist der Patient nach 3 Monaten klinisch unauffällig, kann durch eine ergometrische Untersuchung mit einer Belastung bis zu einer Herzfrequenz von 99 pro min über mindestens 2 min ohne gleichzeitige EKG-Veränderungen oder pectanginöse Beschwerden ein verläßlicher Hinweis auf die Operabilität gegeben werden [9]. Ist aufgrund nichtkardialer Erkrankungen eine Ergometrie nicht möglich, so kann eine invasive szintigraphische Untersuchung bei der Entscheidung über den Operationstermin innerhalb des Zeitraumes 3.–6. Monat nach Infarkt Hilfestellung geben [14]. Die Bedeutung eines 24stündigen präoperativen Holter-EKGs für die Beurteilung des perioperativen Gesamtrisikos ist bisher abschließend nicht geklärt. Wie neuere Untersuchungen zeigen, ist die Inzidenz postoperativ auftretender stummer Myokardischämien häufiger als präoperativ [15]. Von 50 Gefäßpatienten, die postoperativ mit Langzeit-EKG überwacht wurden, wiesen 19 der Patienten deutliche Ischämiezeichen auf. Von diesen 19 Patienten entwickelten 4 kardiale Komplikationen, 2 Patienten erlitten einen plötzlichen Herztod, 2 einen Herzinfarkt. Es ist davon auszugehen, daß postoperative Myokardischämien in einer deutlich höheren Inzidenz auftreten, als man bisher vermutet hat, und daß sich daraus erhebliche Konsequenzen für die kardial bedingte Letalität bzw. Morbidität herleiten lassen. Demnach müssen Hochrisikopatienten gerade in der postoperativen Phase, d. h. in den ersten 48–72 h, weitaus intensiver überwacht werden, als das bisher der Fall war.

Ein relativ hoher Anteil an Patienten (bis zu 60 %) mit koronarer Herzerkrankung hat zwar noch keinen Infarkt durchgemacht, ist aber aus anästhesiologischer Sicht mit dem gleichhohen perioperativen Risiko behaftet. Diese Patienten müssen besonders aufmerksam und möglichst standardisiert präoperativ beurteilt werden. Da das Ruhe-EKG nicht immer das Vorliegen einer koronaren Herzerkrankung anzeigt, ist die Indikation zur Ergometrie großzügig zu stellen. Szintigraphie und Angiographie bei Patienten mit entsprechender Klinik und EKG-Veränderungen sind weitere Maßnahmen. Ergeben sich aus diesen erweiterten Untersuchungen Ischämiezeichen, so sollte der Patient vor einem elektiven Eingriff einer internistischen Therapie zugeführt werden. In jedem Fall ist bei Patienten mit koronarer Herzerkrankung das anästhesiologische Management für einen sogenannten «kleinen» Eingriff dasselbe wie für einen «großen» Eingriff. Die intravasale Blutdruckmessung vor Einleitung der Narkose erlaubt stabile Kreislaufverhältnisse, um einen ausreichenden koronaren Perfusionsdruck sicherzustellen. Zudem ermöglicht ein Katheter in der A. radialis engmaschige Kontrollen des pulmonalen Gasaustausches perioperativ. Die Insertion eines Rechtsherzkatheters kann bei schwer beurteilbarer myokardialer Funktion indiziert sein, um eine adäquate Volumentherapie bei Patienten mit großem Blutverlust in Abhängigkeit von der kardialen Situation durchführen zu können. Die perioperative EKG-Überwachung durch eine ST-Strecken-Analyse über eine thorakale Ableitung und deren Dokumentation ist ein einfaches nichtinvasives Verfahren, um kardiale Ischämien dokumentieren zu können.

In jedem Fall ist eine enge Kooperation zwischen Anästhesisten und Operateur wünschenswert, da bei der Wahl des Operationszeitpunktes auch eine kontinuierliche postoperative Überwachung gewährleistet sein muß. Eine milde Hypertonie ist keine Kontraindikation für Anästhesie oder Operation, für Patienten mit unbehandelter Hypertonie ist die Erhöhung des gesamten perioperativen Risikos jedoch gut belegt [16]. Ergeben sich im Rahmen der präoperativen Untersuchung Anzeichen für eine linksventrikuläre Hypertrophie oder eine beginnende myokardiale Insuffizienz, so sollte in Zusammenarbeit mit den internistischen Kollegen eine medikamentöse Einstellung erzielt werden. Dies kann beispielsweise bei einem elektiven Eingriff zu einer Verzögerung des Operationszeitpunktes führen, da für die medikamentöse Therapie eine entsprechende Zeitdauer zu veranschlagen ist. In jedem Fall ist die eingeleitete medikamentöse Therapie am Operationstag fortzuführen [14], das gilt insbesondere für β-Rezeptorenblocker.

Das perioperative Management unterscheidet sich bei Patienten mit arterieller Hypertonie nicht wesentlich von denen mit koronarer Herzerkrankung. Ausgeprägte Kreislaufreaktionen sind gelegentlich schwer vorhersehbar, insbesondere zum Zeitpunkt der Narkoseeinleitung, wo Patienten sowohl durch hypertensive Krisen als auch durch längere hypotone Phasen gefährdet sein können.

Zusammenfassend läßt sich sagen, daß kardiovaskuläre Komplikationen, bedingt durch den Anstieg der Morbidität bei betagten Patienten, zunehmen. Die Einteilung dieser Altersgruppe in Patienten über 60 Jahre ohne weitere Differenzierung scheint nach neueren Untersuchungen zumindest problematisch: Hosking et al. [3] konnten zeigen (Abb. 2), daß die 30-Tage-, Einjahres- und 5-Jahres-Überlebenszeit bei über 90jährigen unabhängig davon war, ob Hypertonus, koronare Herzerkrankung und Myokardinfarkte vorlagen. Ferner sind sehr alte Patienten möglicherweise weniger häufig von schweren kardiovaskulären Erkrankungen betroffen, da die eigentlichen Risikopatienten bereits verstorben sind (Abb. 3). Da die statistische Lebenserwartung von 85jährigen Männern bei über 5 Jahren liegt, die für Frauen bei 6,3 Jahren, würde ein Therapieverzicht in dieser Altersgruppe eine Lebensverkürzung von 5–6 Jahren, im Einzelfall evtl. auch wesentlich mehr oder weniger, bedeuten.

Pulmonale Erkrankungen

Die bei alten Patienten zu beobachtende Zunahme der pulmonalen Erkrankungen ist auf typische Altersveränderungen zurückzuführen, die zudem von bestimmten Risikofaktoren überlagert werden können.

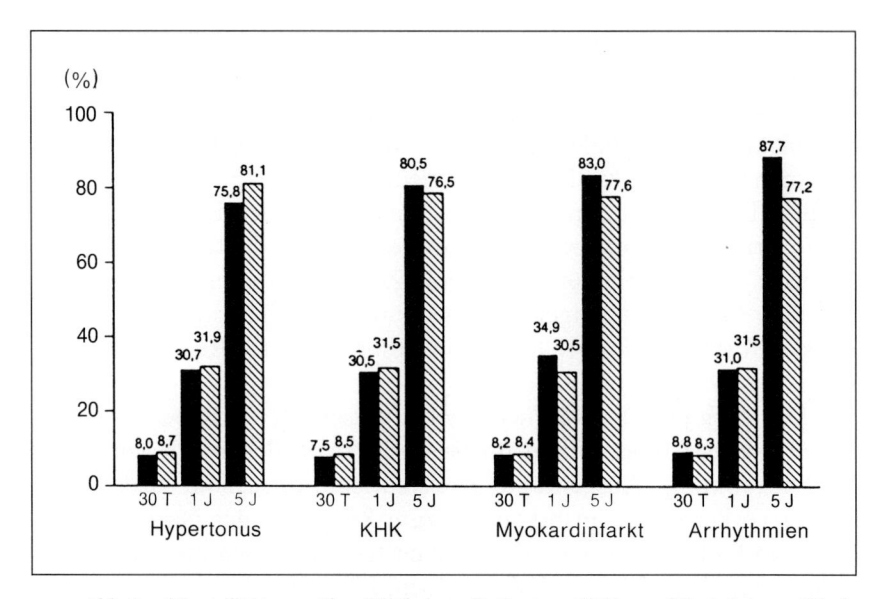

Abb. 2. Mortalität von über 90jährigen Patienten. 30-Tage- (T), 1-Jahres- (J), 5-Jahres-Mortalität in Abhängigkeit von kardiovaskulären Vorerkrankungen [mod. nach 3].)

Zu den typischen morphologischen Veränderungen der Lunge im Alter zählen zunehmender Abbau der elastischen Fasern. Dadurch nimmt die elastische Retraktionskraft der Lunge ab. Die daraus resultierende Zunahme der pulmonalen Compliance wird durch eine erhöhte Rigidität der Thoraxwand in etwa ausgeglichen. Die statische Compliance bleibt daher etwa gleich. Die funktionelle Residualkapazität, bestehend aus Residualvolumen und exspiratorischem Reservevolumen, ist physiologischerweise der Kapazitätspuffer, der starke atemzyklische Schwankungen der alveolären und arteriellen Sauerstoffpartialdrücke und CO_2-Partialdrücke verhindert und damit einen gleichmäßigen Gasaustausch gewährleistet. Wegen der verminderten Kraft der exspiratorischen Muskulatur steigt das Residualvolumen beim alten Patienten an. Die funktionelle Residualkapazität erhöht sich ebenfalls, dies ist klinisch jedoch nicht von Bedeutung. Entscheidenden Einfluß hat jedoch die Lagerung des Patienten im Rahmen einer Operation. Durch Verschiebung des Zwerchfells nach kranial verringert sich die funktio-

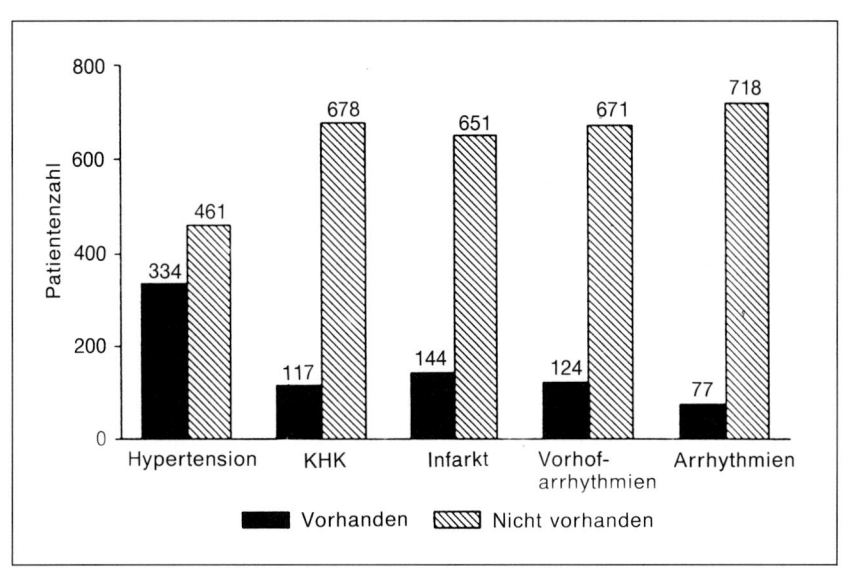

Abb. 3. Häufigkeit kardiovaskulärer Erkrankungen bei über 90jährigen [mod. nach 3].

nelle Residualkapazität im Liegen deutlich. Insgesamt resultiert aufgrund der herabgesetzten Kraft der exspiratorischen Muskulatur, der herabgesetzten Thoraxcompliance und der erhöhten Bereitschaft der kleinen Luftwege, sich während forcierter Exspiration zu verschließen (Airway Closure), eine deutliche Reduktion der 1-Sekunden-Kapazität [17, 18].

Diese Veränderungen haben auch Bedeutung für den Gasaustausch. Der PaO_2 sinkt aufgrund eines gestörten Ventilations-/Perfusionsverhältnisses im Bereich eingeschlossener Luft (Gas trapping), aus diesem Grund steigt auch die alveolo-arterielle Sauerstoffdifferenz. Vornehmlich in abhängigen Lungenpartien kommt es zur Verminderung der Ventilation im Verhältnis zur Perfusion und damit zu einer Zunahme des intrapulmonalen Rechts-Links-Shunts.

Diese beschriebenen altersphysiologischen Veränderungen können, insbesondere wenn noch zusätzliche Risikofaktoren wie das Rauchen hinzutreten, im Zusammenhang mit Operationen zu therapiebedürftigen Hypoxien bei Risikopatienten führen. Gerade bei Eingriffen am Abdomen und bei Rückenlage kann sich der Gasaustausch durch Mikroatelektasen besonders im basalen Lungenanteil verschlechtern.

Insgesamt sind typischerweise auftretende postoperative pulmonale Komplikationen wie Atelektasenbildung, Sekretretention und folgende pneumonische Komplikationen in ihrem Ausgang nicht vorhersehbar und entscheiden wesentlich die postoperative Morbidität. Einfache Lungenfunktionstests wie die Spirometrie geben zusätzlich Aufschluß über die pulmonale Leistungsfähigkeit des Patienten. Anhand der Spirometrie lassen sich drei Gruppen entsprechend der Sekundenkapazitäten unterscheiden: Liegt diese über 50% der Norm, so sind wahrscheinlich keine postoperativen Probleme zu erwarten. Unterschreitet die Sekundenkapazität 25% der Norm, unterliegen die Patienten einem hohen Risiko und sollten nur bei vitaler Indikation operiert werden. Die Wahrscheinlichkeit ist sehr hoch, daß eine postoperative Beatmung erforderlich ist. Die Gruppe zwischen 25 und 50% der Norm zeigt eine erhöhte postoperative Rate an respiratorischen Problemen.

Auch bei extrem erniedrigter Sekundenkapazität von unter 0,8 Liter ist keine eindeutige Aussage über das Ausmaß und die Art der zu erwartenden pulmonalen postoperativen Komplikationen möglich. Das Risiko muß immer individuell beurteilt werden, da die Art des Eingriffes, die postoperative Mobilität, die Motivation des Patienten sowie eine adäquate postoperative Schmerztherapie entscheidend den Verlauf bestimmen.

Von entscheidender Bedeutung ist nach unserem Verständnis die Bestimmung der arteriellen Blutgase. Deutlich von der Altersnorm abweichende Blutgaswerte sind im Zusammenhang mit klinischen Befunden, wie beispielsweise Ruhedyspnoe, wichtige Parameter zur Beurteilung des präoperativen pulmonalen Status. Blutgase können ohne großen organisatorischen Aufwand präoperativ leicht bestimmt werden. Sowohl intraoperativ, gerade aber auch postoperativ, kann somit der individuelle Gasaustausch des Patienten abgeschätzt werden. Ungeklärt ist in diesem Zusammenhang die Frage, welchen Effekt eine erhöhte Sauerstoffkonzentration der Einatmungsluft auf die Funktion der Lunge bei betagten Patienten hat, die physiologischerweise mit einem verminderten arteriellen pO_2 leben. Die Mikrozirkulation und die feinregulierte Balance zwischen Sauerstoffangebot und Sauerstoffbedarf sind an einen aktuellen individuellen Level adaptiert.

Anzustreben ist gerade bei Patienten mit chronisch obstruktiver Lungenerkrankung eine möglichst frühzeitige postoperative Extubation. Es gibt bisher keine eindeutigen klinischen Kriterien, die auch bei gestörtem intraoperativen Gasaustausch eine postoperative Nachbeatmung zwingend erforderlich machen. Es scheint jedoch gesichert, daß die Entwicklung nosokomialer Pneumonien bei pulmonal vorgeschädigten Patienten von der Dauer der Respiratortherapie abhängt [19].

Wahl des Narkoseverfahrens im Alter

Nach wie vor wird die Frage kontrovers diskutiert, ob bei betagten Risikopatienten eine Allgemein- oder eine Regionalanästhesie von Vorteil ist. Vor- und Nachteil eines Narkoseverfahrens bei geriatrischen Patienten sind wesentlich schwieriger zu objektivieren als bei jüngeren, da alte Patienten aufgrund ihrer Polymorbidität ein sehr inhomogenes Kollektiv darstellen. Die Invasivität des operativen Eingriffs, die Operationsdauer, das Ausmaß der postoperativen krankengymnastischen Betreuung sowie die psychische Motivation der Patienten und deren soziales Umfeld beeinflussen maßgeblich die Prognose des Patienten. Entscheidend ist, unabhängig von der Wahl des Anästhesieverfahrens, ob kardiale und gerade auch pulmonale Risikofaktoren erkannt werden und daraus Konsequenzen für das intraoperative Monitoring und die Intensität der postoperativen Nachbetreuung gezogen werden. Wie bereits erwähnt, sind neben der klinischen Beurteilung die Spirometrie und gleichzeitige präoperative Blutgasanalyse unter Raumluft einfache und notwendige Verfahren. Das präoperative Röntgen-Thoraxbild als globales Screeningverfahren ist ungeeignet, pulmonale Risiken zu erfassen [20].

Zweifelsohne ist die kontinuierliche Kontrolle zerebraler Funktionen unter Regionalanästhesie, z. B. bei diagnostischen Abrasionen, von großem Vorteil. Insbesondere bei alten Patienten, die verschiedene Medikamente wie beispielsweise Psychopharmaka einnehmen, können unvorhersehbare Interaktionen unter Allgemeinanästhesie auftreten. Der Einfluß von Substanzen mit anticholinergen Effekten kann entscheidend die postoperative Phase beeinflussen.

Eindeutige Unterschiede zwischen Regionalverfahren und Vollnarkose bestehen lediglich in der Inzidenz postoperativer thromboembolischer Komplikationen [21]. Dies ist wohl auf eine Erhöhung der venösen Stromstärke unter Spinal- und Periduralanästhesie zurückzuführen, die die Durchflußzeit in den tiefen Beinvenen vermindert und somit die häufig schon in der Einleitungsphase auftretende Thrombenbildung reduziert [21]. Die Kombination eines rückenmarksnahen Anästhesieverfahrens mit einer Vollnarkose ist nach klinischem Eindruck für pulmonale Risikopatienten benefiziell, läßt sich statistisch aber nicht belegen. Von Vorteil ist bei diesen Patienten jedoch die bessere postoperative Vigilanz, da die Gabe von Lokalanästhetika bereits intraoperativ, beispielsweise über einen Periduralkatheter, eine deutliche Reduktion von hypnotischen und analgetischen Medikamenten erlaubt.

Die insgesamt 7fach höhere Inzidenz toxischer Arzneimittelreaktionen als Ausdruck der größeren Arzneimittelempfindlichkeit alter Patienten [22] ist ursächlich nicht eindeutig geklärt. Der altersspezifische Umbau der verschiedenen Körpergewebe, die Änderung der Perfusion sowie die verminderte Regenerationsfähigkeit und damit die Limitierung der funktionellen Reserven haben entscheidenden Einfluß auf die Medikamentenwirkung. Ein sehr erheblicher Anteil der bei jungen Patienten metabolisch aktiven Gewebe wird in Fett umgewandelt. So nimmt beim Mann der Fettanteil am Körpergewicht von im Schnitt 18 auf 36% zu, bei den Frauen von 33 auf 48%. Das Herzzeitvolumen vermindert sich um 40%, zudem auch die Verteilung des Blutstromes: Gehirn und Herz werden verstärkt, Leber und Nieren vermindert durchblutet [23]. An der Niere zeigt sich ein Rückgang der Anzahl an funktionsfähigen Nephronen mit einer Verdickung der Basalmembran und der Baumannschen Kapsel sowie der Tubuli. Funktionell resultiert ein reduzierter renaler Plasmafluß, eine verminderte glomuläre Filtrationsrate und eine beeinträchtigte tubuläre Exkretion.

Von verschiedenen Untersuchern konnte gezeigt werden, daß die zur Einleitung einer Narkose erforderliche Dosis mit zunehmendem Alter abnimmt [24]. Die Annahme, daß der geringe Bedarf älterer Menschen an Induktionsanästhetika auf einem kleineren Verteilungsraum beruhe [25], ist mit der klassischen Methode der Pharmakokinetik, nämlich der Rückextrapolation der Regressionskurve auf den Zeitpunkt des Endes der Bolusinjektion, nicht zu belegen [26]. Die Proteinbindung von Thiopental ist nicht altersabhängig [27], obwohl die Albuminkonzentration im Alter abnimmt. Die Beurteilung pharmakologischer Wirkung im Alter ist insgesamt komplex und zum Teil noch widersprüchlich beurteilt. Bei der Betrachtung des Einflusses des Alterns auf die Wirkungen und Nebenwirkungen von Medikamenten ist zu beachten, daß hepatorenale Clearance und Metabolismusfunktionen beeinflußt werden von genetischen Faktoren, dem Geschlecht, der Anzahl zusätzlich eingenommener Medikamente, dem Ausmaß an Alkohol-, Nikotin- und Kaffeegenuß und dem allgemeinen Ernährungszustand.

Die Versorgung in der postoperativen Phase

Die postoperative Überwachung im Aufwachraum stellt das Bindeglied dar zwischen operativer Einheit und Normalstation einerseits oder einer Wach- bzw. Intensivstation andererseits. Ziel ist es, das intraoperative Monitoring adäquat in dem Maße fortzuführen, bis es zur Stabilisierung und Normalisierung der kardiopulmonalen Situation gekommen ist. Diese Adaptationsphase dauert bei betagten Patienten in der Regel länger. Neben den bereits beschriebenen physiologischen Veränderungen ist sicher wesentlich, daß ältere Patienten offensichtlich in geringerem Maße fähig sind, mit ihrer neuen Umgebung fertig zu werden. Neben physiologisch erklärbaren Vigilanzminderungen durch Medikamenteninteraktion, anästhesiebedingte Nachwirkungen von Medikamenten, wie z. B. Opiatüberhang, sind sicher ein großer Teil der beobachteten Verwirrtheitszustände durch eine psychische Überforderungssituation erklärbar. Nicht die medikamentöse Intervention, sondern die menschliche Zuwendung und intensive persönliche Betreuung erleichtert diesen Patienten die Wiederherstellung der psychischen und physischen Integrität.

Probleme kann gelegentlich eine suffiziente postoperative Analgesie bieten, die bei den derzeit verwendeten Morphinderivaten mit einer nicht voraussagbaren Vigilanzminderung einhergehen kann. Kommen diese Medikamente zum Einsatz, ist eine adäquate operative und personelle Überwachung im Aufwachraum unerläßlich, eine pulsoxymetrische Überwachung sowie die Durchführung von Blutgasanalysen sind wünschenswert. Die alternative Methode, postoperative Analgesie über ein rückenmarksnahes Regionalverfahren fortzuführen, hat unserer Meinung nach Vorteile in bezug auf die postoperative Vigilanz der Patienten und deren Kooperativität. Alte Patienten mit eingeschränkter zerebraler Perfusion, die mit Psychopharmaka vorbehandelt sind, könnten von diesem Verfahren profitieren, da zentralwirksame Analgetika nicht erforderlich sind.

Schlußfolgerungen

Betagte Patienten nehmen prozentual in der Gesamtbevölkerung in Zukunft mehr und mehr zu. Aufgrund verbesserter Vorbereitung und eines differenzierten anästhesiologischen Monitorings werden Patienten zunehmend auch in sehr hohem Lebensalter bei erweiterter Operationsindikation operiert. Die Funktion und Kompensationsbreite lebenswichtiger Organe sind im Alter deutlich reduziert. Von zentraler Bedeutung sind hierbei das kardiozirkulatorische und das pulmonale System. Inwieweit eine verminderte Organfunktion Einfluß auf das Risiko eines alten Patienten hat, ist bisher statistisch durch klinische Untersuchungen nicht gesichert. Die Leistungsbreite eines einzelnen Organes oder verschiedener Organsysteme, die beim betagten Patienten nicht pathologisch verändert sind, kann für den individuellen Patienten nicht vorausgesagt werden. Treten bei betagten Patienten lebensbedrohliche Komplikationen auf, so ist die Mortalität sehr hoch, während junge Patienten einzelne Komplikationen überleben.

Logische Konsequenz zur Minimierung des Risikos bei alten Patienten ist somit eine sorgfältige perioperative Diagnostik, gegebenenfalls präoperative Therapie zur Stabilisierung der Vitalfunktionen. Ersichtlich ist dies auch aus der Tatsache, daß Patienten, die ohne adäquate präoperative Vorbereitung operiert werden müssen, eine perioperative Komplikationsrate gegenüber elektiven Eingriffen aufweisen, die von 5% bei Wahleingriffen auf über 40% bei dringlichen, bis annähernd 100% bei Notfalleingriffen ansteigt [28]. Operative Eingriffe bei geriatrischen Tumorpatienten stellen für diese sicherlich auch eine extreme psychische Belastung dar. Die menschliche Zuwendung im Rahmen des Prämedikationsgesprächs, gerade auch die intensive persönliche postoperative Betreuung, sind für den Operationserfolg zwar keine quantitativ meßbaren Größen, sind jedoch sicherlich ebenso wichtig wie die differenzierte Erhebung somatischer Befunde.

Literatur

1 Powers JH: Geriatric trends in surgery. Surg Clin North Am 1960;40:865.
2 Stephen CR: The risk of anesthesia and surgery in the geriatric patient; in Krechel SW (ed): Anaesthesia and the Geriatric Patient. Orlando, Grune & Stratton, 1984.

3 Hosking MB, Warner MA, Lobdell CM, Otford CP, Melton LJ: Outcomes of surgery in patients 90 years of age and older. JAMA 1989;261:1909–1915.
4 Franke H: Wesen und Bedeutung der Polypathie und Multimorbidität in der Altersheilkunde. Internist 1984;25:251–255.
5 Schmucker P, Unertl K, Schmitz E: Das physiologische Profil des fortgeschrittenen Lebensalters. Anaesth Intensivmed 1984;25:173–179.
6 Holland R: Anaesthetic mortality in New South Wales, Australia. Br J Anaesth 1987;59:834–841.
7 Tiret L, Desmonts JM, Hatton F, Vourek G: Complications associated with anaesthesia – a prospective survey in France. Can Anaesth Soc J 1986;33:336–344.
8 Albrecht M: Herz-Kreislauf-Veränderungen im Alter; in van Ackern K, List WF, Albrecht M (Hrsg.): Der geriatrische Patient in der Anästhesie. Anästhesiologie und Intensivmedizin, Berlin, Springer, 1991, vol 217, pp 1–8.
9 Blery C, Szatan M, Fourgeaux B, Charpak Y, Darne B, Chastang C, Gandey JH: Evaluation of a protocol for selective ordering or preoperative tests. Lancet 1986;1:139–141.
10 Kaplan EB, Sheiner LB, Boeckmann AJ: The usefulness of preoperative laboratory screening. JAMA 1985;253:3576–3581.
11 McKenzie PJ, Wishart HY, Smith G: Long-term outcome after repair of fractured neck of femur. Comparison of subarachnoid and general anaesthesia. Br J Anaesth 1984;56:581.
12 Goldmann L, Caldera DL, Nussbaum SR, et al: Multifactorial index of cardiac risk in noncardiac surgical procedures. N Engl J Med 1977;297:845–850.
13 Rao T, Jacobs K, El-Etr A: Reinfarction following anesthesia in patients with myocardial infarction. Anesthesiology 1983;59:499–505.
14 Erdmann E: Präoperative Strategie in Diagnostik und Therapie von koronarer Herzerkrankung und Hypertonie; in Hobbhan J, Conzen P, Taeger K, Peter K (Hrsg): Anästhesiologie und Intensivmedizin. Berlin, Springer, 1991, vol 222, pp 23–30
15 McCann RL, Clements FM: Silent myocardial ischemia in patients undergoing peripheral vascular surgery: Incidence and association with perioperative cardiac morbidity and mortality. J Vasc Surg 1989;9:583–587.
16 Stone J, Foex P, Sear J, Johnson L, Khambatta H, Triner L: Risk of myocardial ischaemia during anaesthesia in treated and untreated hypertensive patients. Br J Anaesth 1988;61:675–679.
17 Burr ML, Phillips KM, Hurst DN: Lung function in the elderly. Thorax 1985;40:(1)54–59.
18 Whaba WM: Influence of aging on lung function – clinical significance of changes from age twenty. Anesth Analg (Cleveland) 1983;62:764–776.
19 Unertl K, Ruckdeschel G, Lechner S, et al: Nosokomiale postoperative und posttraumatische Pneumonien; in Lode H, Kemmrich B, Klastersky J (Hrsg): Aktuelle Aspekte der bakteriellen und nichtbakteriellen Pneumonien. Stuttgart, Thieme, 1984, p 127–136.
20 Opderbecke HW, Weißauer W: Eine Empfehlung zur einheitlichen Protokollierung von Anästhesieverfahren (Editorial). Anaesthesiol Intensivmed 1989;7.

21 McKee RF, Scott EM: The value of routine preoperative investigations. Ann R Coll Surg Engl 1987;69:160–162.
22 Massoud N: Pharmacokinetic considerations in geriatric patients; in Benet LZ, et al (eds): Pharmacokinetic basis for drug treatment. New York, Raven, 1984, pp 283–310
23 Bender AD: The effect of increasing age on the distribution of peripheral blood flow in man. J Am Geriatr Soc 1965;13:192–198.
24 Dundee JW, Milligan KR, Furness G: Influence of age and gender on induction dose of thiopental. Anesthesiology 1987;67:A 662.
25 Homer TD, Stanski DR: The effect of increasing age on thiopental disposition and anesthetic requirement. Anesthesiology 1985;62:714–724.
26 Taeger K: Pharmakokinetik; in van Ackern K, List WF, Albrecht M (Hrsg.): Der geriatrische Patient in der Anaesthesie. Berlin, Springer, 1991, pp 23–30.
27 Taeger K, Lueg J, Finsterer U, Rödig G, Weninger E, Peter K: Thiopentanalanflutung im Plasma während Narkoseeinleitung. Anästh Intensivther Notfallmed 1986;21:169–174.
28 Unertl K, Wroblewski H, Glükher S, Heinrich G, Rauch M, Peter K: Das Risiko in der Anästhesie – eine prospektive klinische Studie. Münch Med Wochenschr 1985;127:609–612.

Dr. med. W. Segiet, Institut für Anästhesiologie und operative Intensivmedizin, Fakultät für Klinische Medizin Mannheim, Universität Heidelberg, Theodor-Kutzer-Ufer, D-68167 Mannheim (BRD)

Radiologische Therapie im höheren Alter

M. Georgi

Institut für Klinische Radiologie des Klinikums, Universität Heidelberg, Mannheim, BRD

Ein großer Teil aller Tumorpatienten befindet sich zum Zeitpunkt der Erkrankung bereits in einem höheren Lebensalter. Die hierbei auftretenden Tumorleiden betreffen daher Menschen, die – biologisch bedingt – nur noch eingeschränkt belastbar sind. Hinzu kommt, daß bei älteren Menschen die frühzeitige Erkennung eines Krebsleidens oft nicht erfolgt, so daß überwiegend fortgeschrittene Krankheitsstadien vorliegen. Die Anforderungen an eine mögliche radiologische Behandlung sind daher anders zu stellen als bei Patienten im jüngeren oder mittleren Lebensalter. Die Zielsetzung wird vorwiegend palliative und seltener kurative Aspekte zu berücksichtigen haben.

Zu den im fortgeschrittenen Alter möglichen radiologischen Behandlungsmethoden bei Tumorpatienten gehören in erster Linie die *Strahlentherapie,* die *kombinierte Radiochemotherapie* sowie die *interventionelle Radiologie*. Die Strahlentherapie hat den Vorteil fehlender oder geringer Invasivität. Als sinnvolle Ergänzung ist die heute rasch an Bedeutung gewinnende Radiochemotherapie anzusehen. Schließlich bietet die ebenfalls in jüngster Zeit entwickelte interventionelle Radiologie auch beim älteren Tumorpatienten neue Möglichkeiten einer wirksamen palliativen Behandlung.

Strahlentherapie

Die Strahlentherapie kann auch bei älteren Tumorpatienten mit kurativer Zielsetzung eingesetzt werden (Tab. 1). Bei früher Entdeckung und niedrigem Tumorstadium lassen sich gynäkologische Tu-

Tabelle 1. Möglichkeiten der Strahlentherapie bei Tumorerkrankungen im fortgeschrittenen Alter

Kurativer Therapieansatz	Palliativer Therapieansatz
Bei lokal begrenzten Tumoren, z. B. gynäkologischen Karzinomen, Prostatakarzinomen, malignen Lymphomen	Bei lokal ausgedehnten Primärtumoren mit klinischer Symptomatik, Knochenmetastasen, Lymphknotenmetastasen, Hirnmetastasen

moren mit der schon klassischen Kontakttherapie in einem hohen Prozentsatz heilen. Dabei wurde in letzter Zeit die Radiumtherapie durch das «After-loading»-Verfahren ersetzt. Ebenfalls gute Heilungschancen hat das Prostatakarzinom. In der von Bagshaw et al. [1] beschriebenen Technik der Hochvolttherapie ist bei Herddosen von 60 bis 70 Gy bei etwa 5% der behandelten Patienten mit Nebenwirkungen wie Schrumpfblase sowie schwerer Proktitis zu rechnen, die ein operatives Eingreifen erfordern [2]. Gerade bei älteren Patienten stellt die interstitielle Strahlentherapie des Pankreaskarzinoms mit ^{125}I-Seeds nach Hilaris und Batata [3] eine weniger belastende Alternative dar. Die unter rektosonographischer Kontrolle vorgenommene Spickung der Prostata wird zwar in der Regel in Vollnarkose vorgenommen, belastet aber nach eigenen Erfahrungen mit bisher 20 Fällen auch ältere Patienten nur wenig. Nach den Erfahrungen von Wannenmacher et al. [4, 5] liegen die 5- und 10-Jahres-Heilungen bei T_2N_0-Stadium mit 95 und 94% sowie auch im T_3N_0-Stadium mit 86 und 72% fast 20% über den Ergebnissen der Hochvolttherapie mit der Bagshaw-Technik. Die Problematik des Strahlenschutzes bei der Therapie mit dem langlebigen ^{125}J (Halbwertzeit 60 Tage) ist für ältere Menschen meist von geringer Bedeutung. Wegen der wesentlich geringeren Belastung des benachbarten Rektums und der Harnblase sind Komplikationen von dieser Seite kaum zu erwarten [6].

Bei der kurativ möglichen Strahlentherapie *maligner Lymphome* im höheren Lebensalter handelt es sich bevorzugt um Non-Hodgkin-Lymphome [7]. Bei ihrer Therapie muß bedacht werden, daß die heute übliche Großfeldtechnik den alten Menschen auch überfordern kann, so daß eine palliative Therapie angezeigt ist.

Die *palliative Strahlentherapie* des älteren Tumorpatienten betrifft vorzugsweise symptomatische Metastasen, seltener den Primärtumor selbst. Ein Beispiel für Fortschritte in der Palliativtherapie von Organtumoren ist das Ösophaguskarzinom. Mit einer kontrollierten Studie ließ sich in Zusammenarbeit mit der Abteilung für chirurgische Endoskopie und Strahlentherapie im Kinikum Mannheim nachweisen, daß bei alleiniger Laserbehandlung und Intubation die mittlere Überlebenszeit 4–5 Monate beträgt. Durch Einsatz einer dreimaligen 15-Gy-After-loading- und einer 45-Gy-Hochvolttherapie beträgt die mittlere Überlebenszeit aktuell 8 Monate, in Einzelfällen über 2 Jahre. Die Verträglichkeit dieser Behandlung erwies sich auch bei älteren Patienten als sehr gut.

Ein weiteres Beispiel für die Palliativtherapie maligner Primärtumoren ist das Glioblastom. Auch hier können Kurzzeitbestrahlungen vorübergehend Linderung bringen. Nach Kimmig und Wannenmacher [8] beträgt die mediane Überlebenszeit beim Astrozytom Grad III und Glioblastom unbehandelt 4–5 Monate. Durch eine hochdosierte Strahlentherapie können 9–12 Monate erreicht werden. Auch multiple Hirnmetastasen – so vor allem beim Mammakarzinom – können mit einer zeitlich begrenzten Bestrahlung über 2 Wochen mit einer erhöhten Einzeldosis von 3 Gy behandelt werden. Bestehende neurologische Symptome lassen sich über Monate günstig beeinflussen. Bei älteren Tumorpatienten sind als Spätschäden mögliche Hirnnekrosen kaum zu befürchten [8].

Die am häufigsten indizierte palliative Strahlentherapie auch beim älteren Tumorpatienten ist die Behandlung von Skelettmetastasen. In der Regel werden dabei über 3–4 Wochen 30–40 Gy Herddosis appliziert. Neben der meist schon nach 1 Woche einsetzenden Analgesie mit möglicher Besserung neurologischer Symptome werden meist erst längere Zeit nach Abschluß der Therapie Rekalzifizierung osteolytischer Metastasen oder Entkalkung osteoplastischer Metastasen erreicht (Abb. 1a–c). Häufige Primärtumoren sind dabei das Mamma- und das Prostatakarzinom [9]. Der Effekt der Strahlentherapie hält Monate bis Jahre an.

Auch symptomatische Lymphknotenmetastasen, die Schmerzen oder auch eine obere bzw. untere Einflußstauung verursachen, können mit gutem Erfolg einer palliativen Strahlentherapie unterzogen werden. Nach eigener Erfahrung sprechen auch solche von Adenokarzinomen des Magen-Darm-Trakts, der Lunge und der Prostata bei einer Herddosis von 40 Gy häufig an, so daß ein Versuch immer unternommen werden sollte.

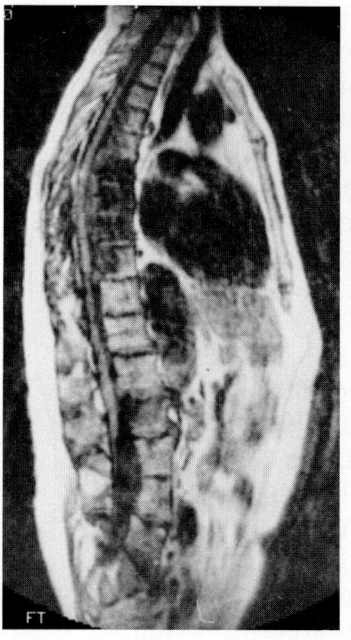

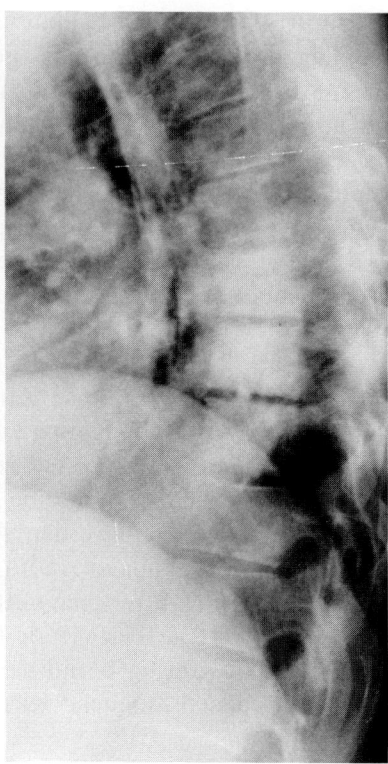

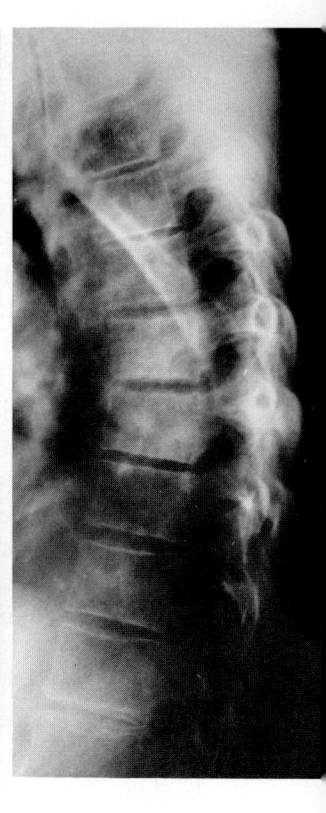

a

b, c

Abb. 1. Osteoblastische Metastasierung des 7.–9. Brustwirbelkörpers bei Prostatakarzinom. *a* Kernspintomographie in «Total-spine-Technik». T_1-gewichtete Aufnahme mit Signalverlust des Knochenmarks im 6.–9. BKW durch neoplastisches Fremdgewebe. *b* Seitliche Brustwirbelsäule-Aufnahme. Osteoblastische Durchsetzung des 7.–9. BWK mit deutlicher Strukturverdichtung, keine Höhenminderung. *c* 1 Jahr nach Strahlentherapie, Herddosis 30 Gy. Deutliche Rückbildung der tumorbedingten Sklerose. Der 83jährige Patient ist auch 4 Jahre nach Behandlung beschwerdefrei.

Tabelle 2. Kombinierte Strahlenchemotherapie

Inoperables Pankreaskarzinom
Inoperables Ösophagus-, Magenkarzinom
Inoperables Adenokarzinom der Lunge
Rektumkarzinomrezidiv

Kombinierte Strahlenchemotherapie

Bei jüngeren Patienten mit Tumoren des Gastrointestinaltrakts wird die kombinierte Strahlenchemotherapie häufig bei inoperablen Tumoren angewendet, um über ein «Down-staging» Operabilität zu erreichen. Bei älteren Patienten bietet diese Behandlung die Möglichkeit guter palliativer Ergebnisse (Tab. 2). So wurden im eigenen Krankengut inoperable Pankreaskarzinome in Anlehnung an eine prospektive Studie mit zwei Kursen von je 24 Gy mit 2 Gy/Tag im Abstand von 4 Wochen behandelt [10]. Während der ersten 5 Tage wurden jeweils 500 mg/m^2 5-Fluorouracil (5-FU) i.v. appliziert. Nach Abschluß der Strahlenbehandlung wurde 3mal nach jeweils 6 Wochen eine 5-FU-Monotherapie vorgenommen. Unsere bisherigen Erfahrungen entsprechen denen von Moertel et al. [10], die bei guter analgetischer Wirkung von einer 1-Jahres-Überlebensrate von 40% berichten, während ohne Therapie lediglich 10% der Patienten mit inoperablem Pankreaskarzinom überlebten. Kriterien des Ansprechens sind neben der Schmerzlinderung die computertomographisch nachweisbare Rückbildung von Tumoren (Abb. 2a, b) sowie die Rückbildung von Tumormarkern im Serum. Entsprechend anderen Erfahrungen brachte weder die Erhöhung der Herddosis noch die zusätzliche Gabe von Adriamycin eine Verbesserung der Ergebnisse, sondern nur eine Zunahme der Nebenwirkungen [11].

Interventionelle Radiologie

Die auch im höheren Lebensalter möglichen interventionell-radiologischen Maßnahmen bei Tumorpatienten sind in Tabelle 3 zusammengefaßt. So kann auch hier wie bei jüngeren Patienten mit malignem Verschlußikterus palliativ eine Gallenwegsdrainage angewendet wer-

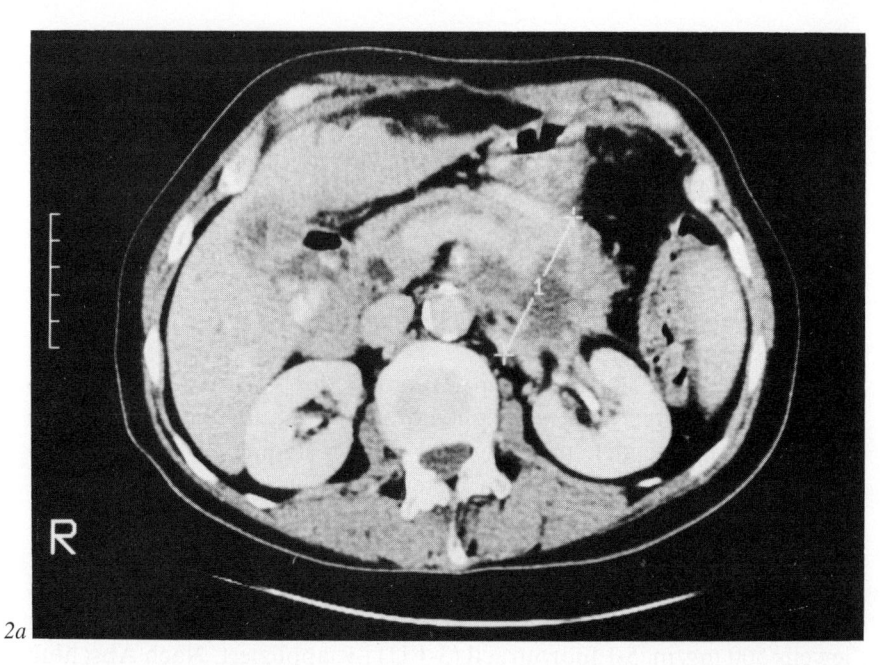

Abb. 2. Ausgedehntes inoperables Pankreaskörperschwanzkarzinom bei einer 65jährigen Patientin. *a* Computertomographie vor Beginn der kombinierten Radiochemotherapie. *b* 9 Monate nach Behandlungsbeginn deutliche Tumorverkleinerung, jetzt Nachweis einer Bauchdeckenmetastase, die chirurgisch entfernt und nachbestrahlt wurde. Dabei Wohlbefinden und Gewichtszunahme. Nach 18 Monaten Wiedereinsetzen des Tumorwachstums.

den. Diese vermag den nicht seltenen quälenden Juckreiz zu beseitigen. Dabei ist zunächst eine endoskopisch gelegte innere Drainage mittels Gallenwegsprothese anzustreben. Gelingt dies nicht, wird über eine innere-äußere Drainage eine Entlastung auf transhepatischem Weg angestrebt [12]. Endziel bleibt eine den Patienten möglichst wenig belastende Gallenwegsprothese. Besteht wie bei Gallengangkarzinomen mit langsamem Wachstum eine bessere Langzeitprognose, werden von uns Metallgitterprothesen eingesetzt, die wesentlich länger als Kunststoffendoprothesen offen bleiben [13].

Akut auftretende Tumorblutungen im Bereich der Nieren, des Gastrointestinaltrakts oder des weiblichen Genitales können durch transarterielle Embolisation gestoppt werden. Hierbei ist zu beachten,

Radiologische Therapie im höheren Alter 117

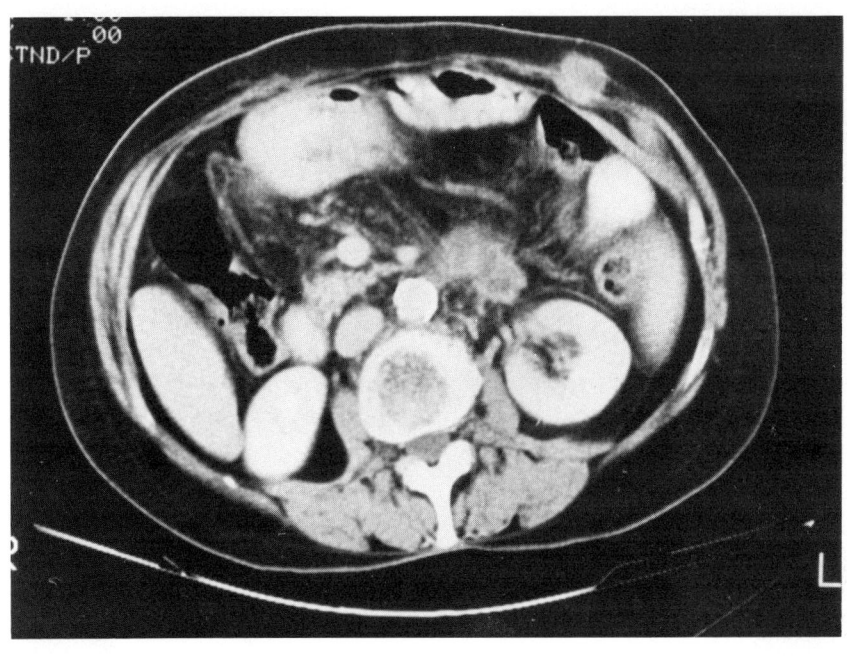

2b

daß dabei im Versorgungsgebiet der Aa. mesentericae ischämische Komplikationen möglich sind [14].

Während der Wert der intraarteriellen Chemotherapie einschließlich der Chemoembolisation von primären und malignen Lebertumoren für die Überlebenszeit umstritten ist, können diese Verfahren durch Verkleinerung großer Lebertumoren durchaus schmerzlindernd sein [5]. Bei einer Patientin mit riesiger Metastase eines Magenkarzinoms ließ sich nach intraarterieller 5-FU-Infusion eine deutliche Tumorrückbildung mit Rückgang des Kapselschmerzes erreichen (Abb. 3).

Tabelle 3. Interventionelle Radiologie bei Tumorpatienten im höheren Lebensalter

Perkutane transhepatische Gallenwegsdrainage
Transarterielle Embolisation von Tumorblutungen
Intraarterielle Chemotherapie

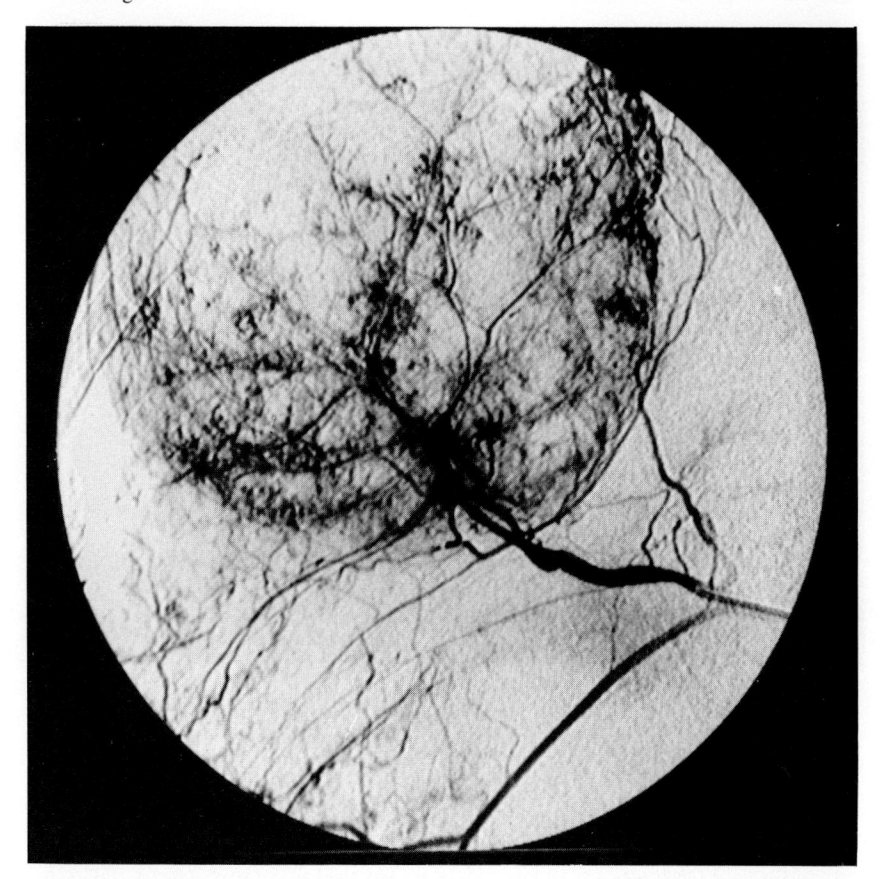

Abb. 3. Digitale Subtraktionsangiographie bei hypervaskularisierter Metastase bei einer 60jährigen Frau mit operiertem Magenkarzinom. Die anschließende intraarterielle Zytostase mit 5-FU brachte eine deutliche Rückbildung der Schmerzsymptomatik durch Verkleinerung des inoperablen Tumors.

Literatur

1 Bagshaw MARS, Cox, Ray GR: Status of radiation treatment of prostate cancer at Stanford University. Monogr 1988;7:47–60.
2 Voss AC, Ziegler F: Perkutane Strahlentherapie des Prostatakarzinoms und seiner Metastasen; in Frommhold W, Gerhardt P (Hrsg): Erkrankungen der Prostata. Stuttgart, Thieme, 1983, pp 116–124.

3 Hilaris BS, Batata MA: Interstitial brachytherapy in the treatment of prostatic cancer; in Wannemacher M (Hrsg.): Kombinierte chirurgische und radiologische Therapie maligner Tumoren. München, Urban & Schwarzenberg, 1981, pp 54–62.
4 Wannenmacher M, Knüfermann H, Sonderkamp H: Interstitielle Strahlentherapie des Prostatakarzinoms; in Frommhold W, Gerhardt P (Hrsg): Erkrankungen der Prostata. Stuttgart, Thieme, 1983, pp 127–130.
5 Wannenmacher M, Sonderkamp H, Knüfermann H: Interstitielle Strahlentherapie des Prostatakarzinoms mit Jod-125; in Hammer J, Kärcher KH (Hrsg): Fortschritte in der interstitiellen und intracavitären Strahlentherapie. München, Zuckschwerdt, 1988, pp 149–155; Stuttgart, Thieme, 1983, pp 127–130.
6 Hammer J: Jod^{125}-Seed-Implantationen in der Behandlung des Prostatakarzinoms. Strahlentherapie Onkol 1991;167:63–81.
7 Hiller EW, Wilmans W: Bedeutung der Chemo- und Radiotherapie bei gastrointestinalen Lymphomen. Chirurg 1991;62:457–461.
8 Kimmig B, Wannenmacher M: Strahlentherapie primärer Hirntumoren. Radiologe 1989;29:205–211.
9 Rieden K: Knochenmetastasen. Radiologische Diagnostik und Nachsorge. Berlin, Springer, 1988, pp 78–111.
10 Moertel CG, Frytag S, Hahn RG, O'Connell MJ, Reitemeier RJ et al: Therapy of locally unresectable pancreatic carcinoma: A randomized comparison of high dose (6 000 rads) radiation alone, moderate dose radiation (4 000 rads + 5-fluorouracil) and high dose radiation + 5-fluorouracil. Cancer 1981;48:1705–1710.
11 Gastrointestinal Tumor Study Group: Radiation therapy with adriamycin or 5-fluorouracil for the treatment of locally unresectable pancreatic carcinoma. Cancer 1985;56:2563–2568.
12 Günther RW: Perkutane Gallenwegsdrainage; in Günther RW, Thelen M (Hrsg): Interventionelle Radiologie. Stuttgart, Thieme, 1988, pp 363–387.
13 Jaschke W: Die Behandlung von Gallenwegsstenosen mit Metallgitterendoprothesen (Stents). Radiologe 1992;32:8–12.
14 Nöldge G, Günther RW: Embolisation im Gastrointestinaltrakt; in Günther RW, Thelen M (Hrsg): Interventionelle Radiologie. Stuttgart, Thieme, 1988, pp 196–202.
15 Schild H: Embolisation der Leber; in Günther RW, Thelen M (Hrsg): Interventionelle Radiologie. Stuttgart, Thieme, 1988, pp 185–193.

Prof. Dr. med. M. Georgi, Direktor des Instituts für Klinische Radiologie, Fakultät für Klinische Medizin Mannheim, Universität Heidelberg, Mannheim, Theodor-Kutzer-Ufer, D-68167 Mannheim (BRD)

Derzeitiger Stellenwert der Immuntherapie im Behandlungskonzept des geriatrischen Tumorpatienten

F. Melchert

Frauenklinik, Fakultät für Klinische Medizin, Universität Heidelberg, Mannheim, BRD

Gesunde Personen in Lebensabschnitten mit physiologischer Immundefizienz, d. h. in der frühen Kindheit und im Alter, Patienten mit Immundefekterkrankungen sowie Patienten unter therapeutischer Immunsuppression haben eine erhöhte Inzidenz an Tumorerkrankungen. Diese alte klinische Beobachtung spricht für die Fähigkeit des Immunsystems, im Organismus entstehende Tumorzellen zu erkennen und zu eliminieren (Theorie der «immune surveillance»). Während bereits seit vielen Jahren in Tiermodellen Reaktionen des Immunsystems detailliert untersucht werden, ist das Wissen über die Bedeutung des Immunsystems bei menschlichen Tumoren noch sehr lückenhaft. Es hat hier jedoch in letzter Zeit wesentliche Fortschritte gegeben, unter anderem durch die Möglichkeit, gentechnologisch hergestellte Zytokine klinisch einzusetzen und ihre stimulierende Wirkung auf das Immunsystem mit den daraus folgenden Effekten auf den Tumor in vivo zu untersuchen [1].

Antitumorale Mechanismen

Beim Menschen lassen sich sowohl natürlich vorhandene Effektoren gegen Tumorzellen als auch adaptive Immunmechanismen mit immunologischem Gedächtnis nachweisen. Natürlich vorhandene nichtadaptive Killerzellen von Tumorzellen sind Makrophagen und große granulierte Lymphozyten. Letztere werden im engeren Sinne als natürliche Killer(NK)-Zellen bezeichnet. Ohne vorherige Sensibilisierung durch das Antigen sind NK-Zellen in der Lage, autologe und allogene Tumorzellen, aber auch virusinfizierte Zellen zu erkennen und durch lytische Mechanismen zu zerstören.

Die *adaptive* Immunantwort ist durch hohe Spezifität gegen das Antigen gekennzeichnet und wird von T- und B-Lymphozyten vermittelt. Nur diejenigen reifen T- und B-Lymphozyten-Klone, die einen passenden Antigenrezeptor an der Zelloberfläche exprimieren, werden durch das in den Organismus eintretende Antigen aktiviert. Aktivierte Lymphozyten bilden Rezeptoren für Wachstumsfaktoren, wie z. B. Interleukin-2 (IL-2), aus. Um die vorhandenen immunologischen Abwehrmechanismen klinisch nutzbar zu machen, müssen jedoch auch die Reaktionen des Immunsystems, die das Tumorwachstum begünstigen könnten, berücksichtigt werden. Hierbei müssen insbesondere die Ursachen der Immundefizienz des alternden Tumorpatienten bedacht werden:
– Unreife der T-Lymphozyten;
– verminderte Funktionsfähigkeit der T-Helfer- und T-Suppressor-Zellen;
– Verminderung der durch T-Zellen vermittelten Antikörpersynthese;
– Verminderung der Lymphozytenstimulationsfähigkeit, z. B. der T-Zellen durch Phytohämagglutinin (PHA);
– verminderte Produktion verschiedener Zytokine, z. B. IL-2;
– Verminderung des Anteils der CD4 und CD8-Zellen an der Gesamtlymphozytenzahl;
– verminderte Aufnahme der Vitamine E und D als Aktivatoren des IL-2.

Prinzipien der Immuntherapie

Das Konzept einer immunologischen Tumortherapie besteht darin, die Abwehrleistungen des Tumorträgers bei der Planung der Tumortherapie zu berücksichtigen, also die therapeutischen Bemühungen auf den tumortragenden *Organismus* – und nicht ausschließlich auf den Tumor selbst – zu konzentrieren. Die immunologische Therapie versteht sich als eine *ergänzende* vierte Säule der Krebstherapie und reiht sich damit ein in die Chirurgie, Strahlenbehandlung und Chemotherapie. Sie ist keine Alternative, sondern, wie die drei letztgenannten, eine *adjuvante* – in vielen Fällen wahrscheinlich eine *palliative* – Therapieform.

Der Körper soll in die Lage versetzt werden, mit dem Tumor, einem Teil desselben oder mit Tochtergeschwülsten in der Weise fertig zu werden, daß er diese eliminiert oder – wenn dies nicht möglich ist – sich darauf einrichtet, mit dem Tumor auf absehbare Zeit in einem Gleichgewicht zu leben.

Ärztliche Redlichkeit gebietet, die Erwartungen und Hoffnungen, die in eine Immuntherapie gesetzt werden, entsprechend ihrer gegenwärtigen Realisierbarkeit zu steuern bzw. zu begrenzen. Immuntherapie ist in Ansätzen vorhanden, die Therapieform bei weitem nicht fest etabliert. Sie bleibt eine große Aufgabe für die Zukunft.

Bedingungen für eine Immuntherapie

Die Bedingungen für eine Immuntherapie können über allgemeine immunologische Parameter numerischer und/oder funktioneller Art sowie über tumorassoziierte immunologische Parameter definiert werden. Ohne diese Information soll, kann und darf keine Immuntherapie durchgeführt werden. Diese erste Voraussetzung muß deshalb eingehalten werden, um ein immunologisches Enhancement zu erkennen bzw. vorher auszuschließen, da gerade dieses zum Gegenteil der Intension einer Immuntherapie führt, zum Entgleisen eines möglichen Gleichgewichts. Folge davon wäre ein verstärktes Tumorwachstum mit noch schnellerem Ableben der Patienten.

Zweite Voraussetzung für die Immuntherapie ist die Kenntnis immunologischer Abläufe nach Modifizierung des Immunsystems und die Behandlung von Entgleisungen desselben. Daneben muß der Immuntherapeut über die notwendigen Kenntnisse der jeweiligen tumorassoziierten immunologischen Besonderheiten verfügen oder in der Lage sein, sich diese zu erarbeiten.

Drittens müssen, aufbauend auf diesen Bedingungen der Immuntherapie – und zwar bezogen auf das jeweilige Karzinom (z. B. Mamma, Ovar, Zervix) - Protokolle zu immuntherapeutischen Studien, vergleichbar den sogenannten Phase-I- und Phase-II-Therapiestudien, entwickelt werden, die bis heute noch nicht zur Verfügung stehen oder erst im Ansatz in Entwicklung sind. Dies erscheint insbesondere deshalb als wichtig, weil für die Immuntherapie andere Regeln gelten könnten, ja sogar die Umkehrung klassischer Pharmakologieregeln möglich ist. So wurde zum Beispiel bei den Untersuchungen mit Immunmodulatoren nachgewiesen, daß höhere Konzentrationen oft immunsupprimierend wirken, während Immunmodulatoren, in starker Verdünnung appliziert, erheblich stimulierende Effekte auslösen können.

Am Beispiel der immunologischen Botenstoffe bzw. Mediatoren einer Immunantwort, den Zytokinen, kann verdeutlicht werden (Abb. 1), daß ein Netzwerk gegenseitig sich bedingender oder induzierender Vorgänge im Sinne von Kaskaden immunologischer Vorgänge aktiviert wird, dessen jeweilige Auswirkungen im Sinne eines Nutzens der Zytokintherapie nicht konkret und differenziert definierbar sind.

Innerhalb des Netzwerks der Tumorabwehr kommt es nach Stimulierung von Makrophagen unter anderem zur Sekretion des Tumornekrosefaktors (TNF-α). Hierdurch verstärkt sich die Expression

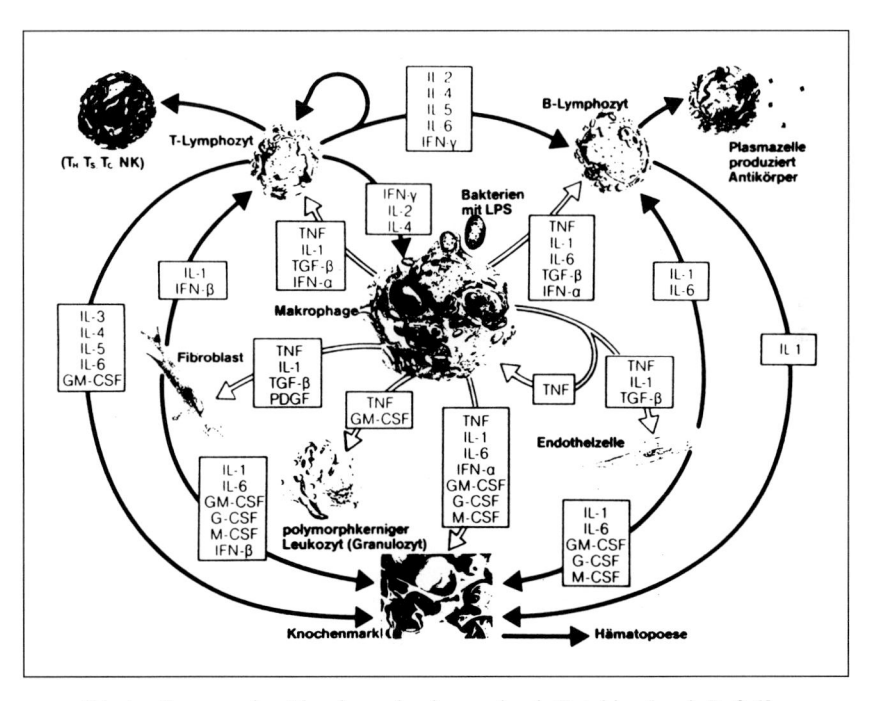

Abb. 1. Synopse der Abwehrmechanismen durch Zytokine [nach Ref. 2].

von genetisch definierten Produkten auf der Zelloberfläche (MHC-Produkte) und führt zur Freisetzung von Interleukin-1 (IL-1). Die Makrophagen ihrerseits schütten dann lysosomale Enzyme aus und aktivieren das Komplementsystem, wodurch es zu einer unspezifischen Zytolyse der Tumorzelle kommen kann. Antikörper können die Tumorzelle aber auch über Killerzellen direkt und ohne diese genetisch kodierten Zelloberflächenprodukte auflösen. Demgegenüber kommen NK-Zellen auch ohne Antigene aus. Die NK-Zellen werden durch IL-2 und γ-Interferon (IFN-γ) stimuliert und schütten dann ihrerseits IL-2 und einen Zellwachstumsfaktor («cell growth factor», CGF) für die B-Lymphozyten, das BCGF, aus.

Stimulierte T-Lymphozyten führen über eine IL-2-Sekretion zur Stimulierung von B-Lymphozyten, zytotoxischen T-Zellen und Suppressor-T-Zellen. Das Knochenmark wiederum wird stimuliert durch Faktoren von stimulierten T-Lymphozyten und Makrophagen.

Therapeutische Ansätze

Eine Therapie des erworbenen Immundefekts des geriatrischen Tumorpatienten ist nur eingeschränkt möglich. Von den vier Modalitäten einer Immuntherapie (passive unspezifische Immuntherapie, aktive unspezifische Immunstimulation, aktive spezifische Immuntherapie, ASI, passive spezifische Immuntherapie) kommen im wesentlichen die aktive unspezifische Immunstimulation oder Immunrestauration oder Immunmodulation in Frage sowie anderseits erste Versuche der ASI.

Für die Immunrestauration oder Immunmodulation werden folgende Substanzen als sogenannte «biological response modifiers» (BRM) eingesetzt:
Komplexe biologische Substanzen:
– bakterielle Präparationen;
– definierte Bestandteile oder Produkte von Bakterien;
– definierte Bestandteile von Pilzen.
Definierte Pharmaka:
– Antibiotika;
– chemische Zusammensetzungen.
Zytokine.
Differenzierungsfaktoren.
Zytostatika.
Monoklonale Antikörper.

Nachfolgend sind die am besten bekannten Zytokine zusammengestellt. Die Abkürzungen sind aus der wissenschaftlichen Literatur übernommen und die Bezeichnung ist daher in der üblichen englischen Terminologie wiedergegeben [3]:

EGF	«epidermal growth factor»
FGF	«fibroblast growth factor»
G-CSF	«granulocyte colony-stimulating factor»
GM-CSF	«granulocyte macrophage colony-stimulating factor»
IFN-α	«interferon alpha»
IFN-β	«interferon beta»
IFN-γ	«interferon gamma»
IL-1 bis IL-11	Interleukin-1 bis Interleukin-11
LIF	«leukemia inhibitory factor»
M-CSF	«macrophage colony-stimulating factor»
NGF	«nerve growth factor»
PDGF	«platelet-derived growth factor»
TGF-α	«transforming growth factor alpha»
TGF-β	«transforming growth factor beta»
TGF-α	«tumor necrosis factor alpha»
TNF-β (LT)	«tumor necrosis factor beta» (lymphotoxin)

Erste klinische Ergebnisse über den Einsatz von Zytokinen haben die Untersuchungen von Kaufmann et al. [4] zur Aszitestherapie mit TNF beim Ovarialkzarinom erbracht, wie sie in Tabelle 1 wiedergegeben sind. In der Phase-I-Studie kam es bei 8 von 10 Patientinnen nach maximal 3 Applikationen zu einem völligen Verschwinden der Aszitesbildung oder zu einem anhaltenden Sistieren weiterer Aszitesbildung. Das mediane Zeitintervall bis zum Eintreten der Therapiewirkung betrug 2 Wochen. In 2 Fällen war nur 1 Applikation notwendig, 3mal 2 Applikationen und 3mal mußte TNF insgesamt 3mal verabreicht werden.

In der Phase-II-Studie konnte bei 5 von 11 Patientinnen die erwünschte Wirkung mit einer Dosis von 0,08 mg/m² TNF erzielt werden. Bei 2 Patientinnen war kein Aszites, bei weiteren 3 Patientinnen sonographisch nur eine geringe Restmenge unter 400 ml nachweisbar. Bei der einen Patientin, bei der kein vollständiger Therapieerfolg eintrat, lag ebenfalls wie in der Phase-I-Studie ein muzinöses Karzinom vor.

Tabelle 1. Wirkung von i.p. rHuTNF auf die Aszitesbildung bei insgesamt 21 Patientinnen mit fortgeschrittenem austherapiertem Ovarialkarzinom [4]

Wirkung	Anzahl Patientinnen	
	Phase I	Phase II
Auswertbar	10	13
Aszitesbildung		
CR + PR	8	12
P	2[1]	1[1]
Medianes Zeitintervall (Wochen)		
bis CR/PR	2(1–3)	2(1–3)
Nach 1 Gabe	2	5
Nach 2 Gaben	3	2
Nach 3 Gaben	3	4
Überleben (Wochen): 6–62, median	17+	18+

CR = Komplette Remission; PR = partielle Remission; P = Progression.
[1] Je 1 muzinöses Karzinom.

Die im Rahmen beider Studien beobachteten Nebenwirkungen sind in Tabelle 2 zusammengefaßt. Hierbei wurden die bei den insgesamt 56 Applikationen früh (innerhalb von 2 h) und spät (nach 24 h) aufgetretenen Nebenwirkungen registriert. Am häufigsten wurden zu beiden Zeitpunkten unspezifische Beschwerden, wie Müdigkeit und allgemeines Krankheitsgefühl, beobachtet. In allen Fällen konnte der Schweregrad der Veränderungen nur als «wenig» oder «mäßig ausgeprägt» bezeichnet werden. Typische Veränderungen, die während oder kurz nach Beendigung der intraperitonealen Infusion auftraten, waren Schüttelfrost bei 85% und ein Temperaturanstieg bei 88% der Fälle. Nebenwirkungen, die sich erst in der Spätphase einstellten, waren eine peritoneale Irritation in Form einer Chemoperitonitis bei 7 von 56 Applikationen (13%). Bei 12% zeigte sich eine Entzündung der Bauchdecke im Bereich der Punktionsstelle.

Zusammengefaßt stellt im Vergleich zu den bisher verfügbaren und lokoregionär eingesetzten zytostatischen Substanzen die Therapie mit

Tabelle 2. Beobachtete Nebenwirkungen von insgesamt 56 i.p. rHuTNF-Gaben der Phase-I- und Phase-II-Studien [4]

Nebenwirkungen	Zeit nach rHuTNF-Verabreichung			
	2 h		24 h	
	Grad	Anzahl Applikationen	Grad	Anzahl Applikationen
Müdigkeit	1	28	1	38
	2	17	2	4
Allgemeines Krankheitsgefühl mit Kopf-, Glieder- und Rückenschmerzen	1	34	1	30
	2	11	–	4
Schüttelfrost	1	8	–	–
	2	39	–	–
Übelkeit/Erbrechen[1]	1	27	1	11
Chemoperitonitis	–	–	1	7
Entzündung der Bauchdecke	–	–	2	6
Fieber[1] ≤ 38 °C	1	18	–	–
> 38 °C	2	28	–	–

Grad 0 = Keine; 1 = wenig; 2 = mäßig; 3 = stark; 4 = lebensbedrohlich.
[1] WHO-Grading.

TNF die bisher wirksamste und bezüglich der Begleiterscheinungen nebenwirkungsärmste palliative Maßnahme zur Behandlung der rezidivierenden Aszitesbildung dar.

Ein weiterer klinischer Ansatz bildet die ASI. Sie beabsichtigt die Induktion einer spezifischen T-Zell-Antwort gegen schwach immunogene Tumoren. Ihr Einsatz findet Eingang in ein komplexes Therapieregime zur Behandlung des Ovarialkarzinoms, das zur Zeit überprüft wird:

Ansätze zur Immuntherapie des Ovarialkarzinoms [R. Kreienberg, pers. Mitt.]

Aktiv	ASI mit virusmodifizierter autologer Tumorvakzine[1]
	Unspezifische In-vitro-Aktivierung von Makrophagen mit Muramyltripeptid[2]
Adoptiv	Herstellung von spezifischen zytotoxischen T-Zell-Klonen[3]

[1] Chemische Veränderungen des Antigens, Mutagenisierung.
[2] Therapie mit anderen BRMs (biological response modifiers).
[3] Therapie mit LAK-, TIL-Zellen (Lymphokin-aktivierte Killer-Zellen/tumor-infiltrating lymphocytes).

Fazit und Ausblick

Durch die Immundefizienz des alternden Menschen und insbesondere des geriatrischen Tumorpatienten hat die Immuntherapie nach dem derzeitigen Wissensstand im wesentlichen einen protektiven, additiven oder palliativen Charakter. Für die Zukunft ergeben sich mehrere Wege, die Immuntherapie weiter zu verbessern und ihre Effektivität zu steigern. Die Ermittlung der optimalen Dosis, der besten Applikationsart und des günstigsten Verabreichungszeitpunkts ist bisher nicht abgeschlossen. Insbesondere finden sich Hinweise dafür, daß bestimmte Tumorarten zur Zytokinbehandlung besser geeignet sind als andere. Das Indikationsspektrum ist jedoch keineswegs klar.

Literatur

1 Peest D: Tumorinduzierte Reaktionsmechanismen des Immunsystems. Klinikarzt 1991;20:610–616.
2 Bundschuh G, Schneeweiss B, Bräuer H: Lexikon der Immunologie. Berlin, Akademieverlag, 1988, p 824.
3 Rosenthaler J: Hormone im Immunsystem? Sandorama 1991;4:24–27.
4 Kaufmann M, Schmid H, Raeth G, Grischke EM, Kempeni J, Schlick E, Bastert G: Ascites-Therapie mit Tumornekrosefaktor beim Ovarial-Carcinom. Geburtshilfe Frauenheilkd 1990;50:678–682.

Prof. Dr. med. F. Melchert, Direktor der Frauenklinik,
Fakultät für Klinische Medizin, Universität Heidelberg, Theodor-Kutzer-Ufer,
D-68167 Mannheim (BRD)

Altersangepaßte Indikationsstellung und Art der Behandlung sowie postoperativer Verlauf bei gynäkologischen Operationen

M. Neises

Universitäts-Frauenklinik, Klinikum der Stadt Mannheim, Mannheim, BRD

Allgemeine Gesichtspunkte der operativen Tumortherapie

Nach der WHO-Empfehlung werden als ältere Menschen die Altersgruppen zwischen 65 und 75 Jahren und als alte Menschen die über dem 75. Lebensjahr eingestuft. Der Anteil der über 70jährigen am chirurgischen Krankengut zeigt ansteigende Tendenz mit 10,9% 1980 und 16,6% 1985 [1]. Die onkologische Alterschirurgie ist dabei nicht grundsätzlich eine palliative Chirurgie, sondern eine Therapie nach Maß. Sie erfordert individuelle Einschätzung des Patienten, der Krankheit und der Prognose [2]. Weitere Gesichtspunkte sind das jeweilige Therapieziel, die zu erwartenden Nebenwirkungen, die Qualität des zu erhaltenden Lebens und die psychosoziale Situation des älteren Kranken. Bei der Einschätzung der Patientin ist das kalendarische Lebensalter in seiner Bedeutung hinter dem biologischen Lebensalter zurückgetreten. Der präoperative «Allgemeinzustand» bestimmt das Ausmaß des operativen Eingriffs.

Das Operationsrisiko wird um so geringer sein, je gründlicher die operative Diagnostik und die Vorbehandlung eventueller kardiozirkulatorischer, respiratorischer und metabolischer Begleiterkrankungen durchgeführt werden. Im Rahmen einer solchen präoperativen Vorbereitung der Patientin spielt der interdisziplinäre Austausch zwischen Operateur, Internist und Anästhesist eine wesentliche Rolle. Vorerkrankungen und ihre Nachwirkungen, manifeste Begleiterkrankungen und die Art der chirurgischen Erkrankung sind in der elektiven Situation die relevanten Richtgrößen für Operationsindikation und Operationswahl [3]. In der Notfallsituation muß zwischen der krankheitsbedingten vitalen Bedrohung, der Gefahr durch die Sofortoperation und dem Nutzen einer befristeten Vorbehandlung zur Risikominderung eine Entscheidung getroffen werden [4].

Die Operationsstrategie folgt auch beim älteren Menschen speziellen Behandlungserfordernissen. Die erfolgreiche Anwendung großer operativer Eingriffe hat sich heute weit ins höhere Lebensalter verlagert [1, 5]. Trotzdem sind gerade in der Alterschirurgie starre Schemata unzulässig. Der erfahrene Chirurg hat eine individualisierte Entscheidung und maßvolle Wahl der Eingriffsart zu treffen.

Mammakarzinom

Mehr als 40% aller Fälle mit Brustkarzinom betreffen Frauen, die über 65 Jahre alt sind. Sie stellen 12% der Gesamtpopulation dar. In Studienprotokollen ist es üblich, eine obere Altersgrenze bei 65–70 Jahren zu ziehen. Das bedeutet für das amerikanische Schrifttum [6], daß sich von 19 945 Artikeln nur 11 mit der Tumorbehandlung geriatrischer Patienten befassen. Das National Cancer Institute der USA hat das Alter als Ausschlußkriterium von Studienprotokollen eliminiert [7]. Ein verbreitetes Mißverständnis ist, daß Brustkrebs bei älteren Frauen ein langsam wachsender Tumor sei, und daß diesem differenten biologischen Verhalten mit weniger aggressiver Therapie begegnet werden könne. In der Bewertung des Therapieziels sind Überlebensraten wegen der reduzierten Lebenserwartung bei älteren Patienten weniger hilfreich. Sie werden jedoch häufig benutzt, um das Endziel differenter Therapiestrategien zu vergleichen. Angemessener ist eine Betrachtung der Lebensqualität als Therapieziel, und dazu gehört zweifelsfrei die lokale Tumorkontrolle bis zum Tode der Patientin. Die mittlere Überlebenszeit der Frauen, bei denen im Alter von 70–79 Jahren die Diagnose «Mammakarzinom» gestellt wird, beträgt nur ein Drittel der mittleren Überlebenszeit im Vergleich zu Frauen, bei denen die Diagnose im Alter unter 40 Jahren gestellt wird [8, 9].

Das Mammakarzinom ist bei älteren Patientinnen in der Regel weiter fortgeschritten. Eine Tumorgröße über 3 cm findet sich bei Frauen über 70 Jahren im Vergleich zu denen unter 70 Jahren ansteigend von 53 auf 63%. Dagegen nimmt ein höheres Grading der Tumore ab von 53 auf 38%. Über 80% der Mammakarzinome bei Patientinnen über 75 Jahren sind östrogenrezeptorpositiv, 70% sind diploid [10]. Obwohl die Tumore viele günstige Prognosemerkmale tragen, führen sie zu einer größeren Letalität, deren Ursache anderswo gesucht werden muß. Positive Lymphknoten werden von einigen Autoren häufiger gefunden, was nicht in allen Studien bestätigt wird. Generell scheint die Anzahl der nachgewiesenen positiven Lymphknoten abzunehmen [11]. Neben der lokal fortgeschrittenen Erkrankung wird die Krankheit auch häufiger erst im Stadium der Metastasierung primär diagnostiziert, nämlich 15% bei Patientinnen über 85 Jahren im Vergleich zu 5% bei solchen unter 55 Jahren [12]. Die operative Therapie der älteren Patientinnen ist aufgrund vorliegender Studien schwer zu beurteilen, da sich alle auf ein ausgewähltes Patientinnenkollektiv beziehen [13–15]. Inzwischen besteht allgemeiner Konsens, daß die Überlebenszeit vom Bestehen einer Mikrometastasierung zum Zeitpunkt der Primärdiagnose bestimmt wird. Außerdem haben randomisierte Studien belegt, daß die Art der Operation, d. h. brusterhaltende Operation bzw. Mastektomie, zu vergleichbaren Ergebnissen führt [16]. Auch die ältere Patientin sollte in diesen Entscheidungsprozeß, eine angemessene Primärtherapie zu finden, mit einbezogen werden. Die Ansicht, daß eine brusterhaltende Operation mit anschließender Strahlentherapie nur bis zu einem gewissen Alter sinnvoll sei, ist sehr verbreitet. Damit werden die älteren Patientinnen als asexuell und uninteressiert am eigenen Körperbild abgestempelt. Das Gegenteil ist der Fall [17]!

Die operative Mortalität beträgt bei Mammakarzinom weniger als 0,5% für alle Altersgruppen, kann aber bei den über 80jährigen auf 3,5% ansteigen [11]. Die Multimorbidität bezieht sich bei den älteren Patientinnen durchschnittlich auf 1,8 Begleiterkrankungen:
– Hypertensive kardiovaskuläre Erkrankungen: 60%;
– Diabetes mellitus: 12%;
– neurologische Störungen: 5%;
– Schilddrüsenerkrankungen: weniger als 5% [14, 18].

Die postoperative Morbidität beruht bei 10% auf kardiopulmonalen und neurologischen Komplikationen. Eine erhöhte Rate an Wundinfektionen mit Sekundärnähten ist bei 10% bekannt [14]. Die Multimorbidität führt ab einem Alter von 65 Jahren zu einer suboptimalen Therapie. Im Alter von 70 Jahren erhalten nur 83% der Patientinnen eine Standardtherapie, im Vergleich zu 96% bei denen unter

70 Jahren [19]. Daraus kann man den Schluß ziehen, daß sich die Ärzte nach wie vor mehr vom chronologischen als vom physiologischen Alter leiten lassen.

Gynäkologische Karzinome

Auch bei der operativen Therapie gynäkologischer Karzinome gilt der Leitsatz: «Die Wahl einer radikalen Operationsmethode mit kurativer Absicht sollte in die Therapieentscheidung die körperlichen und geistigen Kapazitäten der Patientin einbeziehen, die notwendig sind, um dieser Behandlung standzuhalten, wie auch die Qualität und das Potential der Überlebenszeit» [20]. Dabei ist zu bedenken, daß eine sonst gesunde 80jährige eine bestehende Lebenserwartung von maximal 5 Jahren hat. Im Fall des Endometriumkarzinoms wird im amerikanischen Schrifttum der Kürettage mit sofortiger Hysterektomie in Narkose der Vorzug gegeben, wenn eine sofortige histologische Beurteilung möglich ist [21]. Zervixkarzinome kommen bei älteren Patientinnen häufig erst in späteren Stadien zur Diagnose, möglicherweise, weil im Gegensatz zu jüngeren Frauen das Warnsymptom der postkoitalen Blutung fehlt und im Vergleich zum Korpuskarzinom die frühe postmenopausale Blutung. Bemerkenswert ist, daß 15–25% der Frauen über 65 Jahren nie einen Papanicolaou-Test hatten [22]. Beim fortgeschrittenen Zervixkarzinom muß die Patientin auch bei alleiniger Strahlentherapie eine Allgemeinanästhesie mit dreimaliger intrakavitärer Einlage tolerieren. Insbesondere bei desorientierten Patientinnen bleibt dann als Alternative nur die ausschließliche perkutane Bestrahlung. Im fortschreitenden Krankheitsverlauf sollten obstruktive Harnleiden mit Ureterkompression unter dem Gesichtspunkt einer humanitären Todesursache als terminales Stadium betrachtet werden [23]. In der Therapie des Ovarialkarzinoms muß die Notwendigkeit der Hysterektomie individuell entschieden werden: Indikationen sind ein gleichzeitig bestehendes Endometriumkarzinom und die Erleichterung bei der Entfernung von adhärentem Tumormaterial. Die gehäufte Koinzidenz von Endometriumkarzinom mit endometrioidem Ovarialkarzinom ist bekannt und läßt sich durch eine diagnostische Abrasio ausschließen. Die Minimalchirurgie bei älteren Patientinnen besteht in der bilateralen Oophorektomie. Die Entfernung des zweiten Ovars, auch wenn es makroskopisch normal erscheint, ändert nichts an der

Kompliziertheit des Eingriffs und der anschließenden Rekonvaleszenz [24].

Abschließend sei hervorgehoben, daß eine nihilistische Einstellung in der Therapie älterer Karzinompatientinnen nicht gerechtfertigt ist. Diese Einstellung sollte auch in die Selbsthilfegruppen hineingetragen werden. Wenn eine kurative Therapie unangemessen ist, kann eine palliative chirurgische Therapie indiziert sein, wo Symptome gebessert oder verhindert werden können trotz erhöhten Risikos. Im höheren Lebensalter sollte die Qualität dieser Lebensspanne die vorherrschende Überlegung sein.

Die Behandlung der älteren Patientin sollte einer der Schwerpunkte in der onkologischen Behandlung sein. Da diese Behandlung größtenteils auf den Ergebnissen klinischer Studien beruht, sollten – wenn immer möglich – die Altersgrenze ausgedehnt bzw. prospektive Studien insbesondere in der Behandlung der älteren Patientin initiiert werden. Ziel guter onkologischer Praxis ist die Möglichkeit zu heilen, die Toxizität auszubalancieren und die Palliation mit der Lebensqualität in Einklang zu bringen. Dies gilt auch für die älteren Patientinnen. Im

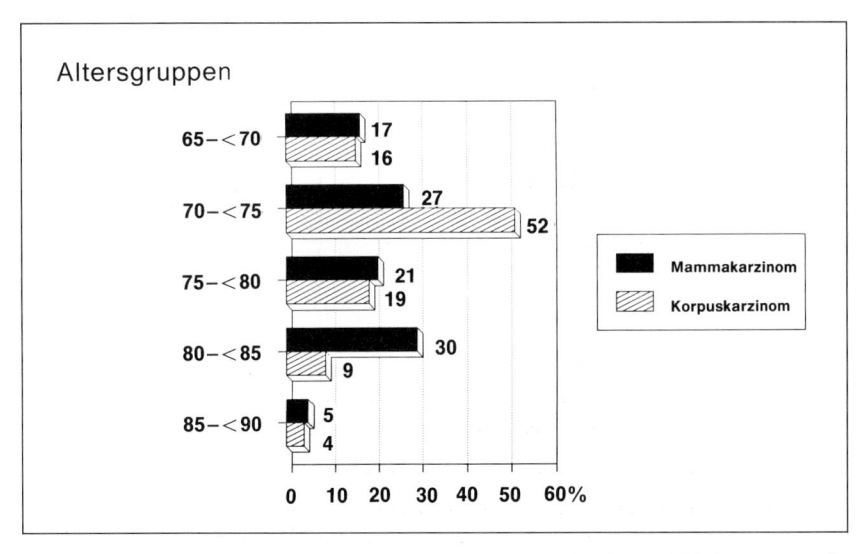

Abb. 1. Altersgruppen der geriatrischen Tumorpatientinnen. 5-Jahres-Intervalle der 65- bis über 85jährigen Mamma- (n = 75) und Korpuskarzinompatientinnen (n = 70).

Rahmen der EORTC – National Cancer Institute wurden Studienaktivitäten hinsichtlich der älteren Patienten entwickelt [25].

Eigene Ergebnisse

In der Zeit vom 1. Januar 1988 bis 31. Dezember 1990 wurden über 60 Jahre alte Patientinnen mit histologisch nachgewiesenem Mammakarzinom (n = 70) bzw. Korpuskarzinom (n = 65) in die Untersuchung einbezogen. Alle Patientinnen hatten eine operative Therapie und blieben in unserer ambulanten Nachsorge. Aus den Krankenakten wurde das Operationsrisiko als Funktion des Alters, der Begleiterkrankungen und des Karnofsky-Indexes ausgewertet.

Die Einteilung nach 5-Jahres-Altersgruppen zeigt einen Häufigkeitsgipfel der Altersgruppe 70–75 Jahre mit 27 %, Mammakarzinomen und der Altersgruppe 80–85 Jahre mit 30 %. Beim Korpuskarzinom liegt der Altersgipfel zwischen dem 70. und 75. Lebensjahr mit 52 % (Abb. 1). Die Häufigkeit der Tumorstadien zeigt für das Mammakar-

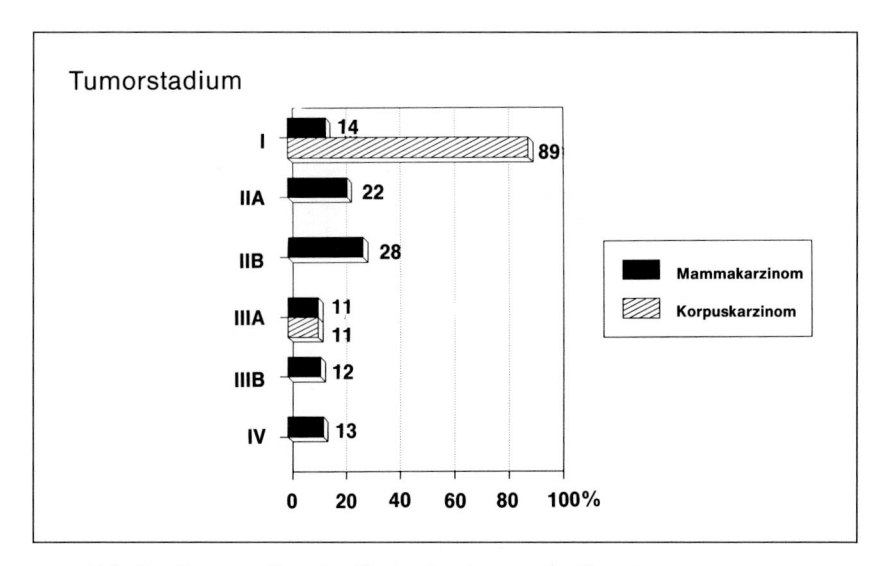

Abb. 2. Tumorstadien des Korpuskarzinoms. Stadium I entspricht T_1NOMO. Stadium III entspricht T_{1-3}, jedes N, M_0. Tumorstadien des Mammakarzinoms. Stadium 1 entspricht $T_1N_0M_0$. Stadium IIa entspricht T_{0-2}, N_{0-1}, M_0. Stadium IIb entspricht T_{2-3}, N_{0-1}, M_0. Stadium IIIa entspricht T_{0-3}, N_{0-2}, M_0. Stadium IIIb entspricht T_2 (bis 0), N_3 (bis 0), M_0. Stadium IV entspricht T_{1-4}, N_{1-3}, M_1.

zinom einen Anteil des Tumorstadiums II mit 48%, das Korpuskarzinom hat im Stadium I einen Anteil von 89% (Abb. 2). Der Leistungsindex nach Karnofsky war am häufigsten angegeben mit 90% bei 37% der Patientinnen mit Mammakarzinom und mit 80% bei 29% der Patientinnen. Der niedrigste Index mit 50% war nur bei 2% der Patientinnen anzutreffen. Bei Patientinnen mit Korpuskarzinom hatten sogar 43% einen Leistungsindex von 100% und 8% der Patientinnen einen von 50% (Abb. 3).

Bei allen Patientinnen besteht Multimorbidität. Bei den Patientinnen mit Mammakarzinom werden arterieller Hypertonus mit 47% und Herzinsuffizienz mit 48% fast gleich häufig genannt, gefolgt von Diabetes mellitus bei 39% der Patientinnen und Varikosis bei 32%, gefolgt von chronischem Emphysem, Adipositas, Schilddrüsenerkrankungen und Niereninsuffizienz mit 20% bzw. weniger. Die Patientinnen mit Korpuskarzinom haben am häufigsten eine Varikosis (51%), gefolgt von arteriellem Hypertonus (49%). Herzinsuffizienz und chronisches Emphysem sind mit 29 bzw. 30% fast gleich häufig, und nur etwa 10% haben Diabetes, Adipositas, Niereninsuffizienz und Schilddrüsener-

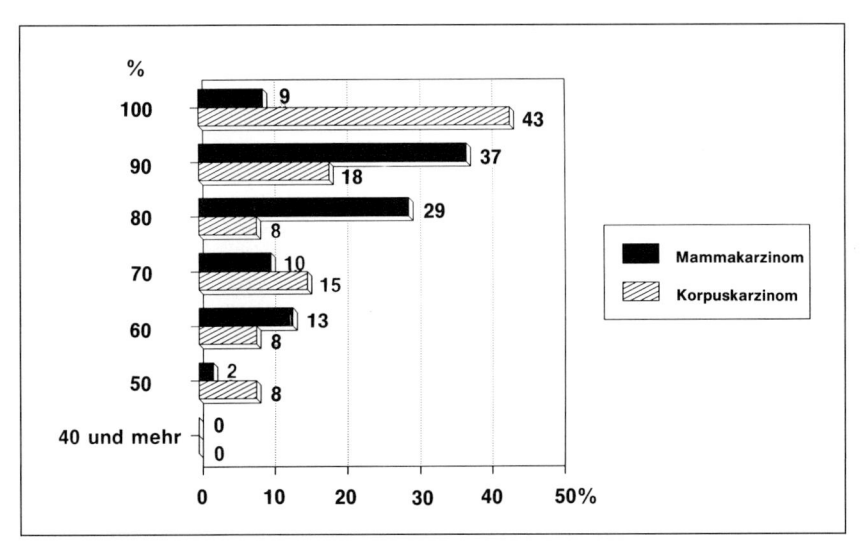

Abb. 3. Leistungsindex nach Karnofsky. 100% = Normal, keine Beschwerden, keine Krankheitszeichen. 90% = Uneingeschränkte Tätigkeit, geringfügige Symptome. 80% = Normale Tätigkeit mit Anstrengung. 70% = Arbeitsunfähig, kann sich selbst versorgen. 60% = Braucht gelegentlich Hilfe. 50% = Braucht Krankenpflege, kann aufstehen. 40% = Bettlägerig.

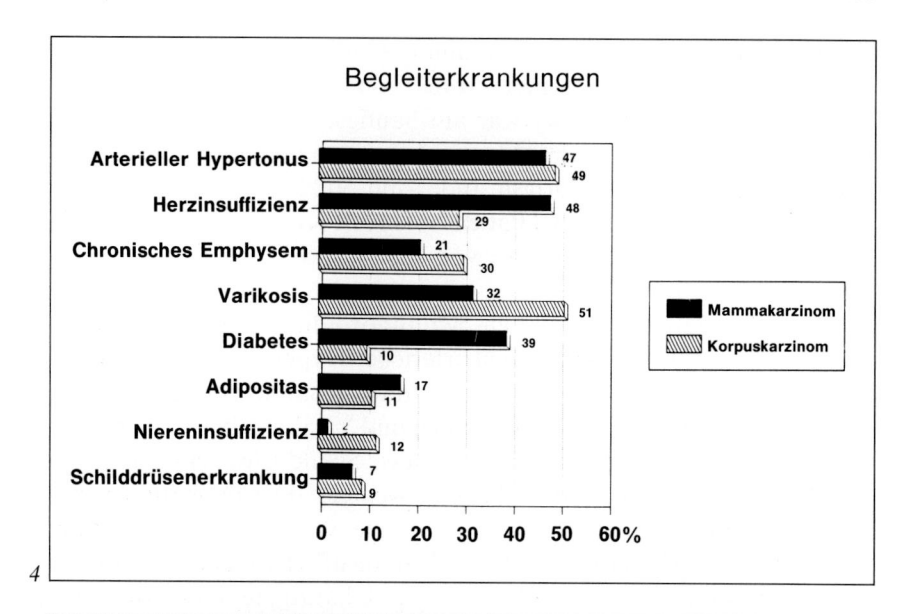

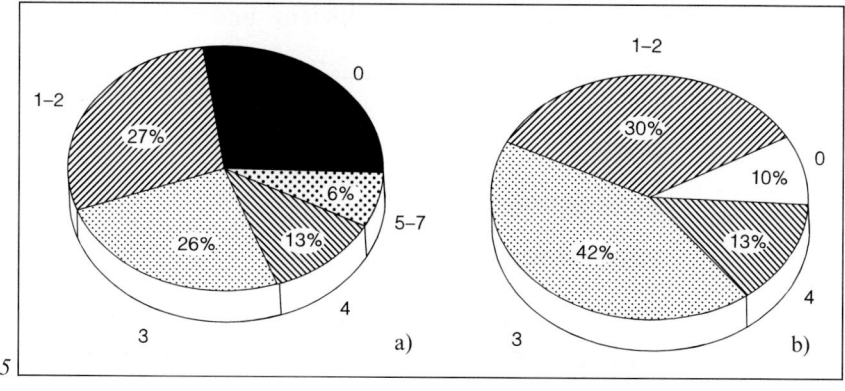

Abb. 4. Begleiterkrankungen bei geriatrischen Tumorpatientinnen, gesondert für solche mit Mamma- bzw. Korpuskarzinom. Mehrfachnennungen sind möglich.

Abb. 5. Anzahl der Begleiterkrankungen: 0 bis maximal 5–7. *a* Patientinnen mit Mammakarzinom. *b* Patientinnen mit Korpuskarzinom.

krankungen (Abb. 4). Diese Auflistung beruht auf Mehrfachnennungen. Keine Begleiterkrankungen haben immerhin 28% der Patientinnen mit Mammakarzinom, etwa gleich häufig (26 und 27%) werden 3 bzw. 1–2 Begleiterkrankungen angegeben und 6% haben immerhin 5–7 Begleiterkrankungen (Abb. 5a). Bei Patientinnen mit Korpuskar-

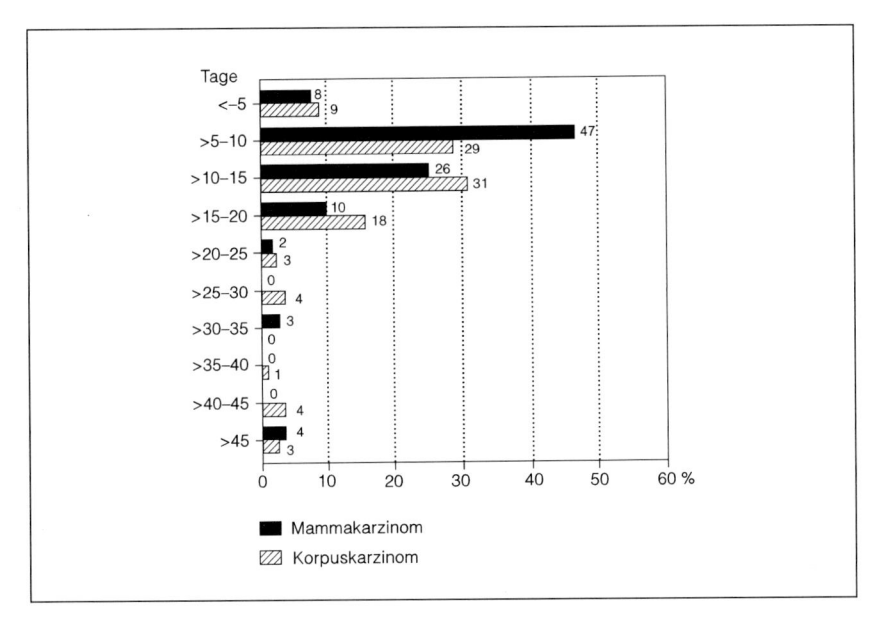

Abb. 6. Präoperativer Krankenhausaufenthalt, dargestellt in 5-Tages-Intervallen mit minimal 5 Tagen und weniger und maximal 45 Tagen und mehr bei Patientinnen mit Mamma- bzw. Korpuskarzinom.

zinom haben nur 10% keine Begleiterkrankung, 30% weisen 1–2, 42% weisen 3 auf und 13% der Patientinnen haben 4 Begleiterkrankungen (Abb. 5b). Die Dauer des präoperativen Krankenhausaufenthalts umfaßt mit 5–15 Tagen den größten Anteil der Patientinnen mit Mammakarzinom (73%) und bei den Korpuskarzinompatientinnen mit 60% (Abb. 6). Die Abbildungen 7a und b zeigen eine Aufschlüsselung des präoperativen Krankenhausaufenthalts in Tagen nach dem Karnofsky-Index. Dabei zeigt sich eine Tendenz mit kürzerer Liegedauer bei höherem Karnofsky-Index. 53% der Patientinnen mit einem Karnofsky-Index von 90 bis 100% sind bis zu 20 Tage präoperativ stationär. Bei Patientinnen mit Korpuskarzinom sind dies 41%. In diesem Bereich des präoperativen stationären Aufenthalts finden sich allerdings auch noch 50% der Patientinnen mit einem Karnofsky-Index von 50 bis 80%

Die Art der Operation umfaßt bei 55% der Patientinnen mit Mammakarzinom (Abb. 8a) das Standardoperationsverfahren der modifiziert radikalen Mastektomie nach Patey. Bei T_4-Tumoren wurde bei

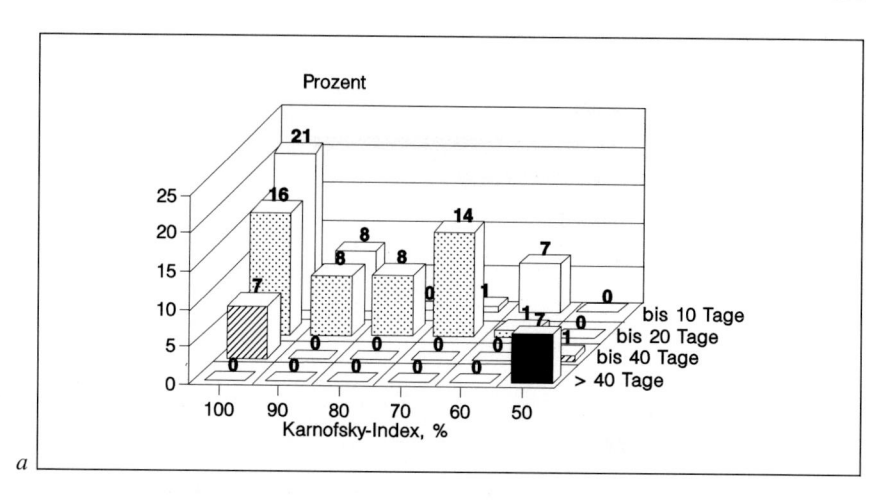

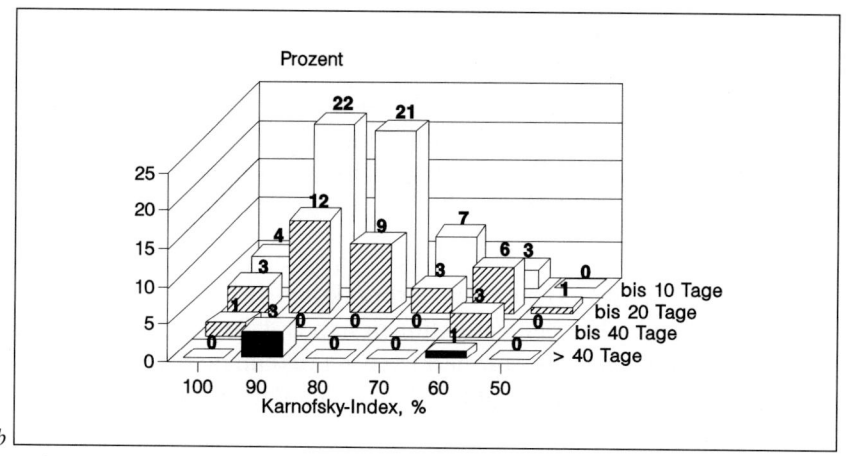

Abb. 7. Präoperativer Krankenhausaufenthalt im 10-Tages-Intervall in Beziehung zum Karnofsky-Index von 50 bis 100%. *a* Patientinnen mit Mammakarzinom. *b* Patientinnen mit Korpuskarzinom.

weiteren 7% zusätzlich der Musculus pectoralis major exstirpiert. Auch in dieser Altersgruppe wurden brusterhaltende Operationen bei 17% der Patientinnen durchgeführt. Eine Ablatio simplex mit Lymphknotensampling erhielten 21% der Patientinnen. Bei den Patientinnen mit Korpuskarzinom (Abb. 8b) wurde als Standardoperationsverfahren bei 55% die abdominale Hysterektomie mit beidseitiger Adnexektomie durchgeführt. Weitere 13% der Patientinnen hatten im T_2-Stadium

Operative Tumortherapie bei älteren gynäkologischen Patientinnen

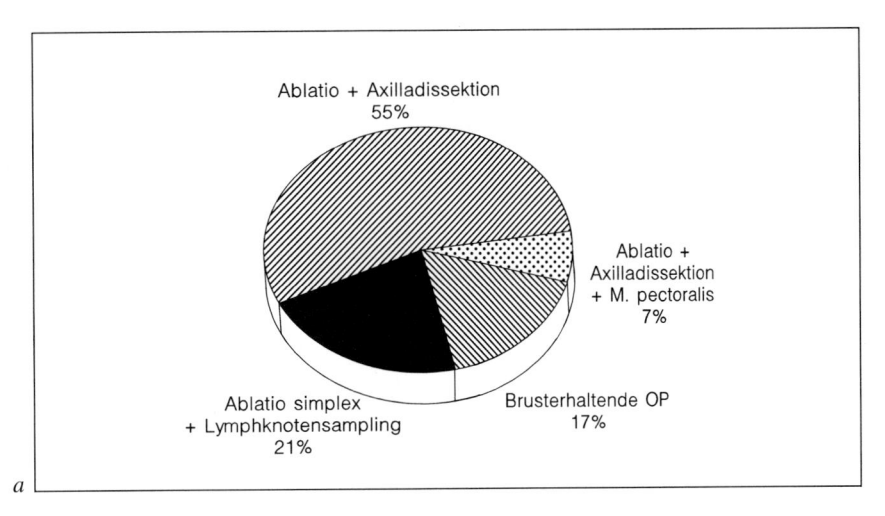

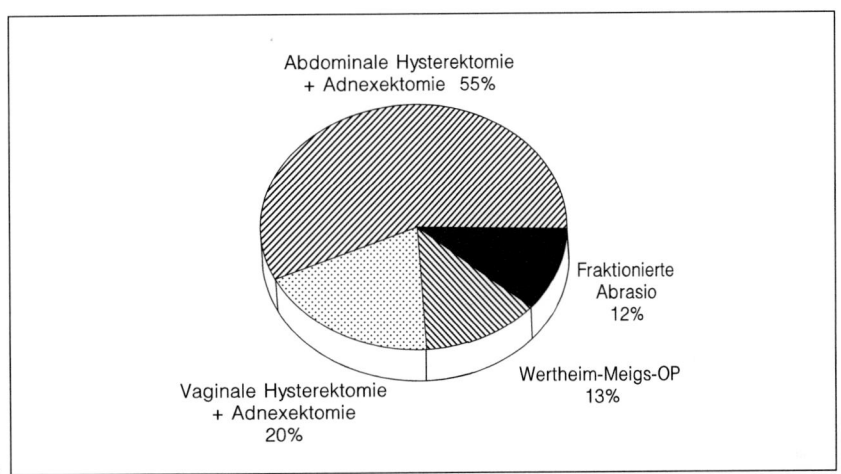

Abb. 8. Art der durchgeführten Operation. Angegeben sind Prozentanteile des Gesamtkollektivs. *a* Mammakarzinompatientinnen. *b* Korpuskarzinompatientinnen.

eine Wertheim-Meigs-Operation. Bei 20% der Fälle wurde wegen zusätzlicher Risikofaktoren operativ der vaginale Zugang bevorzugt. Bei 12% der Patientinnen wurde der operative Eingriff auf die Diagnostik, d. h. eine fraktionierte Abrasio, beschränkt. Im postoperativen Verlauf wurde die Dauer des Krankenhausaufenthalts untersucht. Dabei wurde der größte Teil der Patientinnen (56%) 20 Tage postoperativ nach Mammakarzinom betreut. Bei den Korpuskarzinompatientinnen be-

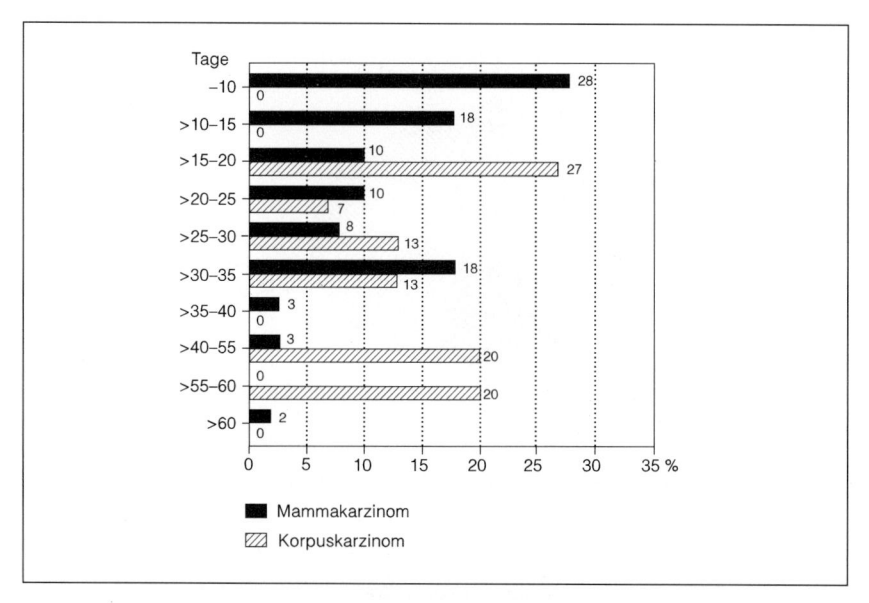

Abb. 9. Postoperativer Krankenhausaufenthalt in 5-Tages-Intervallen bei geriatrischen Patientinnen mit Mamma- bzw. Korpuskarzinom.

fand sich ein entsprechender Anteil (60%) 15–35 Tage postoperativ in stationärer Behandlung (Abb. 9). An postoperativen Komplikationen traten gehäuft Wundheilungsstörungen (einschließlich Serombildung) auf, bei 42% der Patientinnen mit Korpuskarzinom und 22% der Patientinnen mit Mammakarzinom, die allerdings nur bei 13 bzw. 8% eine Sekundärnaht erforderlich machten. Bei den Patientinnen mit Korpuskarzinom waren – wie zu erwarten – häufig Harnwegsinfektionen (22%) aufgetreten. Ein Durchgangssydrnom trat ebenfalls häufig auf: 23% bei Patientinnen mit Korpuskarzinom und 16% bei Patientinnen mit Mammakarzinom (Abb. 10). Als Folgetherapie schlossen sich bei Korpuskarzinompatientinnen bei 81% eine Radiatio an und bei Mammakarzinompatientinnen relativ häufig (40%) eine adjuvante Chemotherapie und bei 69% eine antihormonelle Therapie. Zum Therapieabbruch kam es bei 19% der Mammakarzinompatientinnen (Abb. 11). An Nebenwirkungen kam es zu Nausea, Emesis und Diarrhö bei 19% der Korpuskarzinompatientinnen und bei 32% der Patientinnen mit Mammakarzinom. Der Therapieabbruch findet sich erstaunlicherweise nicht in der Gruppe der Patientinnen mit Chemothe-

Operative Tumortherapie bei älteren gynäkologischen Patientinnen 141

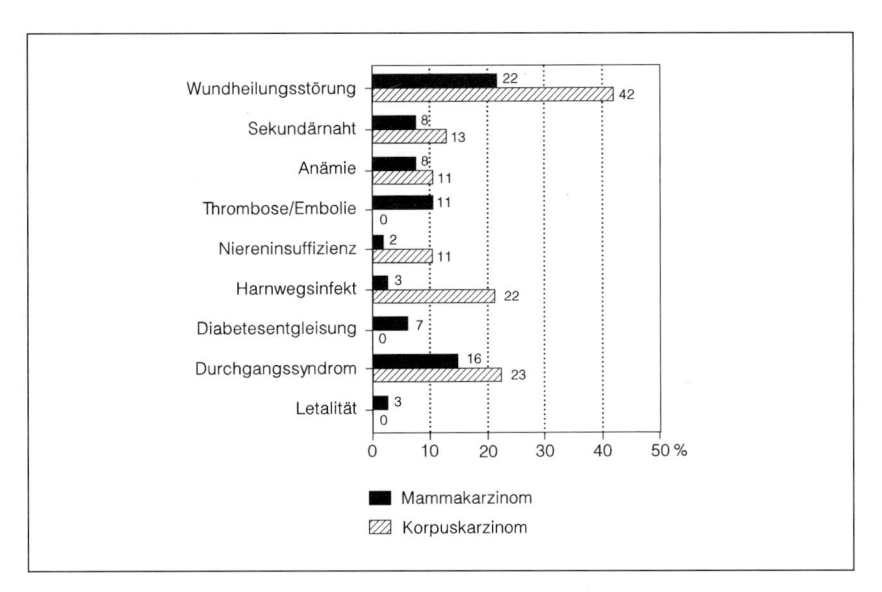

Abb. 10. Postoperative Komplikationen. Angegeben sind Prozentanteile für Patientinnen mit Mammakarzinom bzw. Korpuskarzinom. Mehrfachnennungen sind möglich.

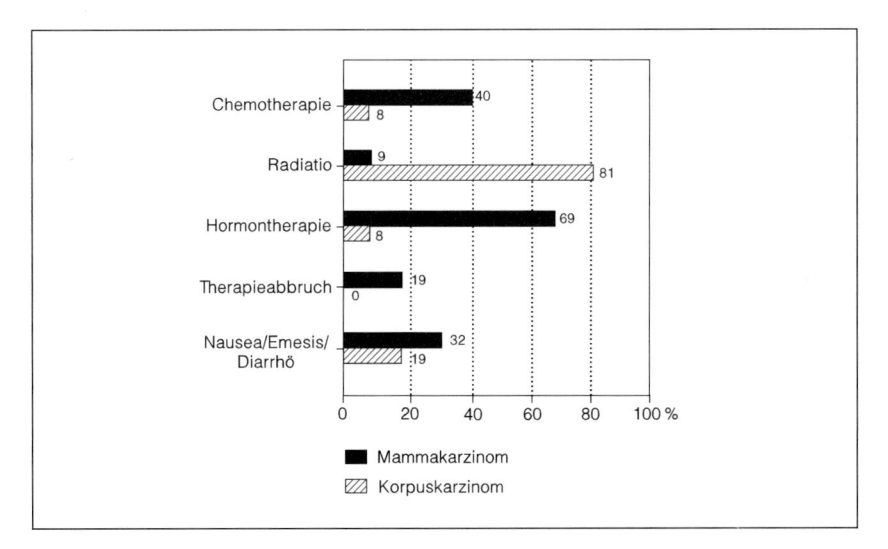

Abb. 11. Folgetherapien nach Primäroperation. Als systemische Therapie schließen sich an: hormonelle Therapie, Chemotherapie, lokale Nachbestrahlung. An Nebenwirkungen wurden Nausea, Emesis und Diarrhö angegeben. Die Prozentzahlen beziehen sich auf das Gesamtkollektiv.

rapie, sondern in der Gruppe mit antihormoneller Therapie und bei der Kombination antihormonelle Therapie + Radiatio, dort mit 73% (Abb. 12).

Betrachtet man die Gesamtüberlebenszeit, waren von 70 Patientinnen mit Mammakarzinom beim Abschluß der Erhebungen 19 (25%) verstorben, die Überlebensraten betrugen nach 2 Jahren 72% (Standardfehler 5,72%), nach 5 Jahren 33% (Standardfehler 6,59%). Bei den Patientinnen mit Korpuskarzinom waren im entsprechenden Zeitraum 22 (30%) verstorben. Die Überlebensraten betrugen nach 2 Jahren 92% (Standardfehler 3,30%) und nach 5 Jahren 43% (Standardfehler 6,43%). Für die Beurteilung der Überlebenszeit ist der Karnofsky-Index ein wichtiger Parameter. Bei Patientinnen mit Mammakarzinom betrug die Überlebensrate nach 5 Jahren bei den Patientinnen mit einem Karnofsky-Index von 100% 75% und bei den Patientinnen mit einem Karnofsky-Index von 80 bis 90% nur 32% (Tab. 1). Bei Patientinnen mit Korpuskarzinom beträgt die 2-Jahres-Überle-

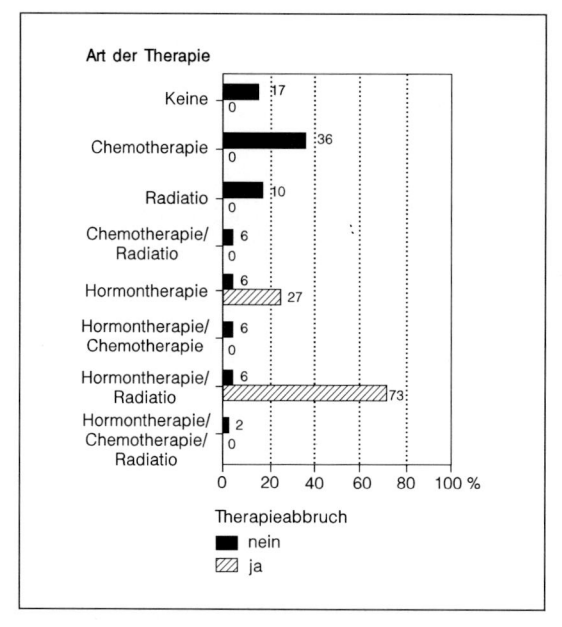

Abb. 12. Häufigkeit des Therapieabbruchs in den unterschiedlichen Therapiegruppen: hormonelle Therapie, Chemotherapie, Radiatio, Kombinationstherapie. Die Prozentzahlen beziehen sich auf das Gesamtkollektiv.

Tabelle 1. Überlebenszeitanalyse. Patientinnen mit Mammakarzinom

Karnofsky-Index, %	Mittlere Überlebenszeit Monate	Median Monate	Überlebensrate, %	
			2 Jahre	5 Jahre
100	96	76,8	75	75
90–80	25	40,4	61	32
70	23	19,9	29	–
60–50	4,8	5,3	–	–

Tabelle 2. Überlebenszeitanalyse. Patientinnen mit Korpuskarzinom

Karnofsky-Index, %	Mittlere Überlebenszeit Monate	Median Monate	Überlebensrate, %	
			2 Jahre	5 Jahre
100	56	54,9	87	44
90–80	61	62,1	88	61
70	44	55,9	80	24
60–50	48	42,7	91	–

bensrate bei einem Karnofsky-Index von 100% 87%, dies macht einen Unterschied von 44% Überlebensrate nach 5 Jahren bei Karnofsky-Index 100 und 24% Überlebensrate zum gleichen Zeitpunkt bei Karnofsky-Index 70% (Tab. 2).

Unsere Daten bestätigen, daß das physiologische Alter, gemessen am Karnofsky-Index, gegenüber dem chronologischen Alter entscheidend ist für die Therapiewahl. Die Multimorbidität als Basis für eine suboptimale Therapieentscheidung ist nicht gerechtfertigt, bei über 80% der über 60jährigen sind Standardtherapien heute möglich.

Literatur

1 Betzler M, Gallmeier WM: Onkologische Therapie beim alten Menschen – Herausforderung statt Resignation. Münch Med Wochenschr 1989;131:213–214.
2 Roukos D, Hottenrott C, Lorenz M: Therapie des Magenkarzinoms beim älteren Menschen. Schweiz Med Wochenschr. 1988;118:780–782.

3 Wagner HE, Aebi U, Barbier PA: Das kolorektale Karzinom im hohen Alter. Schweiz Med Wochenschr 1987;117:1571–1576.
4 Hosking MP, Warner MA, Lobdell CM, Offord KP, Melton LJ: Outcomes of surgery in patients 90 years of age and older. JAMA 1989;261:1909–1915.
5 Schlag P, Schwarz V, Herfarth Ch: Gastrointestinale Tumoren des alten Menschen. Münch Med Wochenschr 1989;131:215–219.
6 Beard K, Mac Kay HP, Williams BO, Cassady J, Calman KC: Cancer in the elderly: A comparison between geriatric and oncology practice. J Clin Exp Gerontol 1985:7:177–188.
7 Langlands AO: Breast cancer; in Caird FJ, Brewin TB (eds): Cancer in the Elderly. London, Wright, 1990, pp 87–95.
8 Adami H-O, Malker B, Meirik O, Persson I, Bergkvist L, Stone B: Age as a prognostic factor in breast cancer. Cancer 1985;56:898–902.
9 Adami H-O, Malker B, Holmberg L, Persson I, Stone B: The relation between survival and age at diagnosis in breast cancer. N Engl J Med 1986;315:559–563.
10 Rosen PP, Lesser ML, Kinne DW: Breast carcinoma at the extremes of age: A comparison of patients younger than 35 years and older than 75 years. J Surg Oncol 1985;28:90–96.
11 Donegan WL: Treatment of breast cancer in the elderly; in Yanik R (ed): Prevention and Treatment of Cancer in the Elderly. New York, Raven Press, 1983, pp 83–95.
12 Goodwin JS, Hunt WC, Key CR, Samet JM: The effect of marital status on stage, treatment and survival of cancer patients. JAMA 1987;258:3125–3130.
13 Berg JW, Robbins GF: Modified mastectomy for older, poor risk patients. Surg Gynecol Obstet 1961;113:631–634.
14 Hunt KE, Fry DE, Bland KJ: Breast carcinoma in the elderly patient: An assessment of operative risk, morbiditiy and mortality. Am J Surg 1980;140:339–342.
15 Cortese AF, Cornell GN: Radical mastectomy in aged female. J Am Geriatr Soc 1975;23:337–342.
16 Fisher B, Bauer M, Margolese R, et al: Five-year results of a randomized clinical trial comparing total mastectomy and segmental mastectomy with or without radiation in the treatment of breast cancer. N Engl J Med 1985;312:665–673.
17 Frank-Stromberg M: Sexuality in the elderly cancer patient. Sem Oncol Nurs 1985;1:49–55.
18 Mossa AR, Price Evans DA, Brewer AC: Thyroid status and breast cancer. Ann R Coll Surg Engl 1973;53:178–188.
19 Greenfield S, Blanco DM, Elashoff RM, Granz PA: Patterns of care related to age of breast cancer patients. JAMA 1987;257:2766–2770.
20 Hudson CN: Gynaecological cancer; in Caird FJ, Brewin TB (eds): Cancer in the Elderly. London, Wright, 1990, pp 180–185.
21 Hudson CN: Gynaecological cancer in the elderly; in Stanton S (ed): Clinical Obstetrics and Gynaecology. International Practice and Research. London, Baillière Tindall, 1988, pp 363–369.
22 Celentano DD, Klassen AC, Weisman CS, Rosenshein NB: Cervical cancer screening practices among older women. Results from the Maryland Cervical Cancer Case-Control Study. J Clin Epidemiol 1988;41:531–541.

23 Hudson CN: Carcinoma of the urethra; in Howkins J, Hudson CN (eds): Shaw's Textbook of Operative Gynaecology. London, Churchill Livingstone, 1983, pp 202–204.
24 McCartney AJ, Hudson CN: Surgical treatment of localized disease: conservative and radical; in Hudson CN (ed): Ovarian Cancer. Oxford, Oxford University Press, 1985, pp 190–212.
25 Fentiman IS, Tirelli U, Monfardini S, Schneider M, Festen J, Cognetti F, Aapro MS: Cancer in the elderly: Why so badly treated? Lancet 1990;335:1020–1022.

Dr. Dr. med. M. Neises, OÄ, Universitäts-Frauenklinik, Klinikum der Stadt Mannheim, Theodor-Kutzer-Ufer, D-68167 Mannheim (BRD)

Chirurgische Therapie gastrointestinaler Tumoren bei geriatrischen Patienten

P. M. Schlag

Sektion Chirurgische Onkologie der Chirurgischen Universitätsklinik, Heidelberg, BRD

Die Anzahl von Patienten, die im Alter von über 70 Jahren in operative Behandlung kommt, nimmt zu. Die Problematik des alten Menschen und seiner behandlungsbedürftigen Erkrankung ist besonders schwierig im Falle eines Tumorleidens [1]. Der Anteil über 70jähriger im eigenen Krankengut der Chirurgischen Universitätsklinik in Heidelberg der Jahre 1982–1990 betrug unter 4 551 Patienten mit einem gastrointestinalen Karzinom 26,4%.

Allgemeine Gesichtspunkte der Behandlung

Die Bedürftigkeit, der Anspruch des Kranken auf eine adäquate und nach Möglichkeit kurative Therapie steht in Konkurrenz zu dessen Belastbarkeit für einen tumorchirurgischen Eingriff. Operationsrisiko und -morbidität, Prognose des Tumorleidens und allgemeine Lebenserwartung müssen gegeneinander abgewogen werden. Komplikationshäufigkeit, Überlebenszeit und Lebensqualität im Vergleich zu anderen Behandlungsmöglichkeiten und ihre Korrelation zum Gesamtkollektiv der jüngeren, unter 70jährigen Tumorpatienten geben Auskunft über die Richtigkeit der Indikationsstellung und liefern Hilfestellung für die individuelle Therapieentscheidung. Das numerische Alter an sich ist hierbei nicht entscheidender Diskriminator. Es erfährt seine Modulation durch das biologische Alter, welches den individuellen Zustand eines Patienten beschreibt [1, 2]. Die Summe gestörter Einzelfunktionen wird mit dem medizinischen Begriff der Multimorbidität umschrieben.

Hierbei sind bei Tumorpatienten für die operative Entscheidungsfindung neben den kardiopulmonalen Reserven auch Nieren-, Stoffwechsel- und Wundheilungsstörungen am häufigsten problematisch. Eine Besonderheit der Karzinomchirurgie im höheren Lebensalter ergibt sich aus einer Häufung von Notfalleingriffen [3]. Diese haben ihre eigenen Gesetze, die zum Handeln zwingen, wobei begleitende Erkrankungen in ihrer Wertigkeit dann in den Hintergrund treten müssen [1]. Das Stadium einer Tumorerkrankung und damit die Prognose spielen für die Therapiewahl nicht nur bei über 70jährigen Patienten eine wichtige Rolle. Dabei darf oder braucht jedoch nicht von einer generell immer weiter fortgeschrittenen Tumorerkrankung bei älteren im Vergleich zu jüngeren Malignompatienten ausgegangen werden. Basierend auf diesen allgemeinen Prämissen soll im folgenden die Entscheidungsfindung zur Operation und deren Ergebnis bei Patienten mit gastrointestinalem Karzinom im höheren Lebensalter (älter als 70 Jahre) analysiert werden.

Ösophaguskarzinom

Möglichkeiten und Effizienz operativer Therapie beim Ösophaguskarzinom sind eingeschränkt [4]. Durch Standardisierung der operativen Technik und Taktik und Verbesserung der intensivmedizinischen Betreuung der Patienten ließ sich die früher mit bis zu 30% äußerst hohe postoperative Letalität auf unter 10% senken. Hierzu beigetragen hat aber auch eine gezieltere präoperative Risikoeinschätzung [5]. Die ohnehin für einen Großteil der Ösophaguskarzinompatienten zutreffende Multimorbidität wird durch den Faktor Alter weiter akzentuiert und steigert damit auch die postoperative Komplikationsrate [6]. Ungerechtfertigt erscheint, das Operationsrisiko des radikalchirurgischen Zweihöhleneingriffs (thorakoabdominale Ösophagektomie mit Zonenlymphadenektomie) durch das Verfahren der stumpfen transmediastinalen Ösophagusresektion zu ersetzen, da hiermit in der Regel kein Anspruch auf Heilung mehr erhoben werden kann [7]. Ohnehin sind die operativen Behandlungsmöglichkeiten, die derzeit bei nur knapp 20% der Patienten zu einer 5-Jahres-Heilung führen, besonders im Hinblick auf den alten Patienten mit einem Speiseröhrenkrebs kritisch abzuwägen. Da gerade auch für diese Altersgruppe von Patienten neue Behandlungsansätze, wie z. B. eine präoperative Chemotherapie [8], die in Kombination mit der Operation zu einer Verbesserung der Prognose führen kann, nicht zum Tragen kommen, sollten nichtoperative Palliativmaßnahmen in den Vordergrund treten [9, 10]. Die Laservaporisation des Tumors mit anschließender Afterloading- und externer Strahlentherapie hat sich zu einem effektiven und wenig risikoreichen Vorgehen im Vergleich zur palliativen Tumorresektion eines Ösophaguskarzinoms entwickelt. Dies schließt jedoch nicht aus, daß auch ältere Patienten, die aufgrund ihrer Allgemeinsituation einen operativen Eingriff tolerieren und bei denen eine Metastasierung ausgeschlossen ist, einer Operation zugeführt werden können [6]. Die Prognose dieser Patientengruppe unterscheidet sich nicht von der jüngerer radikal operierter Patienten.

Magenkarzinom

Entgegen der Therapiestrategie beim Speiseröhrenkrebs ist beim Magenkarzinom auch bei Patienten im höheren Lebensalter prinzipiell dem operativen Vorgehen der Vorzug einzuräumen [11, 12]. Dies ergibt sich zum einen aus fehlenden effektiven Behandlungsalternativen bei diesem Tumortyp, zum anderen aber aus einer geringeren Belastung durch die operative Magenkarzinomtherapie. Auch unter Einschluß der postoperativen Letalität sind nach palliativer Tumorresektion beim Magenkarzinom die Behandlungsresultate im Vergleich zu nichtoperativen Maßnahmen günstiger [14]. Während für den jüngeren Patienten mit einem Magenkarzinom (mit Ausnahme des kleinen Tumors im Magenantrum) unter dem Gesichtspunkt der Heilung die Gastrektomie mit systematischer Lymphadenektomie obligat ist, bleibt dies für den älteren Ptienten strittig [15–17]. Im eigenen Krankengut ergaben sich prognostisch für die Gesamtgruppe kurativ resezierter Patienten R_0-Resektion), die älter als 70 Jahre waren, Unterschiede im Überleben im Vergleich zur Gruppe der jüngeren Magenkarzinompatienten. Dieser Unterschied verwischt sich allerdings, wenn in den beiden Altersklassen nur die gastrektomierten Patienten verglichen werden. Möglicherweise spielen auch noch andere Faktoren, wie z. B. die Splenektomie, für die 5-Jahres-Heilungsrate von operierten älteren Magenkarzinompatienten eine Rolle [14]. Die Indikation zur Gastrektomie darf allerdings nicht nur unter dem ausschließlichen Blickwinkel der Prognose und der postoperativen Komplikationsrate gestellt werden, sondern muß auch die unterschiedliche postoperative Morbidität der Eingriffe gerade auch im höheren Lebensalter mitberücksichtigen. Dabei gilt, daß ein kleiner Magenrest nach subtotaler Resektion oder ein ständiger gastroösophagealer Reflux nach Kardiaresektion mit Rekonstruktion durch Ösophagoantrostomie gerade auch für den älteren Patienten gegenüber einer Ersatzmagenbildung nach Gastrektomie funktionell ungünstiger abschneiden kann [18].

Pankreaskarzinom

Bekanntlich sind die operativen Behandlungsmöglichkeiten beim duktalen Pankreaskarzinom schlecht, beim Papillenkarzinom dagegen etwas günstiger [19]. Vor allem beim Pankreaskopfkarzinom kann nur in Einzelfällen durch Duodenopankreatektomie (Whipple-Operation) ein längerfristiges Überleben (mehr als 3 Jahre) erreicht werden. Das Operationsrisiko (um 10–15%) ist dabei allerdings beträchtlich. Somit treten beim alten Patienten palliative operative Verfahren, wie biliodigestive oder gastrojejunale Anastomosen bei Verschlußikterus bzw. Magenausgangsstenose, in den Vordergrund [20]. Inwieweit interventionelle endoskopische oder radiologische Maßnahmen (z. B. perkutane transhepatische Gallenwegsdrainage) Alternativen zum operativen biliodigestiven Bypass darstellen, kann derzeit nicht generell entschieden werden. Ungeachtet dessen wird sich aber beim «biologisch jungen» Alterspatienten die Indikation zur Radikaloperation ergeben, besonders wenn ein Papillenkarzinom vorliegt [21].

Primäre und sekundäre Lebertumoren

Aufgrund der enormen Fortschritte, die während der letzten 10 Jahre in der operativen Behandlung von Lebertumoren gemacht wurden, sind auch resezierende Eingriffe bei älteren Patienten vertretbar geworden. Voraussetzung hierfür ist allerdings eine optimale Patientenselektion, wobei neben den allgemeinen Gesichtspunkten operativer Belastbarkeit vor allem Leberfunktion und -reserve sowie Tumortyp und -lokalisation ihre Rollen spielen [4, 22]. Tumoren, die durch Lebersegmentresektion potentiell kurativ entfernbar sind, stellen eine günstigere Indikation dar als diejenigen, die nur durch Hemihepatektomie zu behandeln sind. Problematisch und risikoreich ist nach wie vor die Resektion bei zirrhotischer Leber. Sie sollte daher in der Alterschirurgie unterbleiben. Eine Lebertransplantation beim alten Tumorpatienten verbietet sich von selbst [23]. Interessant nach eigenen Erfahrungen ist, daß nach operativer Resektion solitärer oder singulärer Lebermetastasen eines kolorektalen Karzinoms die Behandlungsergebnisse für die Altersgruppe von Patienten über bzw. unter 70 Jahren nicht unterschiedlich sind.

Kolorektales Karzinom

Karzinome des Dick- und Mastdarms sind vor allem bei älteren Patienten zunehmend zu beobachten. Wichtig für die Fragestellung der Operationsindikation ist die Feststellung, daß die Prognose der Patienten mit kolorektalem Karzinom im wesentlichen durch das Tumorstadium und dadurch, ob der chirurgische Eingriff notfallmäßig durchgeführt werden mußte, weniger aber durch das Alter der Patienten, beeinflußt wird [24, 25]. Der Anteil notfallmäßiger Eingriffe bei älteren Patienten mit kolorektalem Karzinom ist nicht nur im eigenen Krankengut relativ hoch [3, 26]. Die Prognose dieser Patienten ist bei vergleichbarem Tumorstadium deutlich schlechter als die der elektiv Operierten. Dagegen finden wir auch unter Einbeziehung der postoperativen Letalität keinen Unterschied in der Prognose beim Vergleich elektiv operierter jüngerer bzw. älterer Kolon- oder Rektumkarzinompatienten. Hieraus ergibt sich, daß auch bei hochbetagten Patienten mit anamnestischem oder klinischem Hinweis auf ein kolorektales Karzinom eine rasche Abklärung erfolgen sollte, um Tumorkomplikationen, wie Ileus oder Perforation, zu vermeiden. Nur so ist es möglich, vor allem den älteren Patienten mit bestehenden Begleiterkrankungen ausreichend auf den operativen Eingriff vorzubereiten. Prinzipiell sollten hierbei die Regeln der Karzinomchirurgie eingehalten werden, um bei vertretbarem Operationsrisiko die Chancen einer kurativen Therapie voll zu nützen [24, 25]. Allerdings sollte beim älteren Patienten versucht werden, die hier unter Versorgungsaspekten besonders belastende Kolostomie zu vermeiden. Eine Einschränkung der Radikalität, besonders bei kleinen, gut differenzierten Tumoren im distalen Rektumdrittel, erscheint hier gerechtfertigt [20]. Durch eine exaktere präoperative Stadieneinteilung solcher Tumoren mittels endorektaler Sonographie [27] wird die Differentialindikation abdominoperineale Exstirpation mit definitivem Anus praeter versus lokale Exzision unter Sphinktererhaltung wesentlich erleichtert. Aber auch eine passagere Enterostomie als Anastomosenschutz nach resezierendem Eingriff am Kolon oder Rektum im Sinne eines zweizeitigen Vorgehens kann durch gezielte Darmvorbereitung oft vermieden werden. Besonders der alte Patient mit einem kolorektalen Karzinom kann mit Golytely-Solution kreislaufschonend auf den Elektiveingriff vorbereitet werden [26]. In der Ileussituation kann das den Patienten belastende dreizeitige operative Vorgehen durch intraoperative Darmlavage meist umgangen werden [28]. Auch als palliative Maßnahme sollte beim kolorektalen Karzinom – und dies nicht nur beim älteren Patienten – eine Anus-praeter-Anlage möglichst vermieden werden [29]. Die Resektion stellt auch hier die beste Palliation dar. Ist diese nicht möglich, bleibt bei proximal der peritonealen Umschlagsfalte gelegenen inoperablen Tumoren die Umgehungsanastomose die Behandlungsmethode der Wahl. Auch die Möglichkeit nichtresezierender lokaler Therapie von inkurablen Rektumkarzinomen, wie Kryotherapie, Laservaporisation, Elektrokauterisation und intrakavitäre Radiation, sind vielfältig geworden [30]. Ihr wiederholter Einsatz, ebenso wie eine mehrfache lokale Nachresektion, sind gerade beim alten Patienten unter palliativen Gesichtspunkten einer Kolostomie vorzuziehen.

Tumornachsorge beim älteren Patienten

Die Möglichkeiten einer kurativen Sekundärtherapie nach radikaler Tumorchirurgie sind mit Ausnahme des Anastomosenrezidivs oder der sogenannten solitären Lebermetastase eines kolorektalen Karzinoms bei gastrointestinalen Karzinomen äußerst eingeschränkt [31]. Unter diesen Gesichtspunkten sollte vor allem bei älteren Patienten die Nachsorge weniger auf eine frühzeitige, d. h. asymptomatische, Rezidivdiagnostik ausgerichtet sein, da sie in der Regel zu keiner therapeutischen Konsequenz führen kann [32, 33]. Eine postoperative Chemotherapie oder Strahlenbehandlung bei älteren Patienten ist – wenn überhaupt – nur beim symptomatischen Tumorrezidiv oder bei der Tumormetastasierung eines gastrointestinalen Karzinoms in Erwägung zu ziehen. Tumornachsorge beim älteren Patienten sollte sich daher vor allem auf die Behebung von Beschwerden, die Folgen operativer

Tumortherapie oder eines Fortschreitens der Tumorerkrankung sein können, beziehen. Eine individuelle Betreuung und Mitsorge hat hier der immer noch zu häufig anzutreffenden Schematisierung der Nachsorge Platz zu machen [34].

Literatur

1 Probst M, Ungeheuer E: Die Karzinomchirurgie im höheren Lebensalter. Z Gerontol 1985;18:149–153.
2 Lorenz W: Risikoforschung – nicht Risikolehre. Langenbecks Arch Chir 1983;361:241.
3 Schlag P: Der onkologische Notfall-Aspekt operativer Therapie bei gastrointestinalen Karzinomen; in Nagel GA, Sauer R, Schreiber HW, Isele H (Hrsg): Aktuelle Onkologie. München, Zuckschwerdt, vol. 36, 1987, pp 76–80.
4 Earlam R, Cunha-Melo JR: Oesophageal squamous cell carcinoma. I. A critical review of surgery. Br J Surg 1980;67:381–390.
5 Konder H, Pönitz-Pohl E, Röher HD: Risikoeinschätzung und Vorbehandlung bei Ösophaguskarzinom-Patienten. Anästhesiol Intensivther Notfallmed 1988;23:9–13.
6 Sugimachi K, Inokuchi K, Ueo H, Matsuura H, Matsuzaki K, Mori M: Surgical treatment for carcinoma of the esophagus in the elderly patient. Surg Gynecol Obstet 1985;160:317–319.
7 Röher HD, Linn RM, Stahlknecht CD, Thon K: Zur operativen Verfahrenswahl beim Oesophaguscarcinom. Chirurg 1988;59:582–586.
8 Schlag P, Herrmann R, Raeth U, Lehner B, Schwarz V, Herfarth Ch: Präoperative Chemotherapie beim Oesophagus-Carcinom: Vorteile oder Gefahr für den chirurgischen Eingriff? Kongreßbericht. Langenbecks Arch Chir 1987;372:155–160.
9 Böttger T, Ungeheuer E, Rösch W: Ösophagus- und Kardiakarzinome – Problematik der palliativen Behandlung. Dtsch Ärzteblatt 1986;46:3185–3190.
10 Siewert JR, Ries G, Fink U: Palliative Behandlung des Ösophaguskarzinoms. Münch Med Wochenschr 1984;126:438–443.
11 Oohara T, Johjima Y, Yamamoto O, Tohma H, Kondo Y: Gastric cancer in patients above 70 years of age. World J Surg 1984;8:315–320.
12 Roukos D, Hottenrott C, Lorenz M: Therapie des Magenkarzinoms beim älteren Menschen. Schweiz Med Wochenschr 1988;118:780–782.
13 Ezaki T, Yukaya H, Ogawa Y: Evaluation of hepatic resection for hepatocellulcar carcinoma in the elderly. Br J Surg 1987;74:471–473.
14 Bittner R, Butters M, Schirrow H, Krautzberger W, Beger HG: Gastrektomie im hohen Lebensalter? Langenbecks Arch Chir 1984;362:77–87.
15 Gennari L, Bozzetti F, Bonfanti G, Morabito A, Bufalino R, Doci R, Andreola S: Subtotal versus total gastrectomy for cancer of the lower two-thirds of the stomach: A new approach to an old problem. Br J Surg 1986;73:534–538.
16 Saario I, Salo J, Lempinen M, Kivilaakso E: Total and near-total gastrectomy for gastric cancer in patients over 70 years of age. Am J Surg 1987;154:269–270.
17 Svartholm E, Larsson SA, Haglund U: Total gastrectomy in the elderly patient. Acta Chir Scand 1987;153:677–680.

18 Schlag P, Buhl K, Wysocki S, Schwarz R, Herfarth Ch: Nutritional consequences of total gastrectomy: Esophagojejunostomy vs. jejunum pouch as reconstructive procedures. Nutrition 1988;4:235–238.
19 Schlag P, Hohenberger P, Herfarth Ch: Lebensverlängernder Effekt durch chirurgische Therapie bei gastrointestinalen Malignomen. Lebensversicherungsmedizin 1987;4:102–106.
20 Schlag P. Cancer surgery – conservative or radical?; in Beger HG, et al (eds): Cancer Therapy. Berlin, Springer, 1989, pp 154–162.
21 Kairaluoma MI, Kiviniemi H, Stahlberg M: Pancreatic resection for carcinoma of the pancreas and the periampullary region in patients over 70 years of age. Br J Surg 1987;74:116–118.
22 Yanaga K, Kanematsu T, Takenaka K, Matsumata T, Yoshida Y, Sugimachi K: Hepatic resection for hepatocellular carcinoma in elderly patients. Am J Surg 1988;155:238–241.
23 Pichlmayr R: Indikation zur Lebertransplantation. Dtsch Med Wochenschr 1987;112:20–22
24 Hobler KE: Colon surgery for cancer in the very elderly. Cost and 3-year survival. Ann Surg 1986;203:129–131.
25 Lewis AAM, Khoury GA: Resection for colorectal cancer in the very old: Are the risks too high? Br Med J 1988;296:459–461.
26 Wagner HE, Aebi U, Barbier PA: Das kolorektale Karzinom im hohen Alter. Schweiz Med Wochenschr 1987;117:1571–1576.
27 Hildebrandt U, Feifel G: Endosonographie des Rektums: Indikation und Konsequenzen. Endoskopie heute 1988;3:13–14.
28 Hohenberger W, Mewes R, Köckerling F, Gall FP: Perforationen an Dünn- und Dickdarm. Chirurg 1987;58:561–570.
29 Schlag P, Herrmann R, Kuttig H: Palliative Maßnahmen bei Kolon- und Rektumkarzinom. Münch Med Wochenschr 1984;126:454–458.
30 Schumpelick V, Truong S, Kupczyk-Joeris D: Stellenwert der Kryo-, Elektro- und Laser-Therapie beim Rectumcarcinom. Chirurg 1988;59:639–646.
31 Herfarth Ch, Schlag P, Hohenberger P: Surgical strategies in locoregional recurrences of gastrointestnal carcinoma. World J Surg 1987;11:504–510.
32 Joss R, Metzger U, Brunner KW: Nachkontrollen beim kurativ behandelten Krebspatienten. Zweck, Durchführung, Dauer? Schweiz Med Wochenschr 1985;115:714–721.
33 Schlag P. Tumornachsorge aus chirurgischer Sicht. Münch Med Wochenschr 1979;121:931–932.
34 Illiger HJ: Sinn und Unsinn der Tumornachsorge. Münch Med Wochenschr 1988;130:509–513.

Prof. Dr. med. P. M. Schlag, Direktor der Chirurgischen Abteilung der
Robert-Rössle-Klinik für Onkologie des Universitätsklinikums Rudolf Virchow,
Lindenbergerweg 80, D-13122 Berlin (BRD)

Palliative Therapiekonzepte bei alten Patienten mit fortgeschrittenen urologischen Malignomen

R. Tschada, G. Mickisch, J. Rassweiler, D. Potempa

Urologische Klinik am Klinikum der Stadt Mannheim, Fakultät für Klinische Medizin der Universität Heidelberg, Mannheim, BRD

Nierenzellkarzinom, Urothelkarzinom des oberen und unteren Harntraktes und Prostatakarzinom sind Tumoren, deren Inzidenzgipfel jenseits des 60. Lebensjahres liegt. Etwa die Hälfte der betroffenen Patienten sind älter als 70 Jahre, etwa ein Fünftel älter als 80 Jahre. Etwa ein Drittel der Patienten mit Nierenzellkarzinom weisen bei der Diagnosestellung bereits lymphogene und/oder hämatogene Metastasen auf. Bei einem weiteren Drittel kommt es im Verlauf der Nachsorge nach primärer chirurgischer Therapie zur Progression des Tumors. Etwa 40 % der Patienten mit Urothelkarzinomen befinden sich bei der Diagnosestellung bereits in einem fortgeschrittenen, lokal inkurablen Tumorstadium. Beim Prostatakarzinom liegt bei über 60 % der Fälle bei der Erstdiagnose bereits eine Lymphknoten- oder Fernmetastasierung vor. Somit steht vor allem der Urologe alten Tumorpatienten mit bereits fortgeschrittener Erkrankung gegenüber [1–6].

Beim lokal fortgeschrittenen, aber nicht metastasierten *Nierenzellkarzinom* ist auch bei alten Patienten die Tumornephrektomie anzustreben. Nach entsprechender präoperativer Diagnostik, die das individuelle Operations- und Narkoserisiko objektiviert und so eine optimierte Narkose- und Operationstechnik zuläßt, war die Tumornephrektomie innerhalb unseres eigenen Krankengutes bei 90 % der über 70jährigen und bei 60 % der über 80jährigen durchführbar. Verglichen mit jüngeren Patienten waren die postoperative Komplikationsrate

(4 %) und die peri- und postoperative Letalität (< 1 %) nicht wesentlich erhöht [7].

Bei nicht operationsfähigen Patienten steht seit kurzer Zeit am Klinikum Mannheim die selektive kapilläre Chemoembolisation zur Verfügung [8]: Nach transfemoraler Katheterisierung der Nierenarterie wird ein Ballonkatheter möglichst selektiv an die tumorversorgenden Arterienäste plaziert. Nach angiographischer Bestimmung des Embolisationsvolumens wird die der Tumorgröße entsprechende Embolisatmenge injiziert. Das Embolisat setzt sich zusammen aus Etibloc®, einer speziell für die Nierenembolisation entwickelten Substanz, und aus Mitomycin C, einem auch im hypoxisch-sauren Milieu wirksamen Zytostatikum. Tierexperimentelle Studien konnten zeigen, daß dieses Verfahren der alleinigen Chemoperfusion und der alleinigen Embolisation deutlich überlegen ist. Erste klinische Ergebnisse beim Menschen bestätigen die gute Wirksamkeit der Methode. In den meisten Fällen kann eine komplette Tumornekrose erreicht werden. Das Verfahren kann auch bei gut vaskularisierten Nierenzellkarzinommetastasen eingesetzt werden (Abb. 1a–e).

Auch beim primär metastasierten Nierenzellkarzinom ist die Tumornephrektomie – unabhängig vom Alter des Patienten – ein sinnvolles Konzept: In einigen Fällen wird nach der Entfernung des Primärtumors eine Regression der Metastasen beobachtet. Außerdem kann aus autologem Tumormaterial eine aktive spezifische Immunvakzine hergestellt und eingesetzt werden.Hierzu wird aus dem Tumorgewebe eine Einzelzellsuspension (10^7 Zellen/ml) hergestellt. Nach Inaktivierung durch Bestrahlung und Mischung mit einem unspezifischen Stimulans wird die Vakzine dem Patienten intrakutan verabreicht. Ein Impfzyklus umfaßt 4 Injektionen von 0,5 ml Vakzine an den Tagen 0, 15, 30 und 60. Abhängig von der Menge der zur Verfügung stehenden Vakzine kann der Zyklus mehrfach wiederholt werden [9].

Remissionen treten unter der Behandlung nur selten auf. Bei bis zu 50 % der Fälle kann ein Stillstand der Erkrankung für die Dauer von 6 bis 12 Monaten erreicht werden. Die Vakzination ist nebenwirkungsfrei, so daß dieses Konzept vor allem beim älteren Patienten eine wenig belastende Alternative darstellt. Die autologe Vakzine kann ebenso beim sekundär im Verlaufe der Nachsorge metastasierten Nierenzellkarzinom angewandt werden. In der urologischen Klinik am Klinikum Mannheim wird deshalb bei allen Patienten mit Nierenzell-

a

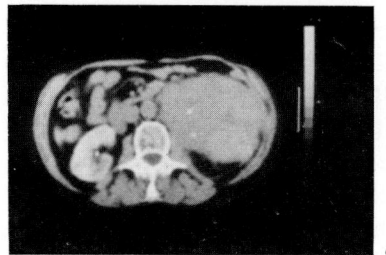

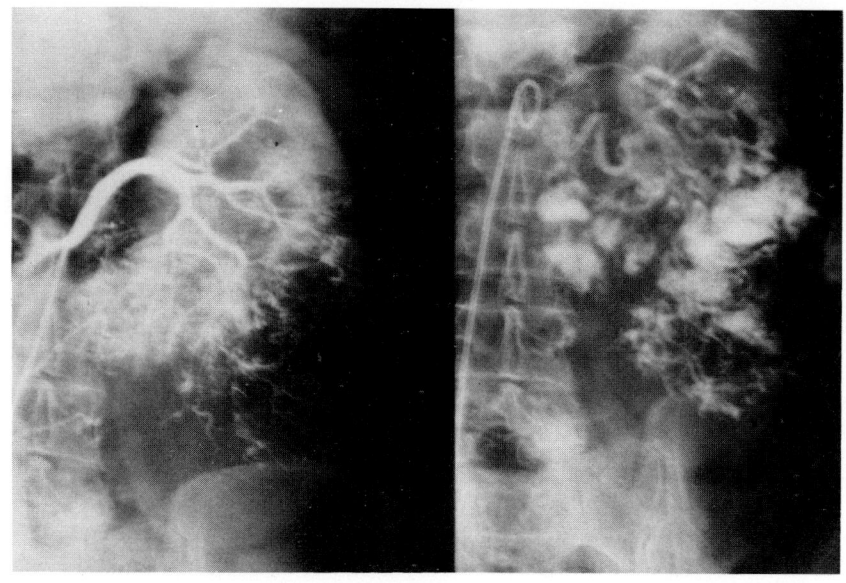

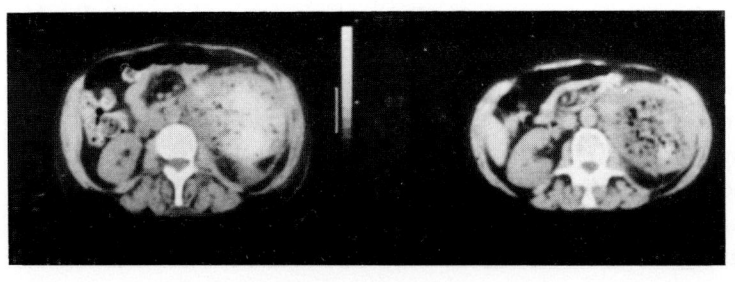

b, c

d, e

karzinom eine Vakzine hergestellt, die dann bei Bedarf verabreicht werden kann. Neben der Vakzination besitzt die chirurgische Entfernung solitärer Metastasen beim Nierenzellkarzinom einen hohen Stellenwert. Aus dem Tumorgewebe kann dann erneut Vakzine hergestellt und dem Patienten verabreicht werden [10–12].

Ein weiteres immunologisches Therapiekonzept beim metastasierten Nierenzellkarzinom stellt die Gabe von Interferon oder von Interferon/Vinblastin dar. Aufgrund erheblicher Nebenwirkungen, wie Fieber, Abgeschlagenheit und Gewichtsabnahme, erweist sich dieses Konzept beim alten Patienten oft als nicht praktikabel. Verglichen mit der Vakzination sind die Erfolge nicht besser, so daß die Interferontherapie erst in zweiter Linie bei Versagen der Vakzination eingesetzt wird [10, 13].

Außer der Vakzination und der Interferonbehandlung stehen derzeit keine wirksamen Therapiekonzepte zur Verfügung. Bei Versagen dieser Maßnahmen kann mit wenig Aussicht auf Erfolg eine Weiterbehandlung mit Gestagenen oder Anabolika erfolgen. Die Indikation zu dieser Behandlung besteht vor allem darin, dem Todkranken das Gefühl zu vermitteln, daß eine Tumortherapie weiterhin erfolgt. Für die Auswahl des Präparates empfiehlt sich Depostat®. Diese Substanz ist gegenüber anderen Präparaten deutlich kostengünstiger. Sie wird in wöchentlichem Abstand intramuskulär verabreicht. Beim Auftreten symptomatischer Knochenmetastasen hat sich die palliative Bestrahlung bewährt [7].

Vor allem beim *Urothelkarzinom* des oberen und unteren Harntraktes sind vorwiegend ältere Patienten betroffen. Das Häufigkeitsmaximum liegt hier jenseits des 70. Lebensjahres. Als Erstmaßnahme erfolgt eine transurethrale Tumorresektion. Der Eingriff kann im allgemeinen in Spinal- oder Periduralanästhesie durchgeführt werden. Die histologische Untersuchung des Tumormaterials entscheidet über das

---

Abb. 1. a Computertomographie: Großer linksseitiger Nierentumor bei einem 81jährigen Patienten. *b* Transfemorale Angiographie vor der Chemoembolisation. *c* Kontrolle nach selektiver Chemoembolisation der Tumorgefäße mit Ethibloc®/Mitomycin C. *c* Computertomographie nach 1 Woche: Beginnende Tumornekrose mit wenigen Lufteinschlüssen. *e* Computertomographie nach 4 Wochen: Fortgeschrittene Tumornekrose mit vielen Lufteinschlüssen.

weitere Vorgehen: Beim oberflächlichen Tumor hat sich auch beim alten Menschen die topische Zytostase mit Mitomycin C gut bewährt. Die Nebenwirkungsrate dieser Therapie ist gering. Schwere Zystitiden werden bei weniger als 5 % der Fälle beobachtet (eigenes Krankengut). Als problematisch hat sich dagegen die lokale Immuntherapie mit BCG-Impfstoff erwiesen. Hier treten bei bis zu 90 % der Fälle schwere Zystitiden auf und zwingen meist zum Therapieabbruch [4, 14].

Beim fortgeschrittenen muskelinvasiven Blasentumor ist auch beim älteren Patienten eine Zystektomie durchführbar. Wie beim Nierenzellkarzinom liegt die postoperative Komplikations- und Letalitätsrate nicht wesentlich über derjenigen eines jüngeren Kollektivs. Zur Harnableitung nach erfolgter Zystektomie bietet sich als einfache und schnelle Lösung das Ileumconduit oder die Harnleiter-Darm-Implantation an. Aufwendigere Verfahren, wie Ileum-sigma- oder Mainz-Pouch, kommen beim alten Patienten weniger in Betracht [15, 16].

Bei nicht gegebener Narkosefähigkeit, bei lokaler Inoperabilität des Tumors und vor allem auch vor einer geplanten Operation zur Verbesserung der Ausgangssituation hat sich auch bei alten Patienten die Polychemotherapie nach dem MVEC-Schema (Methotrexat, Vinblastin, Epidoxorubicin, Cisplatin) gut bewährt. Die Behandlung wird in den meisten Fällen problemlos toleriert. Die Remissionsraten liegen im eigenen Krankengut bei über 50 %. In vielen Fällen ist nach Chemotherapie im Zystektomiepräparat histologisch kein Tumor mehr nachweisbar [17, 18].

Für diejenigen Patienten, die keiner Operation zugeführt werden können und deren Tumor auch nicht ausreichend auf die Chemotherapie anspricht, steht der Nd:YAG-Laser zur Verfügung: Der Tumor wird entweder prophylaktisch oder bei Auftreten einer akuten Makrohämaturie via Zystoskop mit Laserlicht bestrahlt. Aufgrund der lokkeren Architektonik des Tumorgewebes ist die Eindringtiefe des Laserlichts hier wesentlich besser (bis zu 10 mm) als im nicht tumorbefallenen Gewebe (etwa 1 mm). Es kann so eine Koagulationsnekrose größerer Tumorteile erreicht werden, ohne daß Komplikationen, wie Blasenperforation und Blutung, zu befürchten sind. Die Laserbehandlung kann auch in Analgosedierung durchgeführt werden [19].

Bei schweren unstillbaren Makrohämaturien hat sich die Blasenspülung mit Hämalaunlösung der Formalininstallation überlegen gezeigt. Eine toxische Einschwemmung findet bei Einsatz von Hämalaun nicht statt. Eine Periduralanästhesie ist hier ebenfalls nicht erforderlich.

Mit dem breiteren Einsatz des Lasers werden solche Maßnahmen nur noch selten erforderlich [20].

Das *Prostatakarzinom* wird auch beim älteren Patienten stadienorientiert behandelt. Abhängig vom Allgemeinzustand ist bei lokalem Tumor eine radikale Prostatovesikulektomie nicht unbedingt kontraindiziert. Aufgrund der ebenfalls guten Langzeitergebnisse der perkutanen oder lokalen (ultraschallgesteuerte Jod-Seed-Implantation) Radiatio sind diese Konzepte vor allem für den alten Patienten nebenwirkungsarme Alternativen. Beim metastasierten Prostatakarzinom hat sich die hormonablative Therapie bewährt. Im Prinzip bleibt der Therapieerfolg von der Art des Hormonentzugs unbeeinflußt. Die medikamentöse Testosteronausschaltung ist allerdings bei alten Patienten nicht selten wegen fehlender Compliance problematisch. Am effektivsten ist hier die plastische Orchiektomie in Verbindung mit einer Androgenblockade durch Flutamid. Die alleinige Orchiektomie zeigt bei geringerer Nebenwirkungsrate nur wenig schlechtere Ergebnisse [3, 21].

Kommt es zur Hormonresistenz des Tumors, bestehen nur wenige Alternativen: Estramustinphosphat (Estrazyt®) zeigt bei geringer Nebenwirkungsrate eine Ansprechrate von nur 30 % und weniger. Der Effekt hält durchschnittlich etwa 6 Monate an. Mono- oder Polychemotherapie haben keinen Einfluß auf die Überlebenszeit, senken aber den Tumorschmerz und verbessern so die Lebensqualität des betroffenen Patienten. Aus diesen ungünstigen Perspektiven bei Hormonresistenz des Prostatakarzinoms und aufgrund der Belastung durch eine längerfristige zytostatische Therapie leitet sich für die betroffenen Patienten ein Therapiekonzept ab, das sich in allererster Linie am subjektiven Befinden orientiert. Solange keine Schmerzen auftreten und die Lebensqualität des Patienten nicht wesentlich beeinträchtigt ist, besteht keine zwingende Veranlassung zur Änderung der Therapie, auch wenn klinische Parameter, wie Knochenscan, Prostataphosphatasen und PSA-Konzentration auf einen Tumorfortschritt hinweisen. So läßt sich gerade beim alten Prostatakarzinompatienten aufgrund der langsamen Wachstumsgeschwindigkeit des Tumors ein längerer Zeitraum überbrücken. Kommt es dann zu subjektiven Beschwerden, stehen noch wirksame Alternativen zur Verfügung. Wurden diese Maßnahmen aber verfrüht eingesetzt, so ist der Patient durch die Zytostase und ihre Nebenwirkungen mehr belastet und in seiner Lebensqualität eingeschränkt, als dies bei Beibehaltung des früheren Therapieregimes der Fall gewesen wäre. Kommt es dann erneut zur Progression, stehen außer der Analgesie kaum Alternativen zur Verfügung [12, 22, 23].

Sofern isolierte Metastasenschmerzen, z. B. in bestimmten Skelettregionen, bestehen, kann durch eine palliative Radiatio vorübergehend Linderung der Beschwerden erreicht werden. Bei osteoklastischer Metastasierung, die beim Prostatakarzinom nur bei etwa 20 % der Fälle vorliegt, haben sich Clodronsäure (Ostac®) und ähnliche Substanzen als wirksam erwiesen [23].

Vor allem beim fortgeschrittenen Blasen- und Prostatakarzinom steht der Urologe häufig vor der Entscheidung, eine Urinableitung aus dem oberen Harntrakt durchzuführen. Ziel dieser Maßnahme ist entweder die Verbesserung der Lebensqualität durch Ausschaltung der Blase oder die Erhaltung der Nierenfunktion. Im letzteren Fall muß genau überlegt werden, ob dem Patienten nicht besser ein sanfter Tod in der Urämie zugestanden wird, anstatt eine Harnableitung mit der Konsequenz der Leidensverlängerung durchzuführen [24].

Zur Verfügung stehen zwei minimal-invasive Verfahren: Bei der internen Urinableitung wird der Harnleiter über die Obstruktion hinweg mit einem versenkten Splint geschient. Dieses Verfahren kann vor allem beim Blasenkarzinom nur bedingt eingesetzt werden, da häufig das Harnleiterostium durch Tumorwachstum verlegt ist und ohnehin meist erhebliche Miktionsbeschwerden bestehen. Außerdem führt die interne Ableitung beim chronisch gestauten oberen Harntrakt in vielen Fällen zu keiner ausreichenden Urindrainage [25, 26] (Abb. 2a–c).

Bewährt hat sich hier die ultraschallgesteuerte perkutane Nephrostomie. Nachteil dieses Verfahrens ist die Notwendigkeit eines externen Urinauffangsystems, wodurch vor allem alte Patienten erheblich in ihrer Lebensqualität eingeschränkt werden. Eine Alternative bietet hier die antegrade Harnleitersplintung: Von einem perkutanen Zugang aus wird der Harnleiter zunächst mit einem Draht passiert. Über diesen wird dann ein Katheter von der Flanke in die Niere und weiter bis zur Blase eingelegt. Die Urindrainage kann entweder extern, oder nach Abstöpseln des Katheters auch intern erfolgen, was dem Patienten ein Urinauffangsystem erspart. Der Katheter ist im Gegensatz zum versenkten Splint jederzeit zugänglich und spülbar und kann von der Flanke aus gewechselt werden, ohne daß eine für den Patienten unangenehme Zystoskopie notwendig wird [24] (Abb. 3).

Beim fortgeschrittenen Blasenkarzinom kommt es nicht selten zu schweren Algurien und Dysurien. Eine Alternative bietet hier die völ-

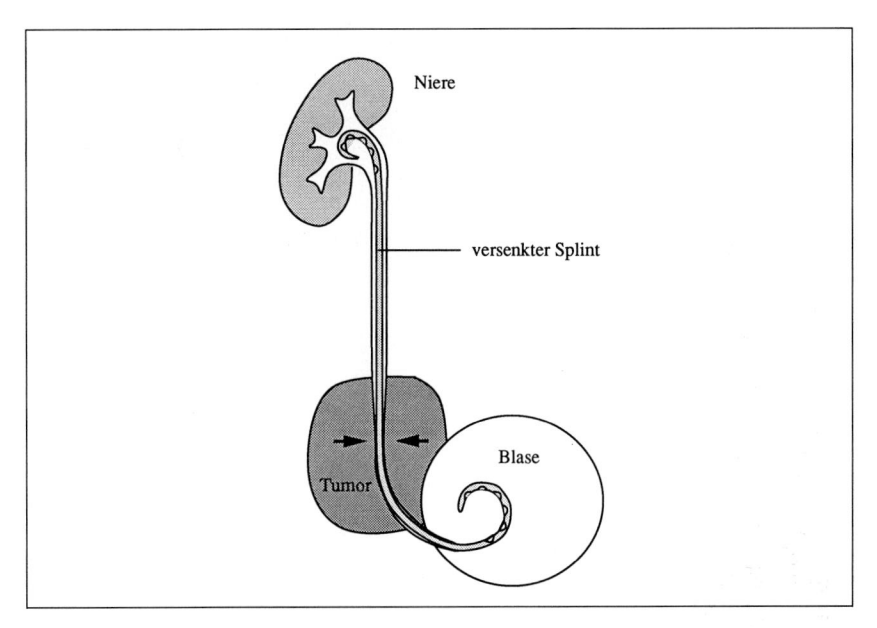

Palliative Therapie des alten urologischen Tumorpatienten

Abb. 2. *a* Interne Urinableitung durch versenkten Harnleitersplint.

lige Ausschaltung der Blase durch unilaterale perkutane Ableitung, gegebenenfalls mit gleichzeitiger antegrader Harnleiterokklusion und Embolisation der kontralateralen Niere. Im Vergleich zum vorherigen Zustand ist die Lebensqualität des Patienten trotz des externen Urinauffangsystems wesentlich gebessert [24].

Zusammenfassend stehen mit der Chemoembolisation, autologen Vakzination und anderen Maßnahmen beim Nierenzellkarzinom, mit der Lasertherapie, Zytostase, gegebenenfalls Zystektomie, dem Hormonentzug und der minimal invasiven Harnableitung beim Blasen- und Prostatakarzinom nebenwirkungsarme Therapiekonzepte zur Verfügung, die auch beim alten Patienten mit fortgeschrittener Erkrankung mit Erfolg eingesetzt werden können und vor allem die Lebensqualität deutlich verbessern.

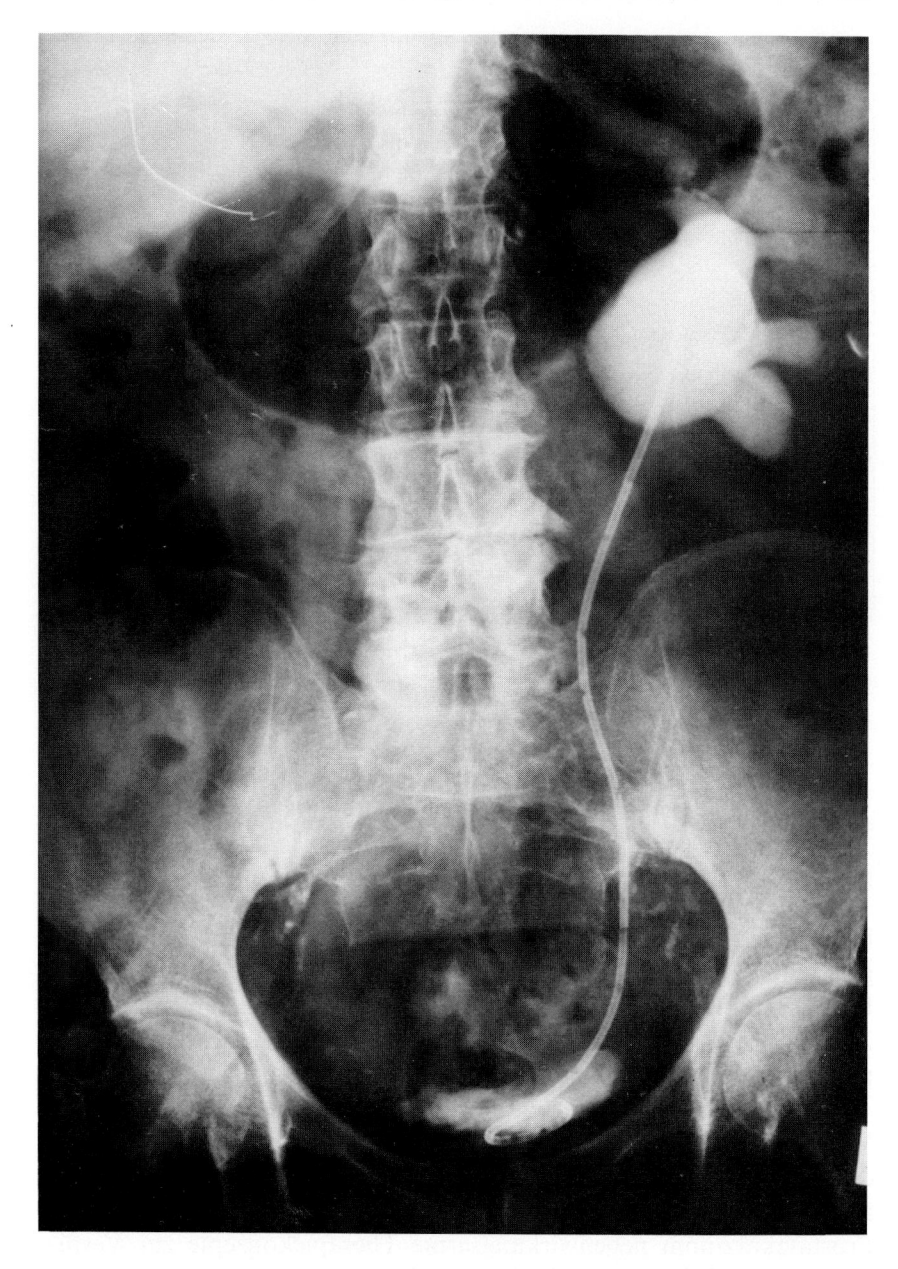

Abb. 2. *b* Unzureichende Urindrainage bei interner Ableitung.

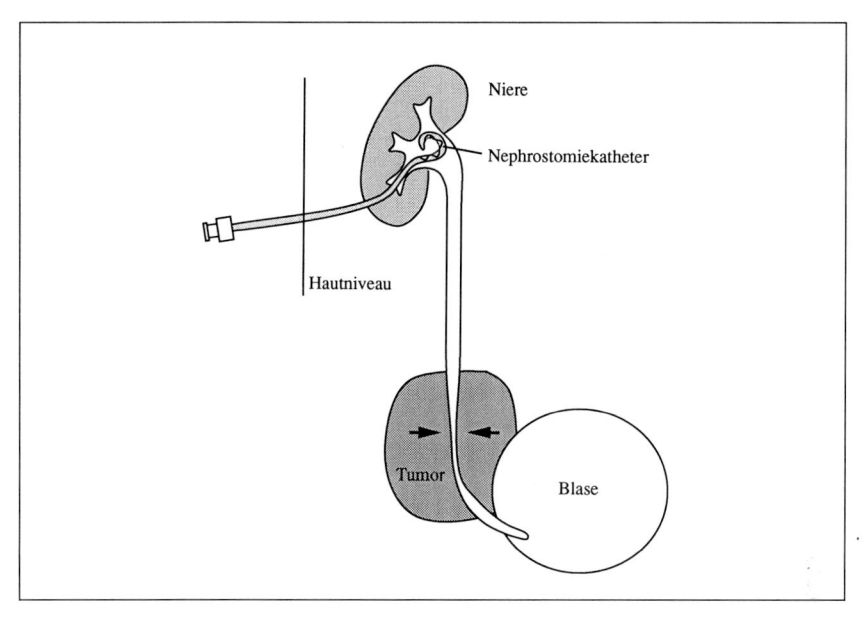

Palliative Therapie des alten urologischen Tumorpatienten 163

Abb. 2. c Urinableitung durch perkutane Nephrostomie.

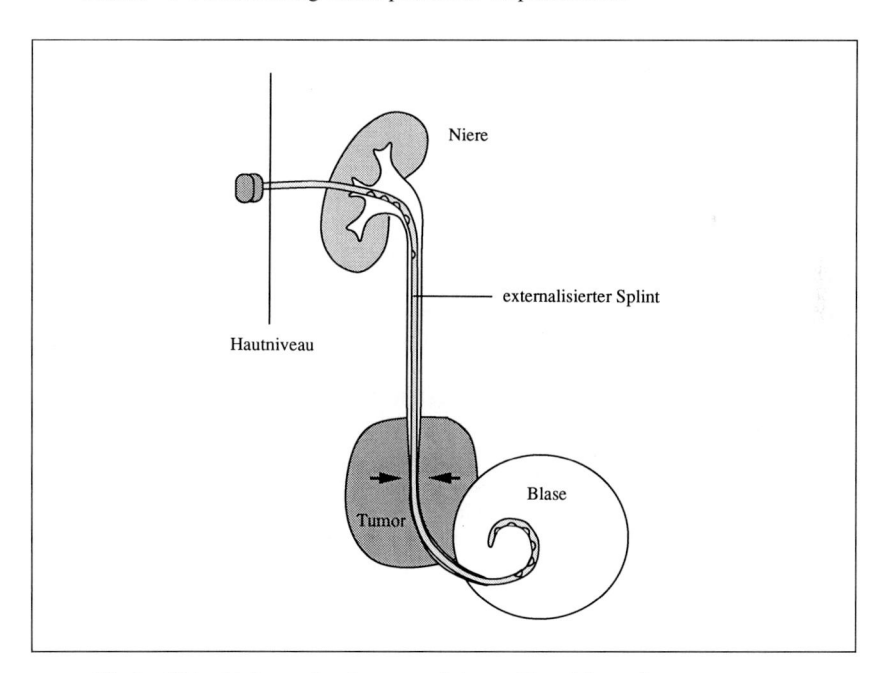

Abb. 3. Urinableitung durch externalisierten Harnleitersplint.

Literatur

1 Blackhard CE: The Veterans Administration Cooperative Urological Research Group Study of the Prostate: A Review. Cancer Chemother 1985;59:225–227.
2 Chodack GW, Neumann J, Blitz G, Sutton H, Farah R: Effect of external beam radiation therapy on serum prostate-specific antigen. Urology 1990;35:288–294.
3 Debruyne FMJ, Denis L, Lunglmayer G: Long-term therapy with a depot LHRH analogue (Goserelin Depot) in patients with advanced prostatic carcinoma. J Urol 1988;140:775–777.
4 Lenz E, Teuring F: Prognoserelevante Faktoren beim Harnblasenkarzinom: Eine retrospektive Studie an einem umfangreichen Obduktionsgut. Aktuel Urol 1987;18:251–254.
5 Patel NP, Lavengood RW: Renal cell carcinoma: Natural history and results of treatment. J Urol 1978;119:722–726.
6 Wernert N, Goebbels R, Dhom G: Malignitätsgrad und klinisches Stadium T_0–T_3 beim Prostatakarzinom. Urologe [A] 1986;25:55–58.
7 Reese JH: Renal cell carcinoma. Curr Opin Oncol 1991;3:537–544.
8 Rassweiler J, Tschada R, Richter G, Wipfler G, Kaufmann G, Alken P: Pharmakokinetische Basis und experimentelle Ergebnisse an einem neuen Nierentumormodell der Ratte. Z Urologie Poster 1991;4:215–218.
9 Hrushesky WJ, Murphy GJ: Current status of the therapy of advanced renal carcinoma. J Surg Oncol 1977;9:277–288.
10 Heicappell R, Ackermann R: Rationale for immunotherapy of renal cell carcinoma. Urol Res 1990;18:357–372.
11 McCune CS, O'Donnell RW, Marquis DM, Sahasrabudhe DM: Renal cell carcinoma treated by vaccines for active specific immunotherapy: Correlation of survival with skin testing by autologous tumor cells. Cancer Immunol Immunother 1990;32:62–66.
12 Peeling WB, Ryan PG, Jones DR: Clinical aspects of diagnosis and monitoring of prostatic cancer. Horm Res 1989;32(suppl 1):50–54.
13 Wirth M: The value of interferons, interleukin-2 and tumor necrosis factor in the therapy of renal cell cancer. Urologe [A] 1991;30:77–80.
14 Hath U: Die Effektivität einer differenzierten Langzeitchemoprophylaxe mit Mitomycin C beim oberflächlichen Harnblasenkarzinom. Diss Katharinenhospital Stuttgart 1991.
15 Allen TD, Shapiro E, Althausen AF, McLoughlin MG, Snyder HM III, Hautmann RE, Rowland RG: Urinary diversion; in Marshall FF (ed): Operative Urology. Philadelphia, Saunders 1990, pp 197–244.
16 Wishnow KI, Tenney DM: Will Rogers and the results of radical cystectomy for invasive bladder cancer. Urol Clin North Am 1991;18:529–538.
17 Igawa M, Ueki T, Ueda M, Okada K, Usui T, Ohnishi Y, Nakatsu H, Kume T, Kodama M, Masu C: M-VAC chemotherapy for patients with lymph node metastases and/or locally advanced bladder carcinoma. Hinyokika Kio 1989;35:1323–1327.
18 Veronesi A, Dal-Bo V, Morassut S, Merlo A, Carmignani G, Lo-Re G, Carbone A, Magri MD, Talamini R, Francini M: Presurgery chemotherapy in locally

advanced bladder carcinoma: a feasible and possible effective approach. Med Oncol Tumor Pharmacother 1989;6:179–182.
19 Stein BS: Laser physics and tissue interaction. Urol Clin North Am 1986;13:365–380.
20 Eschenbach AC: The neodymium-ytrium aluminum garnet (Nd:YAG) laser in urology. Urol Clin North Am 1986;13:381–392.
21 Parmar H, Edwards L, Philips RH: Orchiectomy versus long-acting D-Trp-6-LHRH in advanced prostatic cancer. Br J Urol 1987;59:248–254.
22 Schulze H, Isaacs JT, Senge T: Neuere Aspekte zur Pathogenese und Therapie des Prostatakarzinoms. Urologe [A] 1988;27:105–110.
23 Staehler G, Fabricius PG: Das Prostatakarzinom – Diagnostik und Therapie. Berlin, Springer 1990.
24 Tschada RK, Alken P: Percutaneous management of ureteral strictures and fistulas; in Marshall FF (ed): Operative Urology. Philadelphia, Saunders, 1990, pp 586–594.
25 Sasagawa I, Nakada T, Akiya T, Umeda K, Sakamoto M, Katayama T: Use of indwelling double-courved ureteral stents and problems after stenting. Eur Urol 1987;13:176–179.
26 Tschada R, Mickisch G, Rassweiler J, Knebel L, Alken P: Success and failure with double J ureteral stent. An analysis of 107 cases. J Urol (Paris) 1991;97:93–97.

Priv.-Doz. Dr. med. R. Tschada, Klinikum der Stadt Mannheim,
Fakultät für Klinische Medizin der Universität Heidelberg, Urologische Klinik,
Postfach 10 00 23, D-68135 Mannheim (BRD)

Zytostatische Chemotherapie im höheren Lebensalter[1]

H. Sauer

Medizinische Klinik III, Klinikum Großhadern,
Ludwig-Maximilians-Universität, München, BRD

Obwohl höheres Lebensalter nicht als besonderes Risiko einer zytostatischen Chemotherapie anzusehen ist, werden Patienten über 65 Jahren in wesentlich geringerem Maße zytostatisch behandelt, als es der Häufigkeit von malignen Tumoren in dieser Altersgruppe entsprechen müßte. Vielmehr scheint es, und auch die hier vorgelegten Zahlen eigenen Krankengutes weisen darauf hin, daß die zytostatische Behandlung im Alter ärztlicherseits nicht ausreichend genug geprüft wird.

Hier dürfte ein Umdenken notwendig sein, auch wenn manche Kriterien, aufgrund deren die Indikation zur zytostatischen Therapie gestellt wird, bei älteren Patienten anders als bei jüngeren Patienten gelagert sind.

Nach Angaben des Statistischen Bundesamtes starben in der Bundesrepublik Deutschland im Jahre 1988 169 171 Menschen an einer malignen Erkrankung (84 622 Frauen und 84 549 Männer). Von 1955 bis 1988 hat sich die absolute Anzahl der Krebstodesfälle fast verdoppelt, was auf die häufigeren Krebserkrankungen im fortgeschrittenen Lebensalter bei höherer Lebenserwartung zurückzuführen ist. Die altersbezogene Mortalität hat sich jedoch in diesen Jahren kaum geändert. Damit besteht im wesentlichen keine Zunahme des relativen Krebsrisikos bezogen auf eine definierte Altersklasse [1, 2].

Wenn man die Häufigkeit einiger wichtiger Krebserkrankungen in der Bundesrepublik Deutschland mit den Behandlungsfällen in einer

---

[1] Nachdruck mit Genehmigung des Verlags Springer aus Internist 1991;32:479–485.

internistischen Klinik mit dem Schwerpunkt Onkologie/Hämatologie vergleicht, wird sehr schnell klar, daß es sich bei den behandelten Patienten um eine andere Altersgruppe handelt (Tab. 1). Während etwa die Hälfte der an einer malignen Erkrankung leidenden Patienten älter als 65 Jahre ist, ist diese Altersgruppe bei den internistischen Behandlungsfällen nur mit 18 % vertreten. Das heißt, daß bei den älteren Patienten entweder eine internistische Behandlung nicht notwendig ist bzw. nicht für notwendig erachtet wird, oder daß diese Patienten nicht an ein onkologisch-hämatologisches Zentrum verwiesen werden.

Publizierte Studien zur zytostatischen Chemotherapie stammen häufig aus onkologisch-hämatologischen Zentren. Wenn in diesen die

Tabelle 1. Häufigkeit von Krebserkrankungen in verschiedenen Altersklassen: Unterschiede zwischen erwarteten Inzidenzen und Behandlungsfällen (Medizinische Klinik III, Klinikum Großhadern, Ludwig-Maximilians-Universität München)

ICD Nr.	Bösartige Neubildungen Organ(system)	Geschätzte Häufigkeiten, BRD 1987[1]				Medizinische Klinik III Großhadern Behandlungsfälle 1989			
		<65 Jahre		≥65 Jahre		<65 Jahre		≥65 Jahre	
		n	%	n	%	n	%	n	%
151	Magen	5900	33	12100	67	98	99	1	1
153	Dickdarm	5900	29	14300	71	166	79	45	21
154	Rektum/Anus	5500	34	10500	66	61	85	11	15
162	Bronchien/Lunge	15800	52	14200	48	75	52	68	48
170+171	Sarkome	2000	69	900	31	312	96	14	4
174	Brustdrüse	16300	54	14000	46	270	75	92	25
183	Ovar	4700	67	2300	33	28	60	19	40
186	Hoden	1800	98	<100	2	163	100	0	0
189	Niere	4200	56	3300	44	33	87	5	13
200+202	Maligne Lymphome	2450	50	2450	50	353	74	125	26
201	Morbus Hodgkin	1450	91	150	9	245	99	2	1
204	Lymphatische Leukämien	1600	80	400	20	68	89	8	11
205	Myeloische Leukämien	1300	62	800	38	162	78	46	22
	Gesamt	68900	48	75400	52	2038	82	438	18

[1] Modifiziert nach BGA-Schriften 2/1987 und Krebsregister Baden-Württemberg (1982).

ältere Bevölkerungsgruppe unterrepräsentiert ist, so ist leicht erklärbar, daß diese Altersgruppe in den Studien nicht häufig auftaucht. Anderseits sind die meisten Studien aufgrund der strengen Eingangskriterien auf Patienten unter 65 Jahren beschränkt. Deshalb liegen insgesamt nur spärliche Informationen über die zytostatische Chemotherapie im höheren Lebensalter vor. Dennoch können einige Ratschläge für die Anwendung von Zytostatika auch im höheren Lebensalter gegeben werden, die nachfolgend kurz beschrieben werden [3–14].

Beachtung des Leistungsindex

Verminderte Enzymaktivitäten in einigen Organen führen im Alter zu deren Funktionseinschränkung und damit zu einer geringeren Regenerationsfähigkeit. Unter diesen physiologischen Bedingungen, d. h. ohne hinzukommende Organ- oder Systemerkrankungen, ist das Altern also von einer generellen Minderung der Anpassungsfähigkeit begleitet. Für die Einschätzung der Anpassungsfähigkeit eines Menschen ist

Tabelle 2. Beurteilung der Leistungsfähigkeit nach dem Karnofsky-Index bzw. der WHO-Skala [nach 15]

Karnofsky-Index %	Zustand	WHO-Skala
100	Normalzustand	0
90	Minimale Beschwerden	1
80	Tätigkeit mit Anstrengung	
70	Eingeschränkte Leistungsfähigkeit	2
60	Fremde Hilfe notwendig	
50	Ärztliche Hilfe notwendig	3
40	Dauernd bettlägerig	
30	Krankenhauspflege notwendig	4
20	Behandlung zur Erhaltung des Lebens	
10	Moribund	

nicht so sehr dessen numerisches Alter wichtig, sondern vielmehr seine Leistungsfähigkeit.

Patienten mit einem Leistungsindex [15] zwischen 100 und 80% oder 0–1 (Tab. 2) können einer zytostatischen Chemotherapie zugeführt werden, wenn aufgrund ihrer Erkrankung dazu eine sichere Indikation besteht. Eine relative Indikation besteht bei einem Karnofsky-Index von 70 und 60% bzw. einem WHO-Index von 2. Bei allen älteren Patienten mit einem geringeren Leistungsindex sollte die Indikation zur zytostatischen Chemotherapie nur im Ausnahmefall gestellt werden.

Neben der Nennung des Leistungsindexes ist die Frage nach nichtmalignen Begleiterkrankungen und der Funktion der wichtigsten Organsysteme (Knochenmark, Nieren, Leber, Herz/Kreislauf) zu beantworten. D. h. es müssen alle Faktoren mitberücksichtigt werden, die möglicherweise eine erhöhte Toxizität der verwendeten Zytostatika bedingen, einschließlich der Interaktionen mit anderen Medikamenten [16].

Beachtung der Knochenmarkfunktion

A priori gibt es keinen verläßlichen hämatologischen Meßwert, der die Regenerationsfähigkeit des Knochenmarks quantifizieren könnte. Deshalb ist man mehr auf die Verlaufsbeobachtung angewiesen. Hierzu ist es wichtig, nach einer durchgeführten zytostatischen Chemotherapie regelmäßig 2- bis 3mal wöchentlich die Leukozyten- und Thrombozytenzahl im peripheren Blut des Patienten zu bestimmen. Durch diese regelmäßigen Überprüfungen kann die maximale myelosuppressive Wirkung einer Zytostatikagabe oder einer Kombination von Zytostatika festgestellt werden. Die niedrigsten Werte für Leukozyten und Thrombozyten werden als «Nadir» bezeichnet. Diese Minimalwerte führen zur nadirangepaßten Zytostatikadosierung, für die die Richtlinien in der Tabelle 3 angegeben sind.

Da die Knochenmarkreserve im Einzelfall nicht prospektiv abschätzbar ist, kann insbesondere bei älteren Patienten folgendes Vorgehen empfohlen werden (Tab. 4).

Bei der Dosisberechnung in bezug auf Körpergewicht oder Körperoberfläche muß der erhöhte Fettanteil an der Körpermasse bei älteren Patienten berücksichtigt werden. Der relative Fettanteil nimmt im Alter um 15–20 % zu. Dieser Teil des Körpergewichts muß bei der Dosisberechnung pro kg oder bei der Bestimmung der Körperoberfläche abgezogen werden (Berechnung entsprechend dem «lean body weight»).

Beachtung der Nierenfunktion

Im Rahmen der physiologischen Verminderung der Organfunktionen mit zunehmendem Alter nimmt die Nierenfunktion in jeder Lebensdekade um etwa 10 % ab [17]. Der Serumkreatininwert bei äl-

Tabelle 3. Nadirangepaßte Zytostatikadosierung [nach 10, 11]

Minimale Zellzahl im Intervall («Nadir»)		Zytostatikadosis im nächsten Zyklus
Leukozyten/mm^3	Thrombozyten/mm^3	
>2000	>100000	Dosissteigerung um +20% möglich
2000–1000	100000–50000	keine Dosismodifikation
<1000	<50000	Dosisreduktion um −20% erforderlich[a]

[a] Gilt nicht für die «nichtknochenmarktoxischen» Substanzen: Vincristin, Bleomycin, L-Asparaginase (und Hormone).

Tabelle 4. Chemotherapie im höheren Lebensalter

Praktische Empfehlungen für Patienten über 60 (65) Jahre ohne erkennbare Organfunktionsstörungen (Niere, Leber):

1. Therapiezyklus ↓	⅔ der Solldosis (mg/m^2 oder mg/kg)
Intervall ↓	2- bis 3mal wöchentlich Kontrolle von Leukozyten und Thrombozyten im Blut zur Erfassung des Tiefpunktes («Nadir»)
2. Therapiezyklus ↓	Dosisanpassung an «Nadir» bzw. an Blutbildwerte bei Zyklusbeginn
Intervall usw.	wie oben

teren Menschen spiegelt nicht das Volumen des Glomerulumfiltrats wider. Da bei älteren Menschen gleichzeitig mit der Abnahme des Glomerulumfiltrates auch die aktive Muskelmasse und damit der Kreatininumsatz abnimmt, fällt weniger Kreatinin als ausscheidungspflichtige Substanz an. So kann auch mit verminderter glomerulärer Filtrationsrate eine normale Serumkreatininkonzentration aufrechterhalten werden. Daraus wird klar, daß für eine Empfehlung der Dosisanpassung von Zytostatika an die Nierenfunktion nicht die Kreatininserumkonzentration herangezogen werden kann, sondern daß die renale Clearance Grundlage dieser Entscheidung sein muß.

Es gibt eine ganze Reihe von Medikamenten, die bei verminderter Nierenfunktion akkumulieren und damit potentiell hochtoxisch sind. Diese Zytostatika sind vor allem: Cisplatin, Carboplatin, Cyclophosphamid, Ifosfamid, Methotrexat, 5-Fluorouracil und Nitrosoharnstoffe. Die Dosisreduktionen, die für diese Medikamente bei eingeschränkter Nierenfunktion empfohlen werden, gibt Tabelle 5.

Hierbei ist besonders zu beachten, daß stark nephrotoxische Medikamente, wie z. B. Cisplatin, Streptozotozin oder hochdosiertes Methotrexat, auch schon bei gering eingeschränkter Nierenfunktion kontraindiziert sind. Mäßig nephrotoxische Substanzen, wie die Nitrosoharnstoffe oder das niedrigdosierte Methotrexat, sollten bei stark eingeschränkter Nierenfunktion ebenfalls gemieden werden.

Am exaktesten ausgearbeitet sind die Dosisempfehlungen für Carboplatin [18]. Aufgrund pharmakokinetischer Daten wurde eine Formel zur Dosisberechnung in Abhängigkeit von der Nierenleistung ent-

Tabelle 5. Dosismodifikation in Anpassung an die Nierenfunktion bei hauptsächlich renal eliminierten Zytostatika [nach 10, 11]

Kreatininclearance ml/min · 1,73 m^2 Körperoberfläche	Dosierung % der Solldosis
>60	100
60–10[a]	75–50
<10[b]	50–25

[a] Kontraindiziert: Cisplatin, hochdosiertes Methotrexat.
[b] Meiden: Nitrosoharnstoffe, niedrigdosiertes Methotrexat.

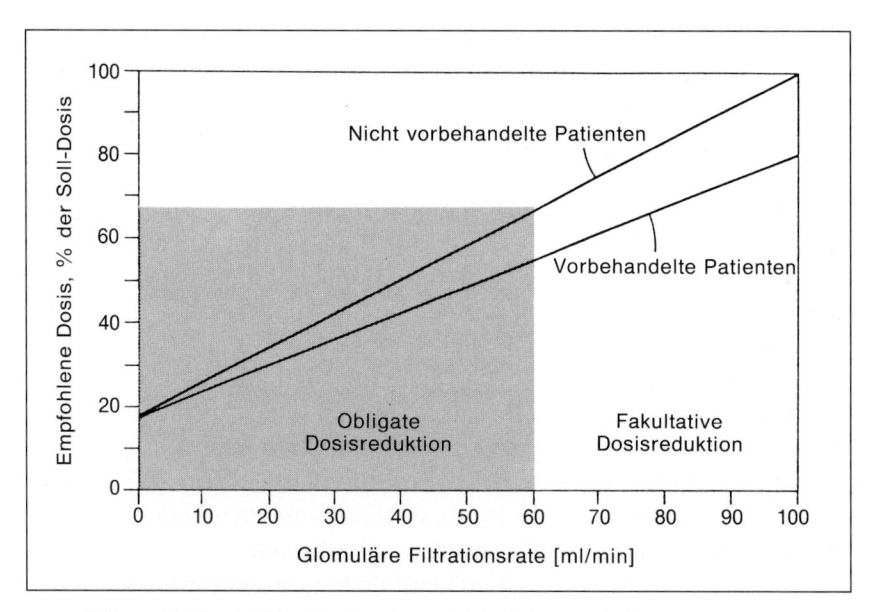

Abb. 1. Dosismodifikation für Carboplatin in Abhängigkeit von der Nierenfunktion [nach 18].

wickelt, die sich in das in Abbildung 1 gezeigte Schaubild übertragen läßt.

Beachtung der Leberfunktion

Auch die Leberfunktion nimmt mit zunehmendem Alter an Leistung ab. Während im Alter von 30 Jahren das Gewicht der Leber noch 2,5 % des Gesamtkörpergewichtes ausmacht, beträgt ihr entsprechender Anteil bei 90jährigen nur noch 1,6 % Der Blutfluß durch die Leber beträgt bei 30jährigen 1 400 ml/min und bei 75jährigen nur noch 800 ml/min, woraus eine verminderte hepatische Clearance resultiert. Ebenfalls eingeschränkt ist im Alter die enzymatische Aktivität in der Leber, was vor allem das Zytochrom-P450-abhängige mikrosomale multifunktionelle Oxydasesystem betrifft («microsomal mixed-function oxydase system», MFOS). Dieses Enzymsystem wird einerseits benötigt, um Medikamente in ausscheidungsfähige Metaboliten zu überführen, aber auch, um einige Medikamente in ihre aktiven

Tabelle 6. Dosismodifikation in Anpassung an die Leberfunktion bei hauptsächlich hepatisch eliminierten Zytostatika [nach 10, 11]

Bilirubin mg/dl	SGOT IE/l	Dosierung % der Solldosis
<1,5	<60	100
1,5–3,0	60–180	75–50
3,1–5,0	>180	50–25
>5,0		individuelle Entscheidung
Bei erhöhter alkalischer Phosphatase Reduktion von Vinkaalkaloiden, Podophyllotoxinen		50

Wirkformen umzuwandeln. Auf dem Sektor der Zytostatika ist dieser aktivierende Schritt in der Leber z. B. für Cyclophosphamid und Ifosfamid erforderlich. Daraus könnte sich eine verminderte Wirksamkeit von Cyclophosphamid bei älteren Patienten ergeben. Diese Zusammenhänge haben aber bisher keinen Einfluß auf das Dosierungsverhalten [19–21].

Eine Reihe von Medikamenten kann bei eingeschränkter Leberfunktion akkumulieren und damit potentiell hochtoxisch sein. Diese Zytostatika sind vor allem: Adriamycin, Epirubicin, Daunorubicin, Amsacrin, Mitoxantron, Mitomycin C, Actinomycin D, Vincristin, Vinblastin, Vindesin, Etoposid, Teniposid, Dacarbazin und Procarbazin.

Eine Dosisreduktion für diese Medikamente ist bei eingeschränkter Leberfunktion erforderlich, wobei als Parameter das Bilirubin, die SGOT und die alkalische Phosphatase dienen. Die entsprechenden Dosierungsempfehlungen enthält die Tabelle 6.

Beachtung nichtmaligner Begleiterkrankungen

Eine Analyse unseres eigenen Krankengutes über die Durchführbarkeit einer Polychemotherapie bei malignen Lymphomen und bei metastasierten Mammakarzinomen ergab, daß bei Patienten über 60 Jahren bei 4 der 5 untersuchten Polychemotherapieschemata signifikant häufiger eine Dosisreduktion oder eine Intervallverlängerung er-

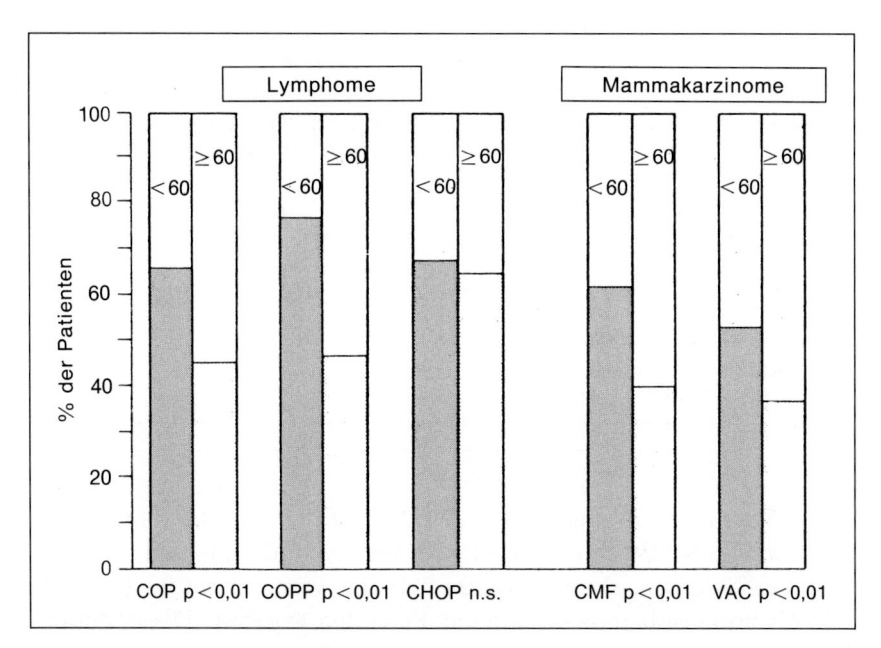

Abb. 2. Häufigkeit von Protokolländerungen der zytostatischen Chemotherapie bei Patienten im höheren Lebensalter. Ausgewertet wurden verschiedene Chemotherapiekombinationen bei Patienten mit hochmalignen Lymphomen bzw. Mammakarzinomen. (■ = *regulär* Dosis und Intervall entsprechend Protokollvorschrift; □ *modifiziert* Dosisreduktion und/oder Intervallverlängerung; < 60 = Patienten im Alter bis zu 60 Jahren; ≥ 60 = Patienten im Alter von 60 Jahren und darüber; *COP* = Cyclophosphamid + Vincristin + Prednison; *COPP* = Cyclophosphamid + Vincristin + Procarbazin + Prednison; *CHOP* = Cyclophosphamid + Adriamycin + Vincristin + Prednison; *CMF* = Cyclophosphamid + Methotrexat + 5-Fluorouracil; *VAC* = Vincristin + Adriamycin + Cyclophosphamid) [nach 22].

forderlich war (Abb. 2). Lediglich bei dem CHOP-Protokoll bestand kein signifikanter Unterschied zwischen den jüngeren und den älteren Patienten [22].

Ein Grund für die häufigere Modifikation der Therapieprotokolle bei den älteren Patienten war eine erheblich größere Rate von Begleiterkrankungen. Diese Multimorbidität dürfte mit die Ursache für die Unterschiede der Toxizität in den beiden Altersgruppen sein (Tab. 7).

Bei den nichtmalignen Begleiterkrankungen stehen die Herzinsuffizienz und die koronare Herzkrankheit klar an der Spitze. Auch wenn klinisch keine Zeichen einer Herzerkrankung vorhanden sind, finden sich mit zunehmendem Alter mehr degenerative Veränderungen in der

Tabelle 7. Begleiterkrankungen in Abhängigkeit vom Lebensalter bei zytostatisch behandelten Patienten mit malignen Lymphomen bzw. Mammakarzinomen [nach 22]

Begleiterkrankungen	Patienten mit Lymphomen bzw. Mammakarzinomen	
	< 60 Jahre n = 182	≥ 60 Jahre n = 109
Herzinsuffizienz	6	21
Koronare Herzerkrankung	0	7
Arterielle Hypertonie	1	3
Diabetes mellitus	1	5
Emphysem, Bronchitis	1	1
Hepatobiliäres System	0	3
Andere	6	1
Gesamt	15 (8 %)	41 (38 %)

Herzmuskulatur [23]. Daraus ergibt sich, daß bei den älteren Patienten mit häufigerem kardialem Risiko die Anwendbarkeit kardiotoxischer Substanzen eingeschränkt ist. Eine Reihe von Zytostatika, die eine kardiotoxische Nebenwirkung entfalten können, muß daher bei älteren Patienten ganz speziell auf ihre Indikation hin überprüft werden. Diese Zytostatika sind vor allem die Anthrazykline und verwandte Substanzen (Adriamycin, Epirubicin, Daunomycin, Mitoxantron, Aclarubicin und Zorubicin), aber auch Cyclophosphamid und Ifosfamid in hohen Dosen. 5-Fluorouracil und die Vinkalkaloide können (wahrscheinlich durch einen Koronarspasmus) Angina-pectoris-Anfälle und sehr selten sogar Myokardinfarkte auslösen [24].

Spezielle Empfehlungen

Wenn bei Patienten im höheren Lebensalter eine zytostatische Chemotherapie durchgeführt werden soll, ist es immer überlegenswert, ob eine ambulant gut durchführbare «schonende» *Monotherapie* eingesetzt werden kann. Für viele Tumorerkrankungen – und das gilt speziell für ältere Patienten – ist nicht nachgewiesen, daß eine aggressive Polychemotherapie unter Erhaltung einer akzeptablen Lebensqualität eine Lebensverlängerung bewirkt [25]. Besonders im Sinne der Erhaltung und Verbesserung der Lebensqualität kann eine Monotherapie durchaus wirksam sein. Tabelle 8 nennt einige Präparate, die bei speziellen Erkrankungen in Frage kommen.

Bei metastasierenden *gastrointestinalen Tumoren* kann eine Monotherapie mit 5-Fluorouracil (z. B. 750–1000 mg wöchentlich i.v.) gute palliative Wirksamkeit zeigen.

Patientinnen mit *metastasierendem Mammakarzinom* gehören in der höheren Altersgruppe praktisch immer zur «Low-risk»-Gruppe. Diese Patientinnen werden zunächst immer einer Hormontherapie zugeführt. Nur wenn sich diese definitiv als ineffektiv erweist, kann eine zytostatische Chemotherapie erwogen werden. Bei der «Low-risk»-Gruppe bringt eine aggressive Polychemotherapie jedoch keine Vorteile gegenüber der Monotherapie, so daß letzterer der Vorzug gegeben wird (Tab. 9) [27, 28].

Tabelle 8. Möglichkeiten der Monochemotherapie bei Patienten mit malignen Erkrankungen im höheren Lebensalter

Adriamycin	Mammakarzinom, Prostatakarzinom, Blasenkarzinom
Epirubicin	Sarkome, Bronchialkarzinom
Prednimustin	Mammakarzinom, maligne Lymphome
Etoposid	kleinzelliges Bronchialkarzinom, maligne Lymphome
Fluorouracil	gastrointestinale Karzinome
Cytarabin	niedrigdosiert bei Leukämien

Tabelle 9. Zytostatische Monotherapie bei Mammakarzinomen: Patientinnen mit günstiger Prognose nach Ausschöpfung hormoneller Therapiemaßnahmen und/oder im Alter über 70 Jahren [nach 26]

Adriamycin	20 mg wöchentlich i.v.
oder Epirubicin	25 mg/m^2 wöchentlich i.v.
oder Mitoxantron	12–14 mg/m^2 alle 3 Wochen i.v.
oder Cyclophosphamid	100–150 mg p.o.Tag 1–21 (Wiederholung ab Tag 29)
oder Trofosfamid	150–200 mg/Tag p.o.
oder Ifosfamid	1,0–1,2 g/m^2 Tag 1–5 alle 3 Wochen i.v.
oder Fluorouracil	750–1000 mg/Woche i.v./p.o.
oder Methotrexat	20–25 mg/Woche p.o./i.v.
oder Vindesin	3 mg/m^2 alle 10 Tage i.v.
oder Prednimustin	40 mg/m^2/Tag p.o.

Nur für wenige Tumorerkrankungen sind Therapieprotokolle ganz speziell bei Patienten im höheren Lebensalter in Studien untersucht worden. Tabelle 10 nennt einige Möglichkeiten für die Behandlung von *kleinzelligen Bronchialkarzinomen* und *hochmalignen Lymphomen*.

Bei *kleinzelligen Bronchialkarzinomen* wurde mit der in Tabelle 10 genannten Etoposidmonotherapie bei über 70jährigen Patienten bei 79 % ein objektives Ansprechen erreicht (17 % Vollremissionen, 62 % partielle Remissionen). Bei einer medianen Überlebenszeit von 9,5 Monaten und nur minimalen Nebenwirkungen steht so eine gute palliative Behandlungsmöglichkeit zur Verfügung [40].

Bei *hochmalignen Lymphomen* in fortgeschrittenen Stadien sowie bei *akuten Leukämien* besteht die Indikation zur zytostatischen Chemotherapie, wenn der Allgemeinzustand des Patienten dies zuläßt. Auch im höheren Lebensalter lassen sich bei diesen Erkrankungen bei 20–40 % der Fälle Vollremissionen erreichen. Wenn eine solche Voll-

Tabelle 10. Beispiele für «schonende» Chemotherapieprotokolle bei Patienten im höheren Lebensalter. Orales Ifosfamid steht nicht allgemein zur Verfügung, wird jedoch in Studien untersucht [29–39]

Kleinzellige Bronchialkarzinome		
Etoposid	160 mg/m^2 p.o.	Tag 1–5
oder		
Etoposid	250 mg/m^2 p.o.	Tag 1–5
Vincristin	2 mg i.v.	Tag 1
oder		
Etoposid	120 mg/m^2 p.o.	Tag 1–5
Vindesin	3 mg/m^2 i.v.	Tag 1
oder		
Ifosfamid	1,5 g/m^2 30-min-Infusion	Tag 1
(bzw. Ifosfamid	2 g p.o.	Tag 1–3)
Etoposid	100 mg p.o.	Tag 1–8
Alle Protokolle	Wiederholung alle 3 Wochen	
Hochmaligne Lymphome		
Etoposid	100 mg/m^2 p.o.	Tag 1–5
Prednimustin	100 mg/m^2 p.o.	Tag 1–5
	Wiederholung alle 3 Wochen	
Mitoxantron	8 mg/m^2 i.v.	Tag 1–2
Prednimustin	100 (–150) mg/m^2 p.o.	Tag 1–5
	Wiederholung alle 4 Wochen	

remission erreicht wird, ist die mittlere Remissionsdauer vergleichbar der bei jüngeren Patienten. Allerdings muß die Frage nach der Aggressivität der Behandlung gestellt werden. Ergebnisse mehrerer Studien zeigen, daß weniger aggressive Behandlungsmethoden mit deutlich weniger Nebenwirkungen zu ähnlichen Remissionsraten und vergleichbaren Überlebenszeiten führen wie aggressive Behandlungsschemata [39, 41–48].

Bei den *hochmalignen Lymphomen* bieten sich entweder die in Tabelle 10 genannten Kombinationen an oder man verwendet ein konventionelles Chemotherapieschema (z. B. CHOP und COPBLAM), das in einer Dosismodifikation entsprechend der Tabelle 4 eingesetzt wird [49]. Die mit einer primär reduzierten Chemotherapiedosis erreichten Ergebnisse sind nicht schlechter als die bei jüngeren Patienten, die primär mit der vollen Dosis behandelt wurden [50]. Auch eine intensivere Chemotherapie mit einer insgesamt weniger toxischen Kombination wird gut toleriert [51].

Patienten mit *akuten nichtlymphatischen Leukämien* überleben ohne spezielle antileukämische Behandlung signifikant kürzer als Patienten, bei denen eine Induktionsbehandlung nach einem altersadaptierten Protokoll vorgenommen wurde (z. B. EORTC-AML-7-Protokoll) [52, 53].

Fazit für die Praxis

Eine prinzipielle Indikation bei malignen Erkrankungen und ein ausreichend hoher Leistungsindex sind entscheidend für die Einleitung einer zytostatischen Therapie auch bei älteren Menschen. Der Leistungsindex, bestimmt als Karnofsky-Index oder nach der WHO-Skala, schließt graduell nur jene meist bettlägerigen Patienten von zytostatischer Therapie aus, deren Leben ohnehin nur mit ärztlicher Hilfe aufrechterhalten werden kann.

Auch wenn man ärztlicherseits manche Indikation bei jüngeren Menschen mit malignen Erkrankungen großzügiger stellen mag, ist das höhere Lebensalter allein kein Ausschlußkriterium einer zytostatischen Therapie. Bei der Dosisberechnung müssen folgende Gesichtspunkte besonders beachtet werden:
– Erhöhter Fettanteil im Verhältnis zu Körpergewicht und -oberfläche;

- eingeschränkte Nierenfunktion:
- verminderte hepatische Clearance;
- nichtmaligne Begleiterscheinungen, insbesondere Herzinsuffizienz und koronare Herzkrankheit.

Literatur

1 Becker N, Smith EM, Wahrendorf J: Time trends in cancer mortality in the Federal Republic of Germany: Progress against cancer? Int J Cancer 1989;43:245–249.
2 Dix D: The role of aging in cancer incidence: An epidemiological study. J Gerontol 1989;44:10–18.
3 Begg CB, Carbone PP: Clinical trials and drug toxicity in the elderly. The experience of the Eastern Cooperative Oncology Group. Cancer 1983;52:1986–1992.
4 Betzler M, Gallmeier WM: Onkologische Therapie beim alten Menschen – Herausforderung statt Resignation. Münch Med Wochenschr 1989;131:35–36.
5 Dodion P: Chemotherapy in the elderly. Eur J Cancer Clin Oncol 1987;23:1833–1835.
6 Fentiman IS, Tirelli U, Monfardini S, Schneider M, Festen J, Cognetti F, Aapro MS: Cancer in the elderly: Why so badly treated? Lancet 1990;335:1020–1022.
7 Guadagnoli E, Weitberg A, Mor V, Silliman RA, Glicksman AS, Cummings FJ: The influence of patient age on the diagnosis and treatment of lung and colorectal cancer. Arch Intern Med 1990;150:1485–1490.
8 Kruse W, Köhler J, Oster P, Schlierf G: Vermeidbare Risiken in der medikamentösen Behandlung hochbetager Patienten. Dtsch Med Wochenschr 1987;112:1486–1491.
9 Samet J, Hunt WC, Key C, Humble CG, Goodwin JS: Choice of cancer therapy varies with age of patient. JAMA 1986;255:3385–3390.
10 Sauer H: Zytostatika – Wirkungsweise und Anwendungsrichtlinien. Fortschr Med 1989;107:604–611.
11 Sauer H, Wilmanns W: Internistische Therapie maligner Erkrankungen, 3. Aufl. München, Urban und Schwarzenberg, 1991.
12 Wilmanns W: Probleme der zytostatischen Therapie im höheren Lebensalter. Krankenhausarzt 1990;63:44–48.
13 Wilmanns W: Zytostatische Polychemotherapie im höheren Lebensalter. Medwelt 1988;39:851–857.
14 Wilmanns W, Sauer H: Zytostatika-Therapie; Platt D (Hrsg): Pharmakotherapie und Alter. Ein Leitfaden für die Praxis. Berlin, Springer, pp 191–204.
15 Orr ST, Aisner J: Performance status assessment among oncology patients: A review. Cancer Treat Rep 1986;70:1423–1429.
16 Platt D: Pharmaka-Interaktionen bei geriatrischen Patienten. Bayer Int 1990;10:8–12.
17 Thomas L: Labor und Diagnose. Indikation und Bewertung von Laborbefunden für die medizinische Diagnostik; 2. Aufl. Marburg, Medizinische Verlagsgesellschaft, 1984.

18   Egorin MJ, van Echo DA, Tipping SJ, et al: Pharmacokinetics and dosage reduction of cis-diammine(1,1-cyclobutanedicarboxylato)platinum in patients with impaired renal function. Cancer Res 1984;44:5432–5438.
19   Greenblatt DJ, Sellers EM, Shader RI: Drug disposition in old age. N Engl J Med 1982;306:1081–1088.
20   Kuntz HD, Femfert U, May B: Leber und Alter. Einfluß des Lebensalters auf Leberfunktion und Arzneimittelmetabolismus. Dtsch Med Wochenschr 1987;112:757–759.
21   Zeeh J, Platt D: Altersveränderungen der Leber. Fortschr Med 1990;108:51–55.
22   Wilmanns W, Binsack T, Sauer H: Zytostatische Polychemotherapie im höheren Lebensalter. Dtsch Med Wochenschr 1985;110:1959–1962.
23   Unverferth DV, Baker PB, Arn AR, Magorien RD, Fetters J, Leier CV: Aging of the human myocardium: A histologic study based upon endomyocardial biopsy. Gerontology 1986;32:241–251.
24   Grötz J: Medikamentös-toxisch bedingte Herzmuskelerkrankungen. Dtsch Med Wochenschr 1987;112:691–695.
25   Abel U: Verlängert die zytostatische Chemotherapie das Überleben von Patienten mit fortgeschrittenen epithelialen Tumoren? Stuttgart, Thieme 1990.
26   Sauer H (Hrsg): Empfehlungen zur Diagnostik, Therapie und Nachsorge. Mammakarzinome, 4. Aufl. Schriftenreihe Tumorzentren München (1991).
27   Gundersen S, Kvinnsland S, Klepp O, Kvaloy S, Lund E, Host H: Weekly adriamycin versus VAC in advanced breast cancer. A randomized trial. Eur J Cancer Clin Oncol 1986;22:1431–1434.
28   Taylor SG, Gelman RS, Falkson G, Cummings FJ: Combination chemotherapy compared to tamoxifen as initial therapy for stage IV breast cancer in elderly women. Ann Intern Med 1986;104:455–461.
29   Allan SG, Gregor A, Cornbleet MA, Leonard RCF, Smyth JF, et al: Phase II trial of vindesine and VP16–213 in the palliation of poor-prognosis patients and elderly patients with small cell lung cancer. Cancer Chemother Pharmacol 1984;13:106–108.
30   Anderson H, Lind MJ, Thatcher N, Swindell R, Woodcock A, Carroll KB: Therapy of poor-risk patients with small cell lung cancer using bolus ifosfamide and oral etoposide. Cancer Chemother Pharmacol 1990;26:71–74.
31   Cerny T, Lind M, Thatcher N, Swindell R, Stout R: A simple outpatient treatment with oral ifosfamide and oral etoposide for patients with small cell lung cancer (SCLC). Br J Cancer 1989;60:258–261.
32   Einhorn LH, Pennington K, McClean J: Phase II trial of daily oral VP-16 in refractory small cell lung cancer: A Hoosier Oncology Group Study. Semin Oncol 1990;17[suppl 2:32–35.
33   Hainsworth JD, Johnson DH, Frazier SR, Greco FA: Chronic daily administration of oral etoposide in refractory lymphoma. Eur J Cancer 1990;26:818–821.
34   Johnson DH, Greco FA, Strupp J, Hande KR, Hainsworth JD: Prolonged administration of oral etoposide in patients with relapsed or refractory small cell lung cancer: A phase-II trial. J Clin Oncol 1990;8:1613–1617.
35   Landys KE: Mitoxantrone in combination with prednimustine in treatment of unfavorable non-Hodgkin-lymphoma. Invest New Drugs 1988;6:105–113.
36   Morgan DAL, Gilson D, Fletcher J: Vincristine and etoposide: An effective

chemotherapy regimen with reduced toxicity in extensive small cell lung cancer. Eur J Clin Oncol 1986;23:619–621.
37 Sculier JP, Klastersky J, Libert P, Ravez P, Thiriaux J, Lecompte J, Bureau G, Vandermoten G, Dabouis G, Michel J, Schmerber J, Sergysels R, Becquart D, Mommen P, Paesmans M: A randomized study comparing etoposide and vindesine with or without cisplation as induction therapy for small cell lung cancer. Ann Oncol 1990;1:128–133.
38 Smit EF, Carney DN, Harford P, Sleijfer DT, Postmus PE: A phase II study of oral etoposide in elderly patients with small cell lung cancer. Thorax 1989;44:631–633.
39 Tirelli U, Tagonel V, Serraino D, Thomas J, Hoerni B, Tangury A, Ruhl U, Bey P, Tubiana N, Breed WPM, Roozendaal KJ, Hagenbeek A, Hupperets PS, Somers R: Non-Hodgkin's lymphomas in 137 patients aged 70 years or older: A retrospective European Organization for Research and Treatment of Cancer Lymphoma Group Study. J Clin Oncol 1988;6:1708–1713.
40 Carney DN, Grogan L, Smit EF, Harford P, Berendsen HH, Postmus PE: Single agent oral etoposide for elderly small cell lung cancer patients. Semin Oncol 1990;17[suppl 2]:49–53.
41 Champlin RE, Gajewski L, Golde DW: Treatment of acute myelogenous leukemia in the elderly. Semin Oncol 1989;16:51–56.
42 Hoerni B, Sotto JJ, Eghbali H, Sotto MF, Hoerni-Simon G, Pegourié B: Non-Hodgkin's malignant lymphomas in patients older than 80. 70 cases. Cancer 1988;61:2057–2059.
43 Latagliata R, Sgadari C, Pisani F, Falconi M, Spadea A, Vegna ML, Petti MC: Acute nonlymphocytic leukemia in the elderly: Results of a retrospective study. Haematologica 1989;74:167–171.
44 Resegotti L, Mandelli F, Amadori S, Bruzzese L, De Rosa C, Di Raimondo F, Di Pietro N, Geraci E, Leone G, Malleo C, Neri A, Pacilli L, Petti MC, Fenu B, Specchia G, Tabilio A, Italian Cooperative Group GIMEMA: An Italian multicenter phase III trial of idarubicin plus cytarabine vs daunorubicin plus cytarabine in elderly patients with acute non-lymphoid leukemia. Idarubicin in the treatment of acute leukemia. 4th Int Symp Therapy of Acute Leukemia, Rome, 1987. Amsterdam, Excerpta Medica, pp 42–49.
45 Sebban C, Archimbaud E, Coiffier B, Guyotat D, Treille-Ritouet D, Maupas J, Fiere D: Treatment of acute myeloid leukemia in elderly patients. A retrospective Study. Cancer 1988;61:227–231.
46 Tucker J, Thomas AE, Gregory WM, Ganesan TS, Malik STA, Amess JAL, Lim J, Willis L, Rohatiner AZS, Lister TA: Acute myeloid leukemia in elderly adults. Hematol Oncol 1990;8:13–21.
47 Walker A, Schoenfeld ER, Lowman JT, Mettlin CJ, MacMillan J, Grufferman S: Survival of the older patient compared with the younger patient with Hodgkin's disease. Influence of histologic type, staging, and treatment. Cancer 1990;65:1635–1640.
48 Walters RS, Kantarjian HM, Keating MJ, Estey EH, McCredie KB, Freireich EJ: Intensive treatment of acute leukemia in adults 70 years of age and older. Cancer 1987;60:149–155.
49 Kuse R, Calavrezos A, Stellbrink HJ, Heilmann HP: Langzeiterfolge bei 172

hochmalignen Nicht-Hodgkin-Lymphomen unter besonderer Berücksichtigung älterer Patienten. Dtsch Med Wochenschr 1987;112:335–340.
50 Heinz R: Long-term follow-up of CHOP-treated non-Hodgkin lymphoma of high-grade malignancy. Blut 1990;60:68–75.
51 Sonneveld P, Michiels JJ: Full dose chemotherapy in elderly patients with non-Hodgkin's lymphoma: A feasibility study using a mitoxantrone containing regimen. Br J Cancer 1990;62:105–108.
52 Jehn U, Löwenberg B: AML-7-Studie zum Wert einer intensiven Remissionsinduktion bei alten Patienten mit akuter myeloischer Leukämie. Onkologie 1985;8:97–98.
53 Löwenberg B, Zittoun R, Kerkhofs H, Jehn U, Abels J, Debusscher L, Cauchie C, Peetermans M, Solbu G, Suciu S, Stryckmans P: On the value of intensive remission-induction chemotherapy in elderly patients of 65 + years with acute myeloid leukemia: A randomized phase III study of the European Organization for Research and Treatment of Cancer Leukemia Group. J Clin Oncol 1989;7:1268–1274.

Prof. Dr. H. Sauer, Klinikum Großhadern, Medizinische Klinik III,
Universität München, Marchioninistraße 15, D-81366 München (BRD)

Chemotherapie und Lebensqualität beim älteren Patienten: Was ist zu beachten?

Monica Castiglione-Gertsch

Institut für medizinische Onkologie der Universität, Inselspital, Bern, Schweiz

Alter

Seit der Zeit der Römer ist die mediane Lebenserwartung der Menschen ständig gestiegen und erreicht heute in den industrialisierten Ländern über 80 Jahre bei den Frauen und fast 80 Jahre bei den Männern, was mehr als 3mal die mittlere Lebenserwartung der Römer, nämlich 22 Jahre, darstellt.

Die Definition des älteren Patienten bleibt auch heute noch schwierig und sehr individuell, und wir können wahrscheinlich keine allgemeinen Regeln aufstellen. Für eine Knochenmarktransplantation mag schon ein 50jähriger zu alt sein, für eine aplasierende Therapie bei Leukämien könnten 60 Jahre schon zuviel sein, für eine Hormontherapie beim Mammakarzinom wäre wohl eine 100jährige Patientin noch nicht zu alt.

Bei der Behandlung eines älteren Tumorpatienten stehen wir immer vor zwei großen Problemen:
- dem Tumor selbst mit all seinen Implikationen;
- dem Alter des Patienten mit den zusätzlichen Komplikationen, wie konkomittierende Krankheiten usw.

Es ist eindeutig, daß im Alter die Pathologie der Individuen zunimmt; es trifft wohl aber auch zu, daß eine Tumorerkrankung bei sonst gesunden alten Leuten nicht schlechter verläuft als bei jüngeren.

Relativ wenig ist über andere vermutete Veränderungen der Organfunktion im Alter bekannt. Ist im Alter eine Abnahme der Leistungsfähigkeit bestimmter Organe zu verzeichnen? Oder nimmt mit

Tabelle 1. Beobachtete altersspezifische Krebsmortalitätsrate (alle Lokalisationen) 1951–1984 in der Schweiz

Jahr	Alter, Jahre									
	30–34	35–39	40–44	45–49	50–54	55–59	60–64	65–69	70–74	75–79
Männer										
50–54	21,3	37,3	65,3	124,9	231,3	427,4	642,4	981,9	1428,2	1820,3
55–59	22,2	38,2	58,1	114,9	241,4	421,3	647,6	992,9	1339,1	1875,7
60–64	23,1	32,3	61,5	113,6	221,7	403,1	689,6	963,9	1356,3	1794,5
65–69	19,0	29,1	57,7	112,1	218,8	411,7	666,8	1010,4	1426,0	1834,1
70–74	19,4	30,0	55,8	117,6	223,8	401,9	672,1	1011,2	1456,2	1978,3
75–79	18,9	28,3	57,9	122,8	239,7	402,9	647,5	1035,9	1441,1	1931,3
80–84	16,1	31,8	53,9	108,8	213,6	409,5	665,2	990,6	1454,0	2032,5
Frauen										
50–54	22,6	47,5	80,6	138,3	217,3	309,6	443,8	635,6	880,3	1241,6
55–59	22,9	41,9	75,6	136,5	202,4	382,4	424,8	588,6	834,6	1168,5
60–64	20,5	41,4	75,5	128,1	197,5	277,8	399,6	563,8	774,5	1079,1
65–69	18,3	38,9	67,5	119,6	185,6	271,8	395,4	567,4	786,0	1056,3
70–74	18,9	37,2	67,3	118,6	184,6	274,2	378,8	514,5	746,9	1041,2
75–79	19,2	35,4	60,5	109,2	184,3	261,8	366,9	509,6	711,2	971,9
80–84	16,2	30,6	56,7	107,3	173,3	248,8	369,2	499,2	720,7	997,1

zunehmendem Alter nur die Belastbarkeit der Organe ab? Oder beides?

Mit zunehmendem Alter nehmen Inzidenz und Mortalität der Tumoren zu. In Tabelle 1 ist die Mortalität nach verschiedenen Altersklassen dargestellt: Bei Männern ist die Mortalität an Tumoren bei 75- bis 79jährigen mehr als 100mal höher als bei 30- bis 34jährigen, und bei älteren Frauen ist sie mehr als 50mal höher als bei jüngeren. Die Inzidenz verschiedener Tumoren ändert sich jedoch mit dem Alter: Bei Myelomen, kolorektalen Tumoren, Lungen- und Prostatatumoren können wir beobachten, daß die Mehrzahl der Patienten bei Diagnosestellung über 65 Jahre alt ist. Bei anderen malignen Erkrankungen, wie Lymphomen, Mammakarzinomen und Ovarialkarzinomen, ist etwas mehr als die Hälfte aller neu diagnostizierten Patienten älter als 65 Jahre. Da mindestens einige dieser Tumorarten chemotherapiesensibel sind, stellt sich bei dieser Patientenuntergruppe oft die Frage der Zytostatikatherapie.

Lebensqualität

Bis vor wenigen Jahren war die Beurteilung von Therapieeffekten bei Tumorerkrankungen meist auf die strikte antitumorale Wirkung der Medikamente beschränkt. Die Frage, die man zu beantworten versuchte, war, ob man mit einer Chemotherapie das Leben von Krebspatienten verlängern kann. Wenig Bedeutung wurde den Nebenwirkungen der Therapie sowie der Lebensqualität der Patienten beigemessen. In letzter Zeit hat die Tumorforschung wenige Fortschritte in der Entwicklung neuer wirksamer Medikamente gemacht, ganz im Gegenteil jedoch in der Behandlung der Patienten: Der Lebensquantität wurde etwas weniger Bedeutung beigemessen, und man hat begonnen, sich auch mit der Lebensqualität der Tumorpatienten zu befassen und sie zu studieren.

Was aber ist Lebensqualität? Die Definition ist sehr individuell geprägt, zeitlich verschieden und verändert sich mit dem Alter. Freud sagte, Lebensqualität sei als Arbeit und Liebe zu definieren. Etwas strukturierter läßt sich sagen, daß vier Hauptfaktoren die Lebensqualität eines Individuums beschreiben können:
– Der funktionelle Status, d. h. die physischen Möglichkeiten;
– der psychologische oder emotionale Status;
– der soziale Status mit den Interaktionen mit anderen Menschen;
– der ökonomische Status.

Diese vier Faktoren können bei unterschiedlichen Individuen und in verschiedenen Altersklassen unterschiedlich gewichtet sein. Es gibt aber keine wissenschaftlichen Daten, die uns zeigen, ob für jüngere Patienten die körperliche und psychische Integrität wichtiger ist als für ältere, ob emotionale Faktoren bei zunehmendem Alter mehr Bedeutung erreichen, ob die Auseinandersetzung des Älteren mit dem Tod einfacher ist als die des Jüngeren. Das Unabhängigsein von anderen Leuten scheint aber mit zunehmendem Alter wichtiger zu werden.

Bei Tumorpatienten bereitet es besondere Schwierigkeiten, die Lebensqualität zu definieren, und die Messung und Quantifizierung der Lebensqualität ist noch komplexer als bei anderen Erkrankungen.

Prinzipiell gibt es einige Methoden, die uns helfen können, Daten und Informationen über die Lebensqualität eines Krebspatienten zu erfassen:
– Schätzung durch den Arzt/die Schwester bei der Anamneseerhebung;

- Befragung von Verwandten oder Freunden des Patienten;
- Befragung des Patienten durch ein mehr oder weniger strukturiertes Gespräch;
- psychometrische Messungen.

Alle diese Methoden haben Vor- und Nachteile, so daß jede Methode für eine bestimmte Kategorie Patienten mehr oder weniger geeignet ist. Die Schätzung durch den Arzt/die Schwester hat den Nachteil, daß die reelle Meinung des Patienten nicht berücksichtigt wird. Sie ist von der Sorgfalt der Anamnese abhängig. Sie hat den Vorteil, daß sie auch bei schwerkranken Patienten angewendet werden kann. Die gleichen Nachteile und Vorteile kann man der Befragung von Verwandten oder Freunden des Patienten zuschreiben: Was der Patient wirklich über seine Lebensqualität denkt, ist dabei nicht berücksichtigt. Ein psychologisch mehr oder weniger strukturiertes Interview ist wahrscheinlich die beste Methode, um vom Patienten Informationen zu erhalten, die uns ein Bild seiner Lebensqualität vermitteln können. Leider hat eine solche Methode den großen Nachteil, daß sie aufwendig und meistens nur bei einer beschränkten Anzahl Patienten durchführbar ist. Psychometrische Messungen einiger Aspekte der Lebensqualität werden in letzter Zeit immer häufiger angewendet und haben den Vorteil, daß der Patient wirklich seine eigene Meinung über seine Lebensqualität ausdrücken kann. Es ist aber klar, daß auch diese Methode mit einigen Nachteilen behaftet ist: Der Patient hat häufig die Tendenz, sozial akzeptable oder verbessernde Antworten auf Fragen zu geben. Insbesondere mit psychometrischen Messungen können wir nur bestimmte und begrenzte Aspekte der Lebensqualität erfassen. Bei älteren Patienten sind diese psychometrischen Methoden zusätzlich mit Schwierigkeiten verbunden: Ältere Menschen haben häufig mehr Schwierigkeiten, schriftlich formulierte Fragen zu verstehen. Sie leiden häufig an Weitsichtigkeit, sie sind nicht gewohnt, sich schriftlich auszudrücken und sind mit Fragebogen nicht vertraut.

Chemotherapie

Die Chemotherapie kann bei älteren wie bei jüngeren Patienten prinzipiell mit Hinblick auf folgende drei Ziele eingesetzt werden:
- Adjuvant bei Tumoren, die radikal entfernt wurden, bei denen man aber das häufige Auftreten von Rezidiven kennt (z. B. Mammakarzinom);

- kurativ bei Krankheiten, die mit Chemotherapie heilbar sind (Lymphome);
- palliativ (häufigste Kategorie) bei bestehendem, meist generalisiertem Tumor.

Der Nutzen der Chemotherapie besteht im allgemeinen in einer Verlängerung des krankheitsfreien Intervalls und einer Verminderung der Mortalität bei adjuvanten Therapien, der möglichen Heilung bei kurativen Therapien und der Verminderung der bestehenden Beschwerden oder der Vorbeugung bevorstehender Komplikationen bei palliativen Therapien.

Die Gefahren der Chemotherapie sind mannigfaltig: Bei adjuvanten Therapien kennen wir die Toxizität der Medikamente, die Störung des normalen Lebensablaufes mit häufigen Spitalbesuchen, Blutkontrollen usw., dies alles bei ungewissem Erfolg (für den einzelnen Patienten, nicht jedoch für die Kollektivität der Patienten). Die kurativen Therapien sind ebenfalls oft sehr toxisch. Bei palliativen Therapien muß man immer die Kosten-/Nutzen-Relation im Auge behalten: Die Beschwerden der Krankheit, die wir behandeln, sollen nicht kleiner sein als die Nebenwirkungen und Störungen der Lebensqualität, die wir mit unserer Therapie erzeugen.

Bei allen drei Therapietypen werden ältere Patienten häufig anders behandelt als jüngere: Bei der adjuvanten Therapie haben wir häufig die Tendenz, zu vergessen, daß ein 70jähriger Patient theoretisch noch eine Lebenserwartung von 10 bis 12 Jahren hat, so daß eine allzu vorsichtige Haltung zum Nachteil für diese Altersgruppe werden kann. Bei kurativer Therapie werden alte Patienten sehr häufig aus Angst vor Toxizität inadäquat behandelt, was zu einer Minderung der Heilungschancen führen kann. Palliative Therapien werden bei älteren Patienten seltener als bei jüngeren durchgeführt.

Die Daten über die Anwendung von Chemotherapie bei älteren Patienten stammen meist aus klinischen Studien. Wir wissen, daß Patienten, die in Studien behandelt werden, oft eine gute Selektion darstellen, da sie genügend gesund waren, um die strikten Auswahlkriterien von Studien zu erfüllen. Aber auch bei diesen speziellen älteren Patienten finden wir im Rahmen klinischer Studien häufigere Protokollverletzungen und Dosisreduktionen als bei jüngeren. Einen weiteren Aspekt stellt die Frage dar, ob ältere Patienten mit Chemotherapie wirklich eine höhere Toxizität erleiden als jüngere. Nach den bekannten Daten kann man feststellen, daß ältere Patienten bei einigen Medika-

Tabelle 2. Hämatologische Toxizität für 199 Patienten mit kolorektalem Karzinom, mit Methyl-CCNU und 5-Fluorouracil während eines Jahres adjuvant behandelt; 199 Patienten (Alter 17–85 Jahre, 33 Patienten > 70 Jahre alt)

Alter, Jahre	%
Thrombozyten unter 50 000/mm³	
< 40	15,8
40–49	23
50–59	30
60–69	23
70–85	28
Leukozytenzahlabnahme, % des Ausgangswertes	
< 40	66,5
40–49	58,8
50–59	56,1
60–69	55,1
70–85	51,7
Granulozytenabnahme, % des Ausgangswertes	
< 40	71,1
40–49	40,4
50–59	46,1
60–69	41,5
70–85	39,1
% Patienten mit Leukozytennadir < 2000/mm³ während eines Jahres adjuvanter Chemotherapie mit Methyl-CCNU und 5-Fluorouracil für kolorektale Karzinome	
< 40	0 Patienten mit Leukozyten unter 2 000/mm³
40–49	14 mit Leukozyten < 2 000/mm³
50–59	14
60–69	8,3
70–74	15,4
75–85	37,1

menten (wie z. B. Nitrosourea und Methotrexat) mehr toxische Nebenwirkungen zeigen. Bei anderen Medikamenten ist dies jedoch nicht ersichtlich. Tabelle 2 zeigt die hämatologischen Parameter von 199 Patienten, welche wegen eines Kolonkarzinoms während eines Jahres adjuvant mit Methyl-CCNU und 5-Fluorouracil behandelt wurden. Man kann der Tabelle entnehmen, daß ältere Patienten nach dem ersten Therapiezyklus keine wesentlich höhere hämatologische Toxizität aufwiesen als jüngere. Betrachtet man jedoch die maximale Toxizität während des ganzen Therapiejahres, so zeigt sich, daß ältere Patienten

Tabelle 3. Toxizität der Chemotherapie (SAKK-Studie 24/85: Adriamycin versus Epirubicin wöchentlich) beim fortgeschrittenen Mammakarzinom

Hämatologische Nadirs	Alter, Jahre			p
	<50	50–59	>60	
Hämoglobin, g/dl	11,65	12,00	11,95	0,526
Thrombozyten/mm^3	163	158	163	0,697
Leukozyten/mm^3	3,35	3,10	3,05	0,973

Alopezie Alter, Jahre	Grad			Total
	0	1	2	
<50	10 (56%)	3	5	18
50–59	17 (49%)	6	12	35
≥60	16 (37%)	10	17	43
		p = 0,437		

Nausea und Erbrechen Alter, Jahre	Grad					Total
	0	1	2	3	4	
<50	7 (39%)	4	6	0	1	18
50–59	14 (39%)	12	4	6	0	36
≥60	16 (36%)	22	6	1	0	45
		p = 0,70				

viel häufiger eine Leukopenie entwickelt haben als jüngere. Dies würde die Idee unterstützen, daß im Falle des Knochenmarks im Alter die Belastbarkeit der Organe eher eingeschränkt ist. Die Akutreaktion scheint im Alter erhalten zu sein (Nadir nach 1 Zyklus für alle Altersgruppen ähnlich).

In einer Studie der Schweizerischen Arbeitsgruppe für klinische Krebsforschung bei Patientinnen mit fortgeschrittenem Mammakarzinom wurde die Toxizität einer Monotherapie mit Antrazyklinen (Adriamycin versus Epirubicin) bei verschiedenen Altersgruppen untersucht. Die Resultate sind in Tabelle 3 zusammengefaßt.

Bezüglich des Tumoransprechens auf Chemotherapie gibt es keine Hinweise, daß adäquat behandelte ältere Patienten weniger Remissio-

Tabelle 4. Tumoransprechen und Überleben von Patienten mit high-grade Nicht-Hodgkin-Lymphom

157 Patienten, mit Cyclophosphamid, Doxorubicin, Prednison, Bleomycin, Vincristin und Procarbazin behandelt
112 Patienten waren über 60 Jahre alt

Tumoransprechen, %			5-Jahres-Überleben, %
Total	62		41
Alter < 60	71	p = 0,18	60
Alter ≥ 60	58		34

Todesursachen	
Tumor und Toxizität vergleichbar für jüngere und ältere Patienten	
Andere Todesursachen, %	
Patienten < 60 Jahre	2
Patienten ≥ 60 Jahre	22 (meistens kardiovaskulär)

nen erreichen als jüngere. Es ist allerdings allgemein bekannt, daß ältere Menschen meist ein kürzeres Überleben aufweisen als jüngere. Dies läßt sich mit den nichttumorbedingten Todesursachen erklären, die bei zunehmendem Alter vermehrt auftreten. Tabelle 4 zeigt die Daten einer Studie bei hochgradigen Nicht-Hodgkin-Lymphomen. Das Ansprechen der Patienten auf die Chemotherapie war bei unter oder über 60 Jahre alten Patienten statistisch nicht unterschiedlich, das 5-Jahres-Überleben jedoch war bei älteren Patienten eindeutig niedriger als bei jüngeren. Unter der älteren Population waren mehr als ein Fünftel der Todesursachen nicht tumorbedingt.

Schlußfolgerung

Ältere Patienten leiden häufiger an konkomittierenden Erkrankungen als jüngere. Es gibt momentan keine Daten, die die These unterstützen, daß ältere Patienten bei der Behandlung mit Zytostatika (abgesehen von wenigen Ausnahmen, wie möglicherweise Methyl-CCNU und Methotrexat) eine höhere Toxizität erleiden. Ältere sprechen auf antitumorale Therapien im gleichen Ausmaß an wie jüngere;

es ist aber zu berücksichtigen, daß sie häufiger an nichttumorbedingten Ursachen sterben, was ihre meist höhere Mortalität in klinischen Studien erklärt.

Ausblick

Was soll in Zukunft bei älteren Tumorpatienten unternommen werden?
- Ältere müssen vor jedem Therapieentscheid sorgfältig evaluiert werden.
- Die antitumorale Therapie muß bei diesen Patienten sorgfältig geplant und die Organfunktion während der Therapie monitorisiert werden.
- Die soziale und finanzielle Unterstützung muß organisiert werden. *Eine Kosten/Nutzen-Analyse der Therapie muß vor jeder antitumoralen Behandlung durchgeführt und mit dem Patienten diskutiert werden.*

Was soll bei älteren Patienten speziell beachtet werden?
- Wichtig ist, daß den älteren Patienten nicht ihres Alters wegen inadäquate Therapien appliziert werden.
- Der Lebensqualität dieser Patienten muß spezielle Beachtung geschenkt werden. Es ist zu bedenken, daß man dabei nicht nur an die Verminderung der Therapietoxizität oder an den funktionellen Status der Patienten denkt, sondern ebenfalls an den psychologischen Status, an die soziale und ökonomische Seite der Problematik.

Dr. M. Castiglione-Gertsch, Institut für medizinische Onkologie der Universität, Inselspital, CH-3010 Bern (Schweiz)

Nachsorge des geriatrischen Tumorpatienten

Medizinische Aspekte in der Nachsorge des geriatrischen Tumorpatienten

W. Queißer

Sektion für spezielle Onkologie, Onkologisches Zentrum, III. Medizinische Klinik, Fakultät für klinische Medizin Mannheim der Universität Heidelberg, Mannheim, BRD

Der Tumorpatient war über lange Zeit ein verlassener Patient, denn nach Abschluß der Primärbehandlung kümmerte sich kaum jemand mehr um ihn. Seit etwa 10–15 Jahren hat sich unter Ärzten und in der Sozialgesetzgebung die Erkenntnis durchgesetzt, daß der Tumorpatient in hohem Maße ein Risikopatient ist. Er unterliegt dem Risiko des Tumorrezidivs bzw. der Generalisierung des Tumorleidens, das statistische Risiko zur Entwicklung eines weiteren Karzinoms bleibt erhalten, hinzu kommt die potentiell karzinogene Potenz jeder nichtoperativen Tumortherapie (Strahlen- und Chemotherapie). Der Tumorpatient steht deshalb heute im Mittelpunkt unseres Interesses, und es stehen zahlreiche Formen der postprimären Versorgung zur Verfügung.

Für die Versorgung des Tumorpatienten wurden zahlreiche Strukturen geschaffen, wobei deren Zielsetzungen sehr unterschiedlich sind (Tab. 1). Sie sind einmal Ausdruck eines allgemeinen epidemiologischen Interesses und dienen insofern ausschließlich der Registrierung (Krebsregister, Nachsorgeregister). Große Aufmerksamkeit wird auf Maßnahmen gelegt, die der Wiederherstellung des Wohlbefindens dienen. Hierzu gehören die körperliche, soziale und berufliche Rehabilitation, nachklinische Betreuung insbesondere bei operativ gesetzten Defekten (Anus praeter, Verlust des Kehlkopfes u. a.), Nachkuren, Nachsorgekuren, sogenannte Kräftigungskuren oder Heilbehandlungen und schließlich die psychosoziale Betreuung. Einen weiteren Schritt stellen die Bemühungen dar, das durch die Primärtherapie Erreichte durch gezielte Behandlung zu sichern (Nachbehandlung, Nachsorge-

Tabelle 1. Formen postprimärer Registrierung, Überwachung und Behandlung onkologischer Patienten

	Zielsetzung
Krebsregister Nachsorgeregister	Registrierung
Rehabilitation Nachklinische Betreuung Nachkur, Nachsorgekur Kräftigungskur Heilbehandlung Psychosoziale Betreuung	Wiederherstellung
Nachbehandlung Nachsorgebehandlung Adjuvante Behandlung Prophylaktische Behandlung	Behandlung
Nachkontrollen Nachsorge	Diagnostik

behandlung). Hierzu gehören insbesondere die zahlreichen neueren Konzepte der adjuvanten bzw. prophylaktischen Therapie. Ein weiteres Konzept schließlich, mit dem man sich gerade in unserem Land in den letzten Jahren intensiv befaßt hat, ist die Nachsorge. Hierzu wurden verschiedene Modelle entwickelt und regional wie überregional praktiziert. All diesen Modellen ist gemeinsam, durch gezielte diagnostische Maßnahmen die Früherkennung von Tumorrezidiven bzw. -metastasen zu ermöglichen.

Der Begriff «Nachsorge» bedarf einer klaren Definition und Abgrenzung von den anderen Formen der postprimären Versorgung, obwohl sich diese häufig überschneiden oder ineinander übergehen. Das Konzept der Tumornachsorge ist ausschließlich für Patienten gedacht, deren Primärbehandlung mit kurativer Intention erfolgte. Tumornachsorge besteht aus einer Serie ärztlicher Untersuchungen nach festgelegtem Zeitplan und diagnostischem Programm. Sie endet nach Feststellung des Tumorrezidivs, wobei der Patient einer erneuten Behandlung zugeführt werden muß. Die Wiederaufnahme der Nachsorge ist nach erfolgreicher Sekundärbehandlung möglich. Aus alldem ergibt sich, daß das Ziel der Nachsorge ausschließlich die Rezidivdiagnostik ist. Dem Nachsorgekonzept liegt die – bis heute noch nicht bewiesene – Hypothese zugrunde, daß die Überlebenschancen eines Tumorpatienten um so besser sind, je früher das Tumorrezidiv erkannt worden ist.

Im Rahmen eines Nachsorgeprojekts der Kassenärztlichen Vereinigung (KV) Nordbaden wurden ab 1984 Patienten in der Tumornachsorge zentral am Klinikum Mannheim registriert. Die Patienten wurden nach tumorspezifischen Nachsorgeschemata untersucht. Die Ergebnisse dieser Untersuchungen wurden auf speziellen Formblättern dem onkologischen Zentrum in Mannheim gemeldet, wo die Daten gespeichert wurden. Um die Effizienz dieser Nachsorge zu untersuchen, erfolgte inzwischen eine erste Auswertung [1].

Im Zeitraum vom 1. Januar 1984 bis 31. Dezember 1986 wurden insgesamt 5411 Patienten in diese Nachsorgedokumentation aufgenommen (Tab. 2). Die Auswertung erstreckte sich bis zum Stichtag, dem 31. Dezember 1987. Dabei handelte es sich um 3643 Neuerkrankungen und 45 verschiedene Tumorlokalisationen. Das Follow-up war

Tabelle 2. Onkologisches Nachsorgeprogramm der Kassenärztlichen Vereinigung Nordbaden, 1. Januar 1984 bis 31. Dezember 1986 (Stichtag: 31. Dezember 1987)

	Patienten	%	Total
Patienten, gesamt			5411
Neuerkrankungen	3643	67,3	
Tumorlokalisationen	45		
Unvollständiges Follow-up	1149	21,2	
Auswertbar	4262	78,8	
Patienten mit Tumorrezidiv bzw. Metastasierung			595
Gynäkologische Tumoren	295	49,6	
Gastrointestinale Tumoren	160	26,9	
Urogenitale Tumoren	53	8,9	
Lungen- und Pleuratumoren	71	11,9	
Andere	16	2,7	
Patienten der acht Tumorhauptgruppen (Mamma, Ovar, Uterus, Lunge, Magen, Kolon/Rektum, Nieren, Blase)			543
Regelmäßige Teilnahme an der Nachsorge (Wahrnehmung von drei Vierteln aller Nachsorgetermine)			317

bei 21,2 % der Patienten unvollständig, zur Auswertung kamen also 78,8 % der Patienten.

Bei diesem Kollektiv wurden innerhalb der 4jährigen Laufzeit 595 Tumorrezidive bzw. Metastasierungen festgestellt. Wie die Aufschlüsselung der Tumorgruppen zeigt, handelte es sich bei knapp 50 % der Patienten um gynäkologische Tumoren. Zur Auswertung auf Effizienz der Nachsorge kamen nur diejenigen Patienten, die einer von acht Tumorhauptgruppen angehörten (n = 543). Da die Beurteilung der Effizienz einer Nachsorge die regelmäßige Teilnahme voraussetzt, mußte der Terminus «regelmäßige Teilnahme» definiert werden. Von einer regelmäßigen Teilnahme wurde dann ausgegangen, wenn drei Viertel aller Nachsorgetermine eingehalten worden waren. Das war bei 317 Patienten der Fall.

Anhand dieser 317 Rezidivpatienten wurde zunächst die Effizienz der Diagnostik überprüft, die jeweils zur Aufdeckung des Rezidivs bzw. der Diagnostik überprüft, die jeweils zur Aufdeckung des Rezidivs bzw. der Metastasen führte (Tab. 3). Unter anderem konnte festgestellt werden, daß 86 % der Rezidive innerhalb der festgesetzten Nachsorgetermine und nur 14 % außerhalb der Nachsorgetermine diagnostiziert wurden. Letzteres war der Fall, wenn z. B. zwischen den Untersuchungsterminen bei den Patienten Beschwerden auftraten und diese zum Arzt führten.

Bei der Rezidivdiagnostik (Tab. 3) hatten die Zwischenanamnese und der körperliche Befund die größte Effizienz, sie allein führten bei 40,4 % der Patienten zur Diagnose. Labordiagnostik (einschließlich zytologischer Untersuchungen) und alle apparativen Verfahren (Sonographie, Röntgen, Computertomographie, Mammographie) zeigten demgegenüber nur eine jeweils geringe Effizienz in Hinsicht auf die Rezidivdiagnostik. Nimmt man zur allgemeinen Untersuchung die Laborbefunde hinzu, erhöht sich die Effizienz auf 50,7 %, unter Hinzunahme der Sonographie auf 63,5 % und schließlich der radiologischen Verfahren auf 94,8 %. Diese Befunde unterstreichen die große Bedeutung der einfachen ärztlichen Untersuchung im Rahmen der Nachsorge.

Für die Beurteilung dieser Form der Nachsorge, die nicht zuletzt mit einem erheblichen finanziellen Aufwand verbunden ist, stellt sich die zentrale Frage, ob die damit aufgedeckten Rezidive/Metastasen noch sekundär kurativ angehbar sind (Tab. 4). Es zeigte sich, daß von den 317 Patienten mit Tumorrezidiv nur 34 sekundär kurativ angehbar

Tabelle 3. Effizienz der Diagnostik

	Total	%
Patienten, gesamt	317	
Aufdeckung von Rezidiv/Metastasen		
Innerhalb der Nachsorgetermine	273	86,1
Außerhalb der Nachsorgetermine	44	13,9
Rezidivdiagnostik (n = 619)		
Anamnese (A)	143	23,1
Körperlicher Befund (K)	107	17,3
Labor einschließlich Zytologie (L)	64	10,3
Sonographie (S)	79	12,8
Röntgen (R)	109	17,6
Knochenszintigramm (R)	42	6,8
Computertomographie (R)	43	6,9
Mammographie	5	0,8
Endoskopie einschließlich Zystoskopie	27	4,4
Bewertung		
A + K		40,4
A + K + L		50,7
A + K + L + S		63,5
A + K + L + S + R		94,8

waren, was einem Anteil von 10,7 % entspricht. Dabei handelte es sich überwiegend um Lokalrezidive bei Mamma-, Kolon- und Blasenkarzinom (n = 20), ferner um den Befall der kontralateralen Mamma (n = 4) und in einigen wenigen Fällen um Leber- oder Lungenmetastasen bei kolorektalem Karzinom (n = 3), um Knochenmetastasen bei Nierenkarzinom (n = 3) und um Zweittumoren (n = 3). Hinsichtlich der Therapieart dieser 34 Patienten stand die Chirurgie ganz im Vordergrund, wobei diese in einigen Fällen mit Strahlen-, Hormon- oder Chemotherapie kombiniert wurde.

Wesentlich ist jedoch festzustellen, daß 195 der 317 Patienten (61,5 %) einer palliativen Tumortherapie zugeführt werden konnten. Bei 87 Patienten (27,5 %) wurde auf eine kausale Tumortherapie ganz verzichtet.

Die an den Rezidivpatienten des Nachsorgeprogramms der KV Nordbaden erhobenen Daten lassen folgende Schlußfolgerungen zu:

Tabelle 4. Behandlung der durch Nachsorge aufgedeckten Rezidive/Metastasen und Zweitkarzinome

	n	%
Patienten, gesamt	317	
Sekundär kurative Therapie	34	10,7
Lokalrezidiv (Mamma, Kolon, Blase)	20	
Kontralaterale Mamma	4	
Lymphknotenmetastase (Mamma)	1	
Lebermetastasierung (Kolon/Rektum)	2	
Lungenmetastasierung (Kolon/Rektum)	1	
Knochenmetastasen (Nieren)	3	
Zweitkarzinome	3	
Therapieart		
Operation	23	
Operation + Bestrahlung	3	
Operation + Bestrahlung + Hormone	3	
Operation + Chemotherapie	5	
Palliative Tumortherapie (Zytostatika, Hormone usw.)	195	61,5
Nur symptomatische Therapie	87	27,5
Keine Angaben	1	0,3

1. Ein regionales Tumornachsorgeprogramm mit zentraler Datenerfassung ist gut machbar und findet Akzeptanz bei Ärzten und Patienten.
2. Im Rahmen eines solchen Programms wird kein repräsentativer Querschnitt maligner Tumoren erfaßt. Tumoren, die vorwiegend in Spezialambulanzen und -kliniken nachbetreut werden (z. B. Bronchialkarzinome, maligne Lymphome, Hämoblastosen), sind erkennbar unterrepräsentiert.
3. Die Nachsorgeintervalle (meist vierteljährlich in den ersten 2 Jahren) erwiesen sich als richtig. Rund 86 % der Rezidive werden darin erfaßt.
4. Die in «standardisierten Nachsorgeschemata» angesetzte Diagnostik ist zu umfangreich. Eine flexiblere Handhabung ist angezeigt, wobei apparative und instrumentelle Untersuchungen erst bei kli-

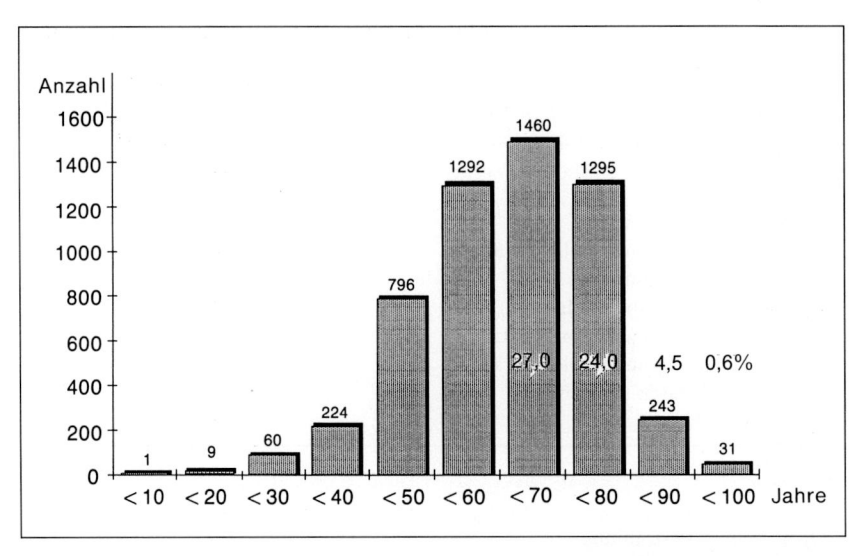

Abb. 1. Altersverteilung von 5411 Patienten des onkologischen Nachsorgeprogramms der Kassenärztlichen Vereinigung Nordbaden 1984–1986.

nischem Verdacht angesetzt werden sollten. Ausnahmen bilden Tumoren wie das Bronchialkarzinom und das Blasenkarzinom, bei denen eine entsprechende Diagnostik Bestandteil der Nachsorge bleiben muß.
5. Von einer flexibleren Handhabung der Nachsorge ist eine günstigere Kosten-Nutzen-Relation zu erwarten.
6. Die Ausbeute an sekundär kurativ angehbaren Rezidiven/Metastasen ist gering (10,7 %). Ein großer Teil von Patienten (61,5 %) kann jedoch frühzeitig einer palliativen Tumortherapie zugeführt werden.

Die vorliegenden Daten lassen nur bedingt eine Untersuchung der geriatrischen Nachsorge zu. Die Altersverteilung aller 5411 Patienten des Nachsorgeregisters der KV Nordbaden (Abb. 1) zeigt mit 1460 Patienten einen Altersgipfel bei 61–70 Jahren (27,0 %). 1295 Patienten (24,0 %) waren 71–80 Jahre, 243 Patienten (4,5 %) 81–90 Jahre und lediglich 31 Patienten (0,6 %) über 90 Jahre alt. So betrug der Anteil der Patienten über 70 Jahre 29 %, über 80 Jahre nur 5,1 %. Dieser Anteil kann nicht als repräsentativ gelten, denn es ist anzunehmen, daß der weitaus größere Teil geriatrischer Patienten entweder nicht in das

Nachsorgeprogramm aufgenommen wurde oder keine Nachsorge erfuhr.

Deshalb können für die geriatrische Nachsorge von Tumorpatienten hier nur einige allgemeine Empfehlungen gegeben werden:

1. Jeder geriatrische Patient sollte nach kurativer Behandlung eines malignen Tumors einer onkologischen Nachsorge unterzogen werden.
2. Die Nachsorge sollte in regelmäßigen Intervallen erfolgen (z. B. vierteljährlich in den ersten 2 Jahren).
3. Im Vordergrund sollte die einfache ärztliche Untersuchung (Anamnese, körperlicher Befund) stehen. Zusatzuntersuchungen sind in beschränktem Umfang nur bei begründeten Verdachtsmomenten gerechtfertigt.
4. Die Chance der sekundären Kurabilität besteht im wesentlichen bei Lokalrezidiven und Metastasen, die durch einfache operative Verfahren entfernbar sind.
5. Die frühe Aufdeckung einer Tumorgeneralisierung bietet auch im Alter die Chance für eine palliative Tumortherapie, sofern der Tumor durch einfache systemische Therapien (Hormon- und Chemotherapien) beeinflußbar ist oder durch lokale Strahlentherapie angegangen werden kann.
6. Eine adäquate symptomatische Therapie (z. B. Schmerztherapie) tumorbedinger Beschwerden stellt ein zentrales Anliegen der geriatrischen Onkologie dar.

Literatur

1 Schmidt H, Maurer U: Effizienz der Tumornachsorge – Ergebnisse eines Nachsorgemodells. Inauguraldissertation, Mannheim 1990.

Prof. Dr. W. Queißer, Onkologisches Zentrum, Klinikum Mannheim,
Theodor-Kutzer-Ufer, D-68135 Mannheim (BRD)

Tumorkrank im Alter
Zur psychosozialen Problematik

Mechthild Hahn

Tumorzentrum Rheinland-Pfalz, Mainz, BRD

Im sozialpsychologischen Vorfeld dieses Themas gibt es zwei Befunde: 1. In unserer Gesellschaft hoffen alle Menschen, alt zu werden und fürchten sich zugleich davor, alt zu sein. 2. Für die meisten Menschen ist Krebs die gefürchtetste aller Krankheiten.

Mit der Erlebniswirklichkeit und psychosozialen Lage von Menschen, für die sich beide Befürchtungen erfüllen, nämlich alt und dazu noch krebskrank zu sein, konfrontieren wir uns im folgenden aus der Sicht und dem Erfahrungswissen klinischer Sozialarbeit.

Alltagswirklichkeit alter Menschen

Psychosoziale Beratungsgespräche mit alten Menschen als Krankenhauspatienten zeigen, daß die gängige Vorstellung von leistungsfähigen und unternehmungsfreudigen «Senioren», die – vielleicht mit einem verläßlichen Herzschrittmacher versehen und mit gut funktionierenden Totalendoprothesen beweglich gehalten – uneingeschränkt aktiv, sozial integriert, reiselustig und rundum rüstig den Lebensabend genießen, auf die meisten unter ihnen wohl kaum zutrifft. Die durchschnittliche Alltagswirklichkeit alter Menschen ist gekennzeichnet von den Besorgnissen des Alters, chronischen Krankheiten und Beschwerden, dem – irritiert wahrgenommenen oder noch hartnäckig verleugneten – Nachlassen der körperlichen und geistigen Kräfte, der Merkfähigkeit, des Seh- oder Hörvermögens, der flexiblen Anpassungsfähigkeit, die das alles beherrschende Tempo unserer in ständigem Wandel begriffenen Lebenswelt erfordert. Viele Betagte – nicht nur in städtischen, sondern auch in ländlichen Regionen – leben nicht mehr in einem festgefügten Familienverband und (besonders häufig alte Frauen) nach dem Tod des Ehepartners allein und trotz regelmäßiger Kontakte zu ihren Kindern, ihrem durch Todesfälle schon ausgedünnten Verwandten- und Freundeskreis oder in der Nachbarschaft vereinsamt. Auf ihre Eigenständigkeit in ihrer angestammten, von vertrauten Gewohnheiten und Erinnerungen erfüllten Umgebung bedacht, haben sie gelernt, mit den Beschwernissen des Alters, einem verlangsamten Lebensrhythmus und oftmals eigentümlich eingeschränktem Lebensradius leidlich zufrieden zurechtzukommen – materiell als Rentner im Durchschnitt bescheiden, alleinstehende Witwen überwiegend nur dürftig ausgestattet. Trotz aller Mühsal vermeiden sie so lange wie möglich, fremde Hilfe, z. B. durch ambulante Betreuungs- und Altenpflegedienste, «Essen auf Rädern», erst recht die Übersiedlung in ein Altenheim usw., in Anspruch zu nehmen. Aber kommen diese schließlich doch notgedrungen zum Einsatz, werden sie nicht selten die im Alltag konstantesten und nächsten Bezugspersonen alter Menschen.

Erlebniswirklichkeit geriatrischer Tumorpatienten

Bedrohlichkeit des Krebskrankseins
Mit der Voraussicht einer nur mehr begrenzten Lebensspanne gehen betagte Patienten, die zumeist schon viele nahestehende Menschen, Geschwister, Verwandte, oft den Ehepartner, gleichaltrige Freunde, eigene Kinder durch den Tod verloren haben, im allgemeinen realistisch und sogar gelassen um – sei es aus gläubiger Gewißheit oder auch in einer Art fatalistischer Ergebung. Sie fürchten weniger den Tod an sich, sondern mehr die Umstände ihres Sterbens und hoffen, daß es sich einmal sanft, schnell, plötzlich und ohne langes Krankenlager vollziehen werde. Jede den Alterskrankheiten plötzlich hinzutretende Krankheit wird von ihnen daher gefürchtet als eine zum Tode führende, mehr aber noch als eine, die sie aus ihrer gewohnten Alltagswelt endgültig entwurzeln, hilfsbedürftig und pflegeabhängig machen wird. Vielleicht erklärt diese Grundeinstellung, warum viele geriatrische Tumorkranke – obwohl sie die Ernsthaftigkeit schon länger bemerkter Symptome durchaus richtig deuteten – erst im fortgeschrittenen Krankheitsstadium in Behandlung kommen. Die Bedrohlichkeit des Krebs-

krankseins gewinnt so im Erleben geriatrischer Tumorpatienten aufgrund ihrer Gesamtsituation subjektiv von vornherein den mutmaßlichen Stellenwert einer unausweichlichen Katastrophe, während sie für die im jüngeren Lebensalter Erkrankten eher eine plötzlich in die Normalität hereingebrochene existentielle, die kämpferische Hoffnung auf Zukunft herausfordernde Krise darstellt. Pointiert ausgedrückt: Subjektiv bedroht die Krebskrankheit bei im jüngeren Lebensalter Erkrankten den Lebensentwurf noch ungelebter Jahre oder gar Jahrzehnte – bei Betagten das schmerzlos sanfte Zuendegehen eines bereits lange gelebten Lebens. Krankheitsbedingte Veränderungen und Verluste in ihren sozialen Beziehungen und Rollen in Partnerschaft, Familie, Beruf, Gesellschaft belasten jüngere Tumorpatienten zwar mit Selbstzweifeln und Versagensgefühlen, doch erwächst ihnen gerade aus dem Eingebundensein in Aufgaben, Pflichten und Verantwortlichkeiten und aus der Erfahrung, gebraucht, unersetzlich und von der Familie geliebt zu sein, auch die Kraft und psychische Energie, neue Zukunftsperspektiven zu entwickeln und Probleme zu bewältigen. Betagten Tumorpatienten mit einem ohnehin geringeren Energiepotential ist dies fast nur noch möglich in der Sorge um einen gleichfalls schon alten, auf die wechselseitig eingespielte Hilfe und Unterstützung angewiesenen Ehepartner. Invasive Tumortherapien, besonders aber integritätsversehrende operative Eingriffe, z. B. Stomaanlage, Amputation, lösen bei geriatrischen Tumorpatienten weniger als bei Jüngeren psychosoziale Identitätskrisen mit dem Verlust von Selbstbewußtsein und Selbstwertgefühl, persönlicher und sexueller Attraktivität oder sozialer Konkurrenzfähigkeit aus als vielmehr resignative Unsicherheit und Furcht, mit diesen – zudem als peinlich empfundenen und mit Schamgefühlen behafteten zusätzlichen – Körpergebrechen nicht mehr selbständig fertig werden zu können und pflegebedürftig zu bleiben.

Unannehmlichkeit des Krankenhauspatientseins

Der Krankenhausaufenthalt als solcher verstärkt bei geriatrischen Tumorpatienten Resignation, Mutlosigkeit und Angst, kann sogar partielle Verwirrtheit und inadäquate Verhaltensweisen verursachen. Abgesehen von den Ängsten und Gefühlen hilflosen Ausgeliefertseins, den Beschwerden, Schmerzen und Unannehmlichkeiten, welche die Krankheit und ihre Behandlung mit fast pausenlosen, zunächst diagnostischen, dann therapeutischen verlaufsüberwachenden medizinischen und pflegerischen Maßnahmen unvermeidlich mit sich bringt, macht schon die Fremdheit und Undurchschaubarkeit des Krankenhausmilieus mit seinem routinierten, oft hektischen Betriebsablauf, der Fülle wechselnder Bezugspersonen mit unterschiedlichen Funktionen und Kompetenzen geriatrische Patienten orientierungslos, läßt sie manchmal in eine Haltung stumpfer Lethargie oder vorwurfsvoll-mißtrauischer Abwehr verfallen. Häufig schaffen ihre Altersmängel an geistiger und körperlicher Beweglichkeit, des Merk-, Seh- oder Hörvermögens, mit denen sie sich in ihrer Eigenwelt zwar noch leidlich zurechtfanden, jetzt zusätzliche Anpassungsprobleme in den reibungslosen Stationsablauf. Die Trennung von ihrer gewohnten Umgebung und haltgebenden Alltagsordnung beängstigt geriatrische Patienten um so mehr, wenn sie dort ihren alten, um sie ebenso besorgten Ehepartner zurückgelassen haben, der sie womöglich wegen eigener Gebrechlichkeit nur selten im Krankenhaus besuchen oder die Verbindung mit ihnen nur über Dritte aufrechterhalten kann. Übrigens ist im allgemeinen die Besucherfrequenz geriatrischer Patienten im Krankenhaus deutlich geringer als die der jüngeren, obwohl gerade ihnen der regelmäßige Zuspruch von Angehörigen und Freunden helfen würde, den Krankenhausaufenthalt und die Strapazen der Behandlung leichter zu ertragen und sie zu größerer Eigenaktivität zu ermuntern.

Ambivalenz des Betreutwerdens

Indessen erleben geriatrische Tumorpatienten aber die Besorgnis ihrer Angehörigen um sie in dieser Situation wie auch die allgemein professionelle Betreuung im Krankenhausmilieu oft ambivalent. Aus der Furcht vor dem endgültigen Verlust ihrer Eigenständigkeit und davor, ihren Angehörigen künftig «zur Last zu werden», zeigen sie einerseits auch diesen gegenüber eine gelegentlich eigensinnige Verschlossenheit und weisen deren besorgtes Verhalten leicht als Bevormundung zurück. Sie erwarten aber auch anderseits – teilweise verstärkt durch die von Krankheit, Krankenhausaufenthalt und Therapie zwangsläufig ausgelöste psychische Regression und Selbstbezogenheit – deren ganz selbstverständliche und ausschließlich an ihren Wünschen orientierte Unterstützung, der dann sich quasi kindlich zu überlassen sie auch entlastet. Wie ausgeprägt dieser innere Zwiespalt geriatrischer Tumorpatienten zwischen Autonomiestreben und Fremdüberantwortung, zwischen Abgrenzung und Verschmelzung ist, wird freilich nicht nur von ihrem aktuellen somatopsychischen Zustand und ihrem Einsichtsvermögen in eben diese eigenen Gegebenheiten bestimmt, sondern auch von der bisherigen lebensgeschichtlich entwickelten Eigenart und Qualität der Beziehungen zu ihren Angehörigen, die allerdings von uns im Krankenhaus zumeist nur ausschnitthaft wahrgenommen werden kann. Gleichwohl übertragen geriatrische Tumorpatienten solche biographisch verfestigten familiären Vorerfahrungen unbewußt auch in die Beziehungsaufnahme zu den Personen, die sie im Krankenhaus behandeln, pflegen und betreuen. Dadurch bekommen wir diese Gefühlsambivalenz im Umgang mit geriatrischen Patienten häufig in widersprüchlich wechselnden Verhaltensweisen deutlich zu spüren: Diese zeigen sich teils mürrisch-abweisend, aber dennoch ständig anspruchs- und vorwurfsvoll, teils klagsam-zuwendungssuchend, aber dennoch überaus anpassungsbereit und dankbar-bescheiden.

Umgang mit geriatrischen Tumorpatienten und psychosoziale Versorgung

Wie der professionell betreuende Umgang mit geriatrischen Tumorpatienten hilfreich zu gestalten sei nach jenen Prinzipien und Handlungsprämissen, die allgemein für die psychosoziale Versorgung Krebskranker gelten und hier als hinreichend bekannt vorausgesetzt werden dürfen, läßt sich aus der vorausgegangenen Schilderung ihrer Erlebniswirklichkeit im wesentlichen schon ableiten. Deshalb wollen wir uns im folgenden darauf beschränken, einige Besonderheiten und Probleme des Umgangs mit geriatrischen Tumorpatienten und der Hilfe zur Situationsbewältigung hervorzuheben.

Beginnen wir mit einigen selbstkritischen Fragen, die unsere eigene, uns aber möglicherweise kaum bewußte Einstellung gegenüber geriatrischen Tumorpatienten betreffen, auch wenn wir altersunabhängig mit gleicher Gewissenhaftigkeit behandeln, mit gleicher Sorgfalt pflegen, mit gleicher Zugewandtheit beraten. Nehmen wir an ihrem Schicksal, im Alter krebskrank zu sein, persönlich gleichen Anteil wie an dem von Jüngeren, die unserem eigenen biographischen Standort näher sind und deren seelisch-soziale Notlage wir vielleicht deshalb besser nachempfinden können? Erwarten wir in unbewußter Voreingenommenheit allgemein von alten Menschen als Tumorpatienten eher, daß sie sich «gereift» und ergeben in ihr Krankheitsgeschick mit seinen lebensweltverändernden Folgen fügen, wie es übrigens tatsächlich manchmal zu beobachten ist? Neigen wir daher zu schnell dazu, wenn sie in gleicher Weise zeitweilig realitätsverleugnend, auflehnend, aggressiv oder depressiv sind, worauf wir bei jüngeren Tumorpatienten gesprächsbereit mit einfühlendem Verständnis eingehen, dies als ein mehr geriatrisches Symptom zu interpretieren, auf das wir lediglich duldsam und beschwichtigend reagieren? Leitet uns eben diese Vorstellung auch, wenn wir in schonungsvoller Absicht die offene Kommunikation über die Tragweite des Tumorleidens mit den geriatrischen Patienten selbst eher vermeiden und statt dessen stärker – in nicht seltenen Fällen in Unkenntnis der familiendynamischen Vorgeschichte sogar stärker als angemessen – die Angehörigen in Entscheidungen einbeziehen oder sie für nachsorgende Regelungen allzu selbstverständlich «in die Pflicht nehmen»? Wohlgemerkt: Es geht hier nicht um Tumorpatienten mit seniler Demenz, bei denen sowohl außergewöhnliche Umgangsbedingungen wie auch rechtlich andere Voraussetzungen, z. B. eine Gebrechlichkeitspflegschaft zur ersatzweisen Einwilligung bei Therapiemaßnahmen, gegeben sind, sondern um die durchschnittliche Mehrzahl der im höheren Lebensalter an Krebs erkrankten Patienten.

Wirkt sich der geschilderte unterschiedliche «Aufklärungsmodus», wo er auch gegenüber jüngeren Tumorpatienten und ihren nächsten Angehörigen noch praktiziert wird, im weiteren Krankheitsverlauf meistens verhängnisvoll – nämlich lähmend – in deren wechselseitigen Beziehungen aus, so bei geriatrischen Tumorpatienten im allgemeinen nicht weniger. Da sie – wie übrigens alle Schwerkranken – ein feines Gespür für Diskrepanzen zwischen spärlichen verbalen Äußerungen und nichtverbalen Mitteilungen im Verhalten ihrer Bezugspersonen entwickeln, nehmen sie oft ohnehin mehr über ihren Zustand wahr, als die Umwelt vermutet. Die Ambivalenz und das unterschwellige Mißtrauen, sie würden bevormundet, es würde über sie verfügt, wächst sich um so eher zu starrsinniger Uneinsichtigkeit oder fügsam-stumpfer Teilnahmslosigkeit aus, wenn und weil ihre Angehörigen nicht nur notwendigerweise als unterstützende, sondern als Ersatzgesprächspartner für sie im Krankenhaus fungieren.

In der klinischen Sozialarbeit, die auf der Basis einer vertrauensvollen Beziehung Patienten in der Subjektivität ihres eigenweltlichen Krankheitserlebens zu verstehen sucht und persönlich beraten will, machen wir im Umgang mit geriatrischen Tumorpatienten, auf die man sich trotz altersbedingt schwieriger Kommunikation, z. B. Schwerhörigkeit, verminderter oder verlangsamter Aufnahme- und Mitteilungsfähigkeit, ebenso ernsthaft einläßt wie auf Jüngere, überwiegend folgende Erfahrungen:

1. Sie ziehen zumeist früher und genauer Schlüsse auf die Art und Schwere ihres Leidens, als sie darüber verbal informiert wurden.
2. Sie verschweigen aber dieses Wissen vor anderen, vor allem ihren Angehörigen, die ihnen auch ihrerseits fast immer «die Wahrheit» noch verheimlichen wollen.
3. Traurigkeit und Angst vor dem Sterbenmüssen lassen sie eher nur zu, ja «rechtfertigen» sie quasi, als die um den dann allein zurückbleibenden, gleichfalls betagten Ehepartner, wobei ihnen aus dieser Bindung zugleich ein oft erstaunlicher Lebenswille zuwächst.
4. Ihre Ängste und Zweifel kreisen weniger als bei Jüngeren um die Krankheitsfakten an sich: Ursachen, Heilbarkeit oder Unheilbarkeit, therapeutische Konsequenzen und Alternativen, statistische Überlebenschancen usw., als vielmehr um die für sie zentrale Frage, ob und wie sie die ihnen noch verbleibende Lebensspanne in ihrer vertrauten, sinn- und haltgebenden Umwelt verbringen können, ob und welche Hilfen sie dazu benötigen und auf wen sie sich dabei verlassen müssen oder dürfen.

Darin nun liegt vornehmlich auch der Ansatzpunkt psychosozialer Versorgung geriatrischer Tumorpatienten, welche die unter ethischen Abwägungen wohl häufiger palliativ als kurativ erfolgte medizinische Therapie und die personzentrierte aktivierende Pflege ergänzt.

Aus klärenden und stützenden Gesprächen mit dem geriatrischen Tumorpatienten und seinen Angehörigen, einzeln oder gemeinsam, nur bei besonderer Problem- oder Konfliktlage auch getrennt geführt, resultiert

1. wie die Beistandsbedürfnisse und Erwartungen des Patienten mit der Hilfsbereitschaft und den Bewältigungsmöglichkeiten seiner Angehörigen – die ja ihrerseits auch zumeist in vielfältigen Alltags-, Berufs- und Familienpflichten eingespannt und deshalb jetzt oft überfordert und mit Schuldgefühlen befrachtet sind – in ein tragfähiges Gleichgewicht gebracht werden können;
2. welches Maß an gegenseitiger Offenheit und Wahrhaftigkeit zur Annahme und zum emotional gemeinsamen Durchtragen des Leidens angebahnt wird;
3. welche konkreten Hilfen von außen, z. B. stationäre Tumornachsorgemaßnahmen als Anschlußheilbehandlung zur noch möglichen Rehabilitation, ambulante Kranken-, Alten- und Hauspflege, sonstige Besuchs- und Betreuungsdienste im häuslichen Milieu, materielle Ressourcen, wie Pflegegeld usw., erschlossen werden können;

4. ob – als schwerwiegendster und bitterster Entschluß – letztlich doch die Aufnahme in einem Alterspflegeheim unumgänglich ist. Dieser Entschluß aber wird bei geriatrischen Tumorpatienten nicht zuletzt dadurch zusätzlich erschwert oder erleichtert, wie persönlich anteilnehmend, respektvoll und aufmerksam sie aktuell die Behandlung und Pflege, die Umsorgung insgesamt im Krankenhaus empfinden.

Ich schließe mit zwei authentischen Fallbeispielen, die zur spezifischen menschlichen Problematik, im Alter krebskrank zu sein, und zum Dilemma nur bedingt möglicher psychosozialer Hilfe aussagefähiger sind als lange theoretische Erörterungen.

Fallbeispiel 1

Herr M., 84 Jahre, galt noch immer als «teilweise verwirrt», als er von der Intensivabteilung auf die Krankenstation der chirurgischen Klinik zurückverlegt worden war, nachdem er den wegen Darmverschlusses notfallmäßig durchgeführten palliativen Eingriff mit Stomaanlage bei ausgedehntem Karzinom zwar mit einem schweren Durchgangssyndrom, aber relativ gut überstanden hatte. Denn obwohl er bereits orientiert und «adäquat im Kontakt» antworten konnte, flüsterte er immer wieder das Wort «Strupp» vor sich hin oder richtete es fragend an jeden, der ihn ansprach und wandte sich unruhig und ärgerlich ab, wenn man nicht darauf einging. In den 2 Wochen seines weiteren Klinikaufenthaltes klärte sich die Bedeutung dieses Verhaltens vor dem Hintergrund der psychosozialen Lage des Patienten in Gesprächen mit ihm und seinen Angehörigen:

Vor 3 Jahren verlor Herr M. nach über 50jähriger, offenbar sehr harmonischer Ehe seine Frau. Den Rat seiner beiden Söhne, die mit ihren Familien seit langem in anderen, relativ weit entfernten Städten lebten, die für ihn viel zu große Mietwohnung nach 40 Jahren aufzugeben und in ein Altenwohnheim zu übersiedeln, hatte Herr M. damals entrüstet von sich gewiesen, vor allem, weil er dorthin den Hund, nämlich «Strupp», nicht hätte mitnehmen dürfen. Mit dem Alleinsein kam er in der Folgezeit unerwartet und erleichternd für seine Kinder, die ihn regelmäßig besuchten, anscheinend gut zurecht, zumal er sich bei ausreichendem Renteneinkommen (er bezog neben Altersruhegeld als früherer Schlossermeister noch eine Versorgungsrente als Kriegsbeschädigter) eine Zugehfrau für die Wohnungspflege und Wäsche und täglich das Mittagessen in einer benachbarten Gaststätte leisten konnte. Die anderen Mieter im Haus kannten und mochten Herrn M., zumal er noch immer gefällig kleinere Gelegenheitsreparaturen ausführte. Ansonsten lebte er völlig zurückgezogen mit seinem inzwischen schon recht altersschwachen Hund, dem er menschliche Eigenschaften, ihn zu verstehen, sich zu erinnern usw., zutraute, dem nun seine ganze Zuneigung gehörte und der seinen Tagesrhythmus bestimmte. «Strupp» begleitete ihn auf seinem fast täglichen langen Spaziergang zum Friedhof, wo er versteckt angeleint am Seitentor immer brav wartete, bis Herr M. vom Besuch am Grab seiner Frau zurückkam. Schon seit einigen Monaten litt Herr M. an Darmbeschwerden. Daß er deshalb nicht schon früher zum Arzt gegangen war, begründete er damit: «Ich hab mir gleich gedacht, daß der mich doch nur ins Krankenhaus einweist.» Als dann seine Zugehfrau an einem Freitagabend den Notarzt rief, der die sofortige Klinikeinweisung veranlaßte, nahm sie Herrn M. zuliebe «Strupp» zunächst mit sich, um ihn dann in ein Tierheim zu bringen.

Obgleich sich das Gesamtbefinden von Herrn M. in der weiteren postoperativen Phase rasch stabilisierte, konnte er sich zunächst noch nicht mit dem Stoma abfinden, zeigte nur Abscheu und Ekel. Als der Stationsarzt ihm vorsichtig zu erklären versuchte, daß dieser künstliche Darmausgang wegen eines Tumors angelegt werden mußte, den man operativ nicht vollständig, aber so weit wie möglich entfernt hatte, unterbrach ihn Herr M. ungeduldig und in vorwurfsvollem Ton: «Ja, ja – meine Frau ist auch an Krebs gestorben! Aber machen Sie das doch wieder zu!» Doch nicht nur diesen Zustand akzeptierte er allmählich, auch die Notwendigkeit der Pflegeheimaufnahme, die aufgrund des zu erwartenden weiteren Krankheitsverlaufs und der nicht ausreichend gewährleisteten häuslichen Pflege jetzt unausweichlich geworden war. Seine Zustimmung verknüpfte er gegenüber den deshalb sehr schockierten Söhnen mit der Bedingung, daß sie zuvor «Strupp» einschläfern lassen sollten. Ihnen war sehr wohl bewußt, daß ihr Vater damit seinen eigenen Todeswunsch ausdrückte, und sie wagten ihm gegenüber nicht das Geständnis, daß sein Hund nach wenigen Tagen im Tierheim, völlig apathisch jede Nahrung verweigernd, schon «in die ewigen Jagdgründe eingegangen» war. Dank den vom Krankenhaussozialdienst unterstützten persönlichen Bemühungen der beiden Söhne wurde Herr M. relativ bald ein Platz in einem Pflegeheim in Aussicht gestellt, wo auch ein alter Freund von ihm untergebracht war. Die Wartezeit konnte zunächst durch eine 4wöchige Anschlußheilbehandlung in einer onkologischen Nachsorgeklinik überbrückt werden, um Herrn M. noch allgemein zu remobilisieren und zumindest seine teilweise Verselbständigung durch kontinuierliche Stomapflege zu erzielen.

Im Krankenhaus hatte er inzwischen doch Zutrauen gefaßt, vor allem zu zwei jüngeren Krankenschwestern, die wohl zu Recht den Eindruck hatten, daß Herr M. sich auch noch einmal im Pflegeheim leidlich eingewöhnen werde, als er nämlich am Entlassungstag scherzhaft sagte: «Euch würde ich am liebsten mitnehmen ins Altersheim!»

Fallbeispiel 2

Frau F., 76 Jahre, löste bei der Oberarztvisite auf der onkologischen Station der Frauenklinik betretenes Schweigen bei allen Beteiligten aus, als sie ruhig, aber recht energisch sagte: «Ich weiß, ich mach's nicht mehr lange, aber ich will in meinem Haus sterben.» Niemand hätte der anfänglich unsicher und verschlossen wirkenden filigranen alten Dame, die sich inzwischen seit über 3 Monaten stationär im Klinikum befand und jetzt bereits kachektisch und überwiegend bettlägerig war, so viel selbstbestimmte Entschiedenheit zugetraut, die sich im Kontext ihrer Biographie und psychosozialen Lage nicht als Altersstarrsinn mißverstehen ließ, sondern Respekt gebot.

Frau F. war wegen eines apoplektischen Insultes bei geriatrischer Multimorbidität (Hypertonus, Arteriosklerose, Herzinsuffizienz, außerdem ausgeprägter Osteoporose und Glaukom beidseits) in der medizinischen Klinik stationär aufgenommen worden, wo sich die Hemisymptomatik rechts zwar rasch zurückbildete, jedoch eine massive

Blutung ihre Verlegung in die Frauenklinik veranlaßte. Wegen eines Zervixhöhlenkarzinoms im Stadium III erfolgte hier eine kombinierte Radiatio, wobei zumindest die Applikation einer palliativen Dosis, in Abhängigkeit von Verlauf und Verträglichkeit gegebenenfalls eine kurative Dosisaufstockung, angestrebt wurde. Die über ihre Diagnose vollständig aufgeklärte Patientin tolerierte zunächst die Bestrahlung gut, paßte sich dem klinischen Ablauf und der Therapie in «pflegeleichter» Selbstdisziplin, jetzt auch kontaktfreudiger und gelegentlich sogar humorvoll an, bis die Bestrahlung wegen einer Beckenvenenthrombose für längere Zeit unterbrochen werden mußte und zusätzlich der Verdacht auf Lungenembolie auftrat. Bei den deshalb in den folgenden Wochen wiederholt durchgeführten Untersuchungen wurden Lungenmetastasen nachgewiesen, weshalb die Fortsetzung der Radiatio nicht mehr indiziert erschien. Darüber informiert, hatte Frau F. nur noch den einen Wunsch, so bald wie möglich nach Hause entlassen zu werden. Dies wiederum hielten Ärzte, Krankenschwestern und zunächst auch die Sozialarbeiterin, die alle wußten, daß Frau F. keinerlei Angehörige hatte und ein am Stadtrand gelegenes Haus allein bewohnte, angesichts ihres sich augenfällig verschlechternden Zustandes nicht für verantwortbar und deshalb die Aufnahme in einem Pflegeheim für notwendig, denn eine Rund-um-die-Uhr-Betreuung konnte im häuslichen Milieu nicht organisiert werden. Daß dennoch dem ausdrücklichen Wunsch der Patientin entsprochen und sie mit dem nur notdürftigen Einsatz der Sozialstation, von «Essen auf Rädern», gelegentlichen Besuchen vom Hausbetreuungsdienst des örtlichen Hospizvereins sowie der Pfarrgemeinde und nach Installation eines Notruftelephons durch das Deutsche Rote Kreuz bald nach Hause entlassen wurde, rechtfertigte sich in der Folgerichtigkeit ihrer Lebensgeschichte, die sie so und nicht anders zu Ende leben wollte und wie sie diese in mehreren Gesprächen mit der Sozialarbeiterin erzählte:

Sie war als zweites von drei Kindern einer religiös geprägten Familie aufgewachsen und «streng, aber gerecht» zu liebevoller Zusammengehörigkeit erzogen worden. Der Vater betrieb eine selbständige Buchbinderei und Druckerei. Ihrer Generation entsprechend bezogen sich ihre Jungmädchenträume auf Heirat und Kinder, obwohl sie in der Schule wißbegierig und begabt war. Ihr Bräutigam – der «einzige Mann» in ihrem Leben – fiel im Zweiten Weltkrieg. Als auch ihr älterer Bruder, der den väterlichen Betrieb hätte übernehmen sollen, nicht mehr aus dem Krieg heimkehrte, erlernte Frau F. – damals noch ungewöhnlich für eine Frau – das Handwerk, schloß mit der Meisterprüfung ab und half ihrem Vater beim Wiederaufbau des ausgebombten Betriebes, den sie noch einige Jahrzehnte gemeinsam führten, bis er in Konkurrenzschwierigkeiten geriet, weil ihnen die rechtzeitige Umstellung auf moderne Techniken nicht gelang und sie ihn schließlich auf Rentenbasis verkauften. Eingebunden in ihre Ursprungsfamilie und zugleich in den väterlichen Betrieb vermißte Frau F. über viele Jahre kaum, daß ihr eine eigene Familie, Mann und Kinder versagt blieben. Mit «mütterlich»-zärtlichen Gefühlen hing sie vor allem an ihrer jüngeren Schwester, die ein besonders tragisches Schicksal hatte. Als ganz junges Mädchen bei einem Fliegerangriff im Keller des ausgebombten Hauses verschüttet, hatte sie einen zerebralen Schaden mit einem Anfallsleiden davongetragen, so daß sie nach Aussage von Frau F. «immer ein Kind» geblieben war. Im Alter von 35 Jahren starb sie an Leukämie. Frau F. war damals schon im mittleren Lebensalter. Sie vergrub sich in der Folgezeit noch stärker in den Beruf und schloß sich, nunmehr als «allein Übriggebliebene», noch enger an ihre Eltern an. Später, nach der Aufgabe des Betriebes und als sie schon selbst das Rentenalter erreicht hatte, widmete sie sich fast ausschließlich Vater und Mutter und pflegte beide ganz allein, die in einem mehrjährigen Abstand nach einem Schlaganfall halbseitengelähmt waren, bis sie nach langwieriger Bettlägerigkeit beide hochbetagt in ihrem Haus starben. Seither lebte Frau F. – von Kontakten in der Pfarrgemeinde und der Nachbarschaft abgesehen – allein in ihrem nur noch von den Erinnerungen belebten Haus, das sie, wie auch den Garten, bisher ohne fremde Hilfe besorgte.

Über etwas anderes, das aber mit ihrer von Selbstverzicht durchzogenen Lebensgeschichte zusammenhing, sprach Frau F. nur zögernd: Ihre Scham- und Schuldgefühle, weil sie an einer Krankheit im Genitalbereich überhaupt und dazu noch in ihrem Alter litt. Deshalb übrigens hatte sie die lange bemerkten Schmierblutungen ignoriert, zumal sie keine Schmerzen hatte, und natürlich war für sie eine gynäkologische Vorsorgeuntersuchung nie auch nur in Frage gekommen. Eine Krankheit im Genitalbereich mußte in der Vorstellung von Frau F. einfach mit Sexualität, mit «Sünde und Strafe» zu tun haben, für sie jener Teil des Menschseins, der seit ihrer Jugend tabu war und in dem alle Wünsche und Bedürfnisse ihr Leben lang verboten und unterdrückt blieben. Daß ihre harte und strenge Moral und ihr nun im wörtlichen Sinne «gekränkter» Stolz, «immer eine anständige Frau» gewesen zu sein, psychologisch gesehen nur bewiesen, wieviel Kraft und Energie sie unbewußt früher aufgebracht haben mußte, um die Schmerzlichkeit intimer Entbehrung nie zu spüren, sollte jedoch an diesem Punkt nicht mehr aufgedeckt werden. Es blieb auf sich beruhen, vor allem, weil Frau F. zwar dieser Krankheit wegen haderte: «Manchmal kann man unseren Herrgott nicht verstehen...», aber trotzdem in ihrem Gottvertrauen unerschütterlichen Halt fand.

Nur 3 Wochen nach ihrer Entlassung starb Frau F. in ihrem Haus allein und plötzlich an einer erneuten Embolie. Es geschah zwischen den zeitlich untereinander verabredeten Hausbesuchen ihrer verschiedenen Betreuerinnen. Als ich es erfuhr, war ich traurig, aber ohne schlechtes Gewissen. Ich entsann mich eines Ausspruchs, mit dem Frau F. mir die Bedeutung ihres gefestigten schlichten Glaubens für ihr Leben zu erklären versucht hatte: «Sicher, ich bin immer allein; aber verlassen habe ich mich noch nie gefühlt...»

Weiterführende Literatur

1   Barnes E: Menschliche Konflikte im Krankenhaus. Stuttgart, Kohlhammer, 1963.
2   Hahn M: Lebenskrise Krebs. Hannover, Schlütersche Verlagsanstalt, 1981.
3   Hahn M: Alte Menschen im Krankenhaus ... entlassen, verlegt, vermittelt in die häusliche Pflege, in Lade E (Hrsg): Handbuch Gerontagogik. Obrigheim, 1985.
4   Hahn M: Erfahrungen mit der Versorgung von Tumorpatienten in der Familie, in GBK – Fortbildung aktuell – Krebsdiagnostik und Therapie 1990; Nr. 56.
5   Radebold H: Psychosomatische Probleme in der Geriatrie, in v. Uexküll T (Hrsg): Lehrbuch der psychosomatischen Medizin. München, Urban & Schwarzenberg, 1981.
6   Viefhues H: Sozialmedizinische Aspekte der Lebensverlängerung und des Alterns. Z Gerontol 1987; Nr. 20.
7   Weakland J: Beratung älterer Menschen und ihrer Familien; 2. Aufl. Bern, Huber, 1988.

Mechthild Hahn, Diplom-Sozialarbeiterin, Tumorzentrum Rheinland-Pfalz, D-55131 Mainz (BRD)

Betreuung Krebskranker im Terminalstadium[1]

Erfahrungen aus dem Modell einer Station für palliative Therapie

I. Thielemann-Jonen, H. Pichlmaier

Chirurgische Universitätsklinik, Köln, BRD

Die Station für palliative Therapie in der Chirurgischen Universitätsklinik Köln wurde im April 1983 eingerichtet. Sie entstand als notwendige konsequente Ergänzung der Nachsorgesprechstunde für operierte Krebspatienten.

Krebskranke, in der Chirurgischen Universitätsklinik Köln operiert, hier in der Nachsorge regelmäßig, oft über Jahre, ambulant weiterbetreut, mußten im Terminalstadium nicht selten abgewiesen werden, weil kein Bett verfügbar war. Diese Kranken waren enttäuscht, fühlten sich endgültig aufgegeben von einer Klinik, die, solange es ihnen noch besser ging, großes Interesse an ihrem Krankheitsverlauf gezeigt hatte. Auch viele Hausärzte konnten ein «Abschieben» in der letzten Lebensphase nicht verstehen.

So entstand die Idee, für die terminal krebskranken Patienten der Chirurgischen Klinik eine kleine Station einzurichten, wo Pflege, Schmerzlinderung und psychische Betreuung im Vordergrund stehen [1]. Die Realisierung dieser Idee gelang mit finanzieller Unterstützung der Deutschen Krebshilfe e. V.

Beim Aufbau der Station wurden Erfahrungen des Londoner St. Christopher's Hospice von Pfarrer Zielinski eingebracht [2, 3]. Ein Teil

---

[1] Gekürzte Fassung; Nachdruck mit Erlaubnis des Verlags; erschienen in der «Münchener Medizinischen Wochenschrift» 1988;130:279–283.

Tabelle 1. Aufgaben der Station für palliative Therapie

Krebskranke im Endstadium

- lindernde Behandlung der körperlichen Beschwerden (Symptomkontrolle)
- Pflege
- menschliche Zuwendung/geistig-seelische Betreuung
- Sterbebegleitung
- Betreuung und Trauerbegleitung der Angehörigen
- Information, Fortbildung

---

der Hospizerfahrungen in der Symptomkontrolle und im Umgang mit Schwerstkranken und Sterbenden wurde aufgegriffen [4–6]. Es entwickelte sich jedoch bei uns ein eigener Stil – schon durch die vorgegebene räumliche Begrenzung und die Einbindung in eine Universitätsklinik, aber auch durch die größeren Erwartungen unserer Patienten an die Möglichkeiten der Universitätsmedizin.

Aufgaben der Station

Es ist das Ziel der Station, die Schwerstkranken im terminalen Krebsstadium so zu behandeln und zu umsorgen, daß sie ihre letzte Lebenszeit noch als lebenswert empfinden können.

Im Vordergrund der Arbeit stehen zunächst die lindernde Behandlung der vielfältigen körperlichen Beschwerden, die sogenannte Symptomkontrolle, und die Pflege der zum Teil bettlägerigen Patienten (Tab. 1). Nicht weniger wichtig wie die körperliche Behandlung und Versorgung ist dann die geistig-seelische Betreuung der Kranken, und zwar durch die menschliche Zuwendung *aller* Mitarbeiter der Station. Natürlich ist ein wesentlicher Bereich unserer Arbeit auch die Begleitung des Sterbenden. Zusätzlich gilt unsere Zuwendung den Angehörigen: Während der Zeit, die der Kranke bei uns stationär ist, in den Stunden seines Sterbens, aber auch darüber hinaus, solange die Angehörigen den Kontakt zur Station wünschen.

Weitere Aufgaben unserer Modellstation sind die Information und Fortbildung auf dem Gebiet der palliativen Krebstherapie.

Tabelle 2. Aufnahmekriterien der Station für palliative Therapie

Inkurables Krebsleiden
- starke Schmerzen
- Ernährungsschwierigkeiten
- andere körperliche Beschwerden des Endstadiums
- psychosoziale Probleme

Aufnahmekriterien der Station

Voraussetzung für die Aufnahme eines Patienten auf die Palliativstation ist ein inkurables Krebsleiden mit Beschwerden (Tab. 2). Dies können starke unkontrollierte Schmerzen, Schwierigkeiten mit der Ernährung oder andere Symptome des fortgeschrittenen Krankheitstadiums sein. Psychosoziale Probleme verstärken die Dringlichkeit der stationären Aufnahme.

Vorrangig aufgenommen werden Patienten der Chirurgischen Universitätsklinik. Über eine Warteliste besteht auch für auswärts vorbehandelte Patienten die Möglichkeit der Aufnahme.

Die Patienten werden nach Rücksprache mit der Station von den Hausärzten eingewiesen. Die Abrechnung der Kosten für den stationären Aufenthalt erfolgt wie bei anderen Patienten durch die Klinikverwaltung über die Krankenkassen.

Beschreibung der Station

Raum. Die Palliativstation hat 5 Betten. Sie besteht aus 4 Räumen, die zwischen 2 chirurgischen Stationen im Bettenhaus der Universitätsklinik Köln gelegen sind. Die Räume wurden so aufgeteilt, daß 2 Doppelzimmer, 1 Einzelzimmer, 1 kleines Büro und – als unverzichtbarer Treffpunkt für Patienten, Angehörige, Besucher und Personal – 1 Wohnzimmer entstanden.

Wegen der Zugehörigkeit der Station zur Universitätsklinik können alle Institutionen des Klinikums genutzt werden, z. B. Zentrallaboratorium, Radiologisches Institut, Strahlentherapeutische Klinik u. a.

Personal. Auf der Station arbeiten hauptamtlich 6 examinierte Krankenpflegekräfte (5 Schwestern und 1 Pfleger für 3 Schichten) und 1 Ärztin.

In Teilzeit arbeiten mit 1 Anästhesist, der auch anästhesiologisch und in der Schmerzambulanz tätig ist, 1 Sozialarbeiterin, die gleichzeitig den Hausbetreuungsdienst leitet, sowie die Klinikseelsorger beider Konfessionen.

An festgelegten Wochentagen unterstützen 3 ehrenamtliche Helferinnen das Team. Bei Bedarf werden – wie im Universitätsklinikum üblich – Konsiliarärzte der anderen Kliniken hinzugebeten oder Mitarbeiter der verschiedenen Abteilungen angefordert, z. B. die Diätassistentin und Krankengymnastinnen.

Zugehörige Projekte

Nach dem Vorbild des St. Christopher's Hospice wurden der Station 1984 ein Hausbetreuungsdienst und das Bildungsforum Chirurgie angegliedert. Auch diese Projekte werden im Zusammenhang mit der Station von der Deutschen Krebshilfe e. V. gefördert.

Durch den *Hausbetreuungsdienst* können Patienten, deren Symptome auf der Station bestmöglich eingestellt wurden, nach der Entlassung in ihrem Zuhause weiterbetreut werden. Dies geschieht in Zusammenarbeit mit dem Hausarzt und gegebenenfalls mit den Sozialstationen und ambulanten Diensten.

Bei erneutem Auftreten von Symptomen können sich die Patienten in der Anästhesiologischen Schmerzambulanz und/oder der Chirurgischen Nachsorgesprechstunde vorstellen. Sehr oft wird dann aber der direkte Kontakt zur Station gesucht. Falls erforderlich, werden ehemalige Patienten der Station bevorzugt wieder aufgenommen. Bei manchen Kranken ist eine Betreuung zu Hause jedoch bis zu ihrem Tod möglich.

Das *Bildungsforum Chirurgie* hat zur Aufgabe, die Erfahrungen, die auf der Station und bei der Hausbetreuung in der Behandlung, Pflege und Begleitung schwerstkranker Krebspatienten gewonnen wurden, weiterzugeben. Hierzu werden Veranstaltungen für Ärzte, Pflegekräfte, Sozialarbeiter, Betroffene und interessierte Laien durchgeführt.

Da auch die Station Information und Fortbildung zu ihren weiteren Aufgaben zählt, entfallen z. B. auf die Stationsärztin neben der Stationsarbeit die Unterrichtung von Studenten, Begleitung von Informationspraktikanten und Beantwortung telephonischer Anfragen; hinzu kommt die Mitbetreuung terminal Krebskranker auf anderen Stationen der Chirurgischen Klinik und spezieller Patienten in der Nachsorgesprechstunde.

Besonderheiten im Stationsablauf

Was die medizinische Versorgung betrifft, so werden hinsichtlich korrekter Diagnostik und Behandlung die gleichen Maßstäbe angelegt wie an jede andere Station der Klinik, und auch für die Palliativstation gilt, in der klinikinternen Letalitätsbesprechung jeden Todesfall zu erklären.

Die medizinische Behandlung unterscheidet sich jedoch von der in den meisten anderen Krankenstationen durch eine konsequente *Symptomkontrolle beim inkurablen Patienten*.

«Symptome kontrollieren» («symptom control») bedeutet Symptomlinderung auf ein erträgliches Niveau. Erst dann kann der Kranke wieder am Leben teilhaben bis zu seinem Tod. Chronischer Schmerz ist das gefürchtetste und mit der Diagnose «Krebs» am häufigsten assoziierte Symptom. Auch weitere ständig quälende Symptome, wie Atemnot, Übelkeit und Erbrechen, sollten ebenso sorgfältig behandelt werden.

Bei *chronischen* Beschwerden sind Analgetika und andere Medikamente in ausreichender individueller Dosierung und antezipativ, d. h. regelmäßig in festgelegten Zeitabständen, zu geben, um den Symptomen zuvorzukommen. Vorteilhaft ist oft die Kombination von Medikamenten und nach Möglichkeit ihre perorale Applikation.

Symptomkontrolle ist nicht nur Pharmakotherapie, sondern kann z. B. auch eine palliative Operation oder Strahlenbehandlung bedeuten. Und im umfassenden Sinne gehört dazu auch die Beachtung nichtphysischer Faktoren, die psychischer, spiritueller und sozialer Art sein können.

So ist auch das Besondere der Palliativstation, daß der kranke *Mensch* – mehr als sonst auf Krankenstationen möglich – im Mittelpunkt unserer Überlegungen und Handlungen steht. Er soll sich wohl fühlen. Deshalb wird er entscheidend miteinbezogen in alles, was mit ihm geschieht: in die medizinische Behandlung, in die Pflege, in den Tagesablauf. Das beginnt damit, daß der Patient morgens länger schlafen darf. Wenn er keine besonderen Termine hat, kann er mitbestimmen, wann er aufstehen und essen möchte. Es gibt nur grobe Richtlinien für die Essenszeiten, z. B. Frühstück gegen 9 Uhr.

Jeder Patient, dessen Zustand es zuläßt, wird eingeladen, im Wohnzimmer mit den Schwestern und dem Pfleger zu frühstücken; auch die anderen Mahlzeiten kann er hier einnehmen. Durch das gemeinsame Essen entsteht eine *familiäre Atmosphäre*. Der Patient ist in der Stationsgemeinschaft so akzeptiert, wie er ist, auch mit äußerlich auffälligen Zeichen der Krankheit.

Wenn die Stationsärztin um 9 Uhr mit der Visite beginnt, kann es sein, daß sie einige oder alle Patienten im Wohnzimmer antrifft. Dann setzt sie sich dazu und erhält im lockeren Gespräch alle medizinisch wichtigen Informationen und erfährt noch vieles mehr über den «Menschen im Patienten». Daß eine Ärztin sich mit Patienten zu einer Tasse Kaffee an einen Tisch setzt und mit ihnen von Mensch zu Mensch spricht, wird zunächst immer mit ungläubigem Staunen wahrgenommen.

Das Wohnzimmer ist die Attraktion für die meisten Patienten, weil hier immer Geselligkeit zu finden ist, Besuch bewirtet werden kann und man erfährt, was sich so alles ereignet auf der kleinen Station, z. B. auch, welcher Mitpatient verstorben ist. Bettlägerige Kranke werden auf Wunsch mit ihrem Bett ins Wohnzimmer gefahren, oft auch mehrmals am Tag.

In die Versorgung und Pflege der Kranken beziehen wir die Angehörigen – sofern es welche gibt und sie es wünschen – mit ein und leiten sie dazu an. Den Angehörigen von Schwerstkranken und Sterbenden ermöglichen wir, auch die Nacht im Patientenzimmer zu verbringen. In einzelnen Fällen haben Angehörige auf Klappbetten sogar einige Wochen auf unserer Station geschlafen.

Trotz der zum Tode Kranken und der vielen Sterbefälle gibt es auf der Palliativstation wohl mehr bewußt schöne Erlebnisse und mehr kleine Feiern, als sonst auf Krankenstationen üblich. So wird der Geburtstag eines Patienten festlich ausgerichtet oder auch einfach spontan ein besonderes Essen veranstaltet.

Sehr häufig schauen Patienten, die wir nach Hause entlassen konnten, wieder herein oder rufen an: Sie wollen erfahren, wie es uns geht und erzählen von sich. Auch Angehörige unserer verstorbenen Patienten kommen noch nach Jahren zu einem Besuch; sie fühlen sich verbunden mit der Station, dem letzten Lebensort ihres Angehörigen. Wenigstens ein Mitarbeiter des Teams nimmt sich dann Zeit für ein Gespräch.

Wir haben eben alle etwas mehr Zeit auf der Palliativstation. Hierdurch sind seitens der Schwestern und des Pflegers eine optimale Pflege und viele Gespräche mit den Patienten möglich.

Auch bei der Visite hört sich die Stationsärztin in Ruhe ihre Klagen und Sorgen an. Dann werden über die körperlichen Probleme hinaus von den Patienten auch Themen wie Sterben und Tod angesprochen.

Die Fragen nach dem «Warum? Woher? Wohin?» führen an die Grenzen des Denkens und sind die besondere Herausforderung für uns alle, die wir hier arbeiten. Auf einer Station mit Schwerstkranken und Sterbenden kann ein Arzt Grenz- und Sinnfragen nicht ausweichen. Neben medizinischer Kompetenz erwarten die Kranken von ihrem Arzt, daß er sich diesen Fragen stellt und nicht nur verweist auf Spezialisten für Seele und/oder Geist.

Menschliche Zuwendung, wie wir sie auf der Palliativstation verstehen, umfaßt Dasein, Zuhören, Einfühlung, Wärme, Ehrlichkeit und die Bereitschaft zum Gespräch, wenn der Patient danach verlangt. Ehrlichkeit und Offenheit sind Voraussetzungen für eine langfristige vertrauensvolle Beziehung. Aber trotz aller Ehrlichkeit braucht jeder Mensch bis zuletzt auch *Hoffnung.* Sie kann bei unseren Patienten keine Hoffnung auf Heilung sein, aber Hoffnung auf realistische Ziele, z. B. daß die Schmerzen nachlassen, die Übelkeit aufhört, oder Hoffnung auf eine weitere gute Woche – letztlich Hoffnung auf ein würdiges Sterben.

Die Angst vor dem Sterben und dem Tod und die Traurigkeit, weil vom Leben Abschied zu nehmen ist, sind bei den einzelnen Menschen sehr unterschiedlich groß. Der Arzt kann dem Menschen das Leiden und Sterben nicht abnehmen, aber er kann (und sollte) die Schmerzen und viele andere Symptome des Sterbenden lindern. Er kann dem Sterbenden helfen, sein eigenes Sterben zu ertragen. Diese Begleitung eines Sterbenden ist ein Erlebnis, das ein zufriedenes Gefühl zurückläßt.

Erfahrungen mit den Patienten auf der Station für palliative Therapie

1. Eine zufriedenstellende Symptomkontrolle war fast immer erreichbar, auch bei Kranken mit besonders quälenden chronischen Beschwerden, wie Schmerzen, Atemnot, Übelkeit und Erbrechen.

2. Kein Schwerkranker wollte sterben, wenn seine Schmerzen und anderen Beschwerden auf ein erträgliches Niveau reduziert waren *und* er als Mensch angenommen wurde, so wie er war – auch mit äußerlich sichtbaren Krankheitszeichen.

Aktive Sterbehilfe, als Tötung auf Verlangen, wurde auf der Palliativstation nicht erbeten. Im Gegenteil: Viele Patienten fragten nach den medizinischen Möglichkeiten einer Universitätsklinik zur Verlängerung ihres Lebens. Ausdrücklich abgelehnt wurde jedoch die Intensivstation als Sterbeort.

3. Entscheidend für eine gute Versorgung im Terminalstadium ist außer einer kompetenten Symptomkontrolle und sorgfältigen Pflege zweifellos die menschliche Zuwendung zum Kranken. Bei der Erfüllung dieser besonderen Aufgabe der Palliativstation ist jeder Mitarbeiter gleichermaßen gefordert und wichtig, unabhängig von seiner Tätigkeit.

Folgerungen

Zu 1. Die häufigen Fragen, die von Kollegen aus Praxen und Krankenhäusern an uns gerichtet werden, sowie die Klagen von vielen Patienten über lange bestehende starke Schmerzen und andere Beschwerden zeigen uns, daß Symptomkontrolle im fortgeschrittenen Krebsstadium noch nicht allgemeinbekannte Behandlungsweise ist. Medikamentöse Schmerzbehandlung bzw. Symptomkontrolle sollte aber nicht wenigen Spezialisten vorbehalten sein. Die Grundregeln für eine wirksame Symptomkontrolle sind leicht zu erlernen, wenn auch ihre erfolgreiche individuelle Anwendung am Kranken einige Erfahrung und die genaue Beobachtung des Patienten erfordert.

Zu 2. Der bei unseren Kranken immer wieder beobachtete elementare Wunsch zu leben und ihre Bemühungen, dem Leben doch noch einige (gute) Tage abzutrotzen, lassen uns Diskussionen über eine aktive Sterbehilfe – zumindest bei terminal Krebskranken – als sinnlos erkennen. Statt dessen sollten Überlegungen erfolgen, wie man *alle* Schwerstkranken medizinisch und menschlich so versorgen kann, daß sie wieder Lebensfreude empfinden, solange ihr Leben dauert.

Zu 3. Die große Nachfrage nach einer Aufnahme auf die Palliativstation zeigt uns, daß ein Bedarf besteht an einer anderen Art der Behandlung und Betreuung Schwerstkranker und Sterbender, als sie zur Zeit in Kliniken und Krankenhäusern meist geschieht. Die Dankbarkeit und Zufriedenheit unserer Patienten sowie die herzliche Verbundenheit von deren Familien mit der Station oft noch lange über den Tod der Patienten hinaus bestätigen immer wieder, daß die Palliativstation *ein* guter Weg ist, um die Wünsche dieser Menschen zu erfüllen.

Es gibt außer Frage auch andere Wege, um die Schwerstkranken und Sterbenden unserer Gesellschaft angemessen zu versorgen. So hat sich z. B. die *Hospizbewegung,* von Irland und England ausgehend, derzeit in vielen Ländern aller 5 Erdteile ausgebreitet. Nach eigenen Beobachtungen in mehreren englischen Hospizen erfahren Schwerstkranke und Sterbende dort Geborgenheit und medizinisch wie menschlich gute Betreuung.

Die über 100 Hospize in England und Irland haben verschiedene Ausgestaltungen [7]: Das Schmuckstück der englischen Hospizbewegung, St. Christopher's Hospice, und eines der ältesten Hospize, St. Joseph's Hospice, sind mit 62 bzw. 116 Betten z. B. sehr große eigenständige Hospize in London; St. Francis' Hospice in Romford, Essex, hat 18 Betten und ist ein schöner Landsitz; Sir Michael Sobell House in Oxford dagegen ist ein 20-Betten-Hospiz, das einem großen Krankenhaus, dem Churchill Hospital, angegliedert ist.

Es gibt auch kleine Hospize mit 5 oder 6 Betten und in Krankenhäusern gelegene Hospizstationen. Eine weitere Variation sind die klinikständigen «hospital support teams», durch welche die terminal Kranken, die auf verschiedenen Stationen einer Klinik liegen, interdisziplinär betreut werden. Die Hospize, gleich welcher Größe, haben meist einen Hausbetreuungsdienst, eine Einrichtung für Tagespatienten und einen Hinterbliebenendienst zur Trauerbewältigung. St. Christopher's Hospice hat außerdem noch eine Studienzentrum für Lehre und Forschung auf dem Gebiet der Hospizmedizin. Die Hospize in England werden fast alle teilweise oder ganz durch Spenden finanziert. Die Großzügigkeit der Spender läßt sich wohl zum Teil durch die wenig persönliche Atmosphäre in den dort üblichen Hospitälern mit riesigen Krankensälen erklären.

Unsere Station für palliative Therapie ist etwa vergleichbar mit einer Hospizstation, obwohl bei uns die Untersuchungs- und Behandlungsmöglichkeiten vielseitiger sind und die Zugehörigkeit zur Universitätsklinik noch erkennbar ist. Nach Wunsch der vielen vergeblich zur Aufnahme anstehenden Patienten müßte sie größer sein – oder es müßte mehrere geben.

Über die Frage, ob auch in der Bundesrepublik Hospize als neue Einrichtungen zur optimalen Betreuung Sterbender notwendig sind, soll hier nicht entschieden werden. Möglicherweise genügt es, die *Idee* in unser System zu integrieren.

Geeignete Krankenhausgebäude sind in ausreichendem Umfang vorhanden. Jedoch fehlen Ärzte, die erfahren sind auf dem Gebiet der Symptom- bzw. Schmerzkontrolle und im Umgang mit Schwerstkranken und Sterbenden. In vielen Krankenhäusern eine kleine Palliativstation einzurichten, wäre von Nutzen für die Kranken, aber auch für die Ärzte und Pflegekräfte, die hier Erfahrungen in der Palliativmedizin erwerben könnten, die auch entsprechenden Patienten auf anderen Stationen zugute kämen.

Die Palliativstation eines Krankenhauses der Regelversorgung müßte nach unserer Erfahrung für 5–7 Patienten mindestens 6 examinierte Pflegekräfte und 1 Arzt oder 1 Ärztin haben sowie möglichst einige ehrenamtliche Helferinnen. Gleichzeitig ist Konsiliarkapazität erforderlich, z. B. die Beratung mit dem Anästhesisten, Chirurgen, Radiologen, Strahlentherapeuten, Internisten u. a. Außerdem sollte ein zugehöriger Hausbetreuungsdienst von einem/r Sozialarbeiter/in eingerichtet werden.

Gute äußere Bedingungen, wie ein schönes Gebäude in einem Park, ähnlich vielen Hospizen in England, sind sicher von Wert, aber für das Wohlfühlen der Kranken nicht Voraussetzung. Entscheidend ist die Einstellung der Menschen, die auf der Station arbeiten. Für diese darf Sterben – wenn das Leben auf natürliche Weise bei einer unheilbaren Krankheit zu Ende geht – kein Unglücksfall sein, sondern das Ziel des Lebens.

Die bewußte Begleitung des Sterbenden sollte nicht als Samariterdienst gelobt werden – sie ist vielmehr eine Bereicherung für das eigene Leben und von unschätzbarem Wert.

Literatur

1 Thielemann-Jonen I: Aufbau einer Krebsnachsorge in der Chirurgischen Universitätsklinik Köln, dargestellt am Beispiel des Kolonkarzinoms, 188. Inaugural-Diss Köln 1981.
2 Zielinski HR: Euthanasia in the light of the events of 1939–45 in Germany. Diss Cambridge 1974, Arbeitsgemeinschaft für medizinische Ethik und Gesellschaftsbildung e. V., Grevenbroich 1983.
3 Zielinski H R: Die psychische Situation der Tumorpatienten. mta praxis 1985;31:535–538.
4 Corr CA, Corr DM (eds): Hospice Care – Principles and Practice. London, Faber & Faber, 1983.
5 Saunders C (ed): The Management of Terminal Malignant Disease, 2nd ed. London, Edward Arnold, 1984.
6 Twycross RG, Lack SA: Therapeutics in Terminal Cancer. Edinburgh, Churchill Livingstone, 1986.
7 St Christopher's Hospice Information Service: Directory of hospice services in the UK and the Republic of Ireland. London 1987.

Dr. Ingeborg Jonen-Thielemann, Klinik und Poliklinik für Chirurgie der Universität zu Köln, Joseph-Stelzmann-Straße 9, D-50924 Köln (BRD)

Nachsorge beim Tumorpatienten – aus der Sicht des Theologen

Martin Klumpp
Stuttgart, BRD

Im folgenden werden seelsorgerliche Erfahrungen zusammengefaßt, die in verschiedenen seelsorgerlichen Gesprächsgruppen gesammelt wurden. Diese Erfahrungen stammen aus Gesprächsgruppen für Tumor- und Karzinompatienten und -patientinnen. Dazu kommen Erfahrungen in Gesprächsgruppen für trauernde Angehörige. Erkennbar wird, daß Last und Schwierigkeiten in der Trauer oft mitgeprägt sind von gelungenen oder nicht gelungenen Beziehungen in der Phase der Krankheit, des Alters und Sterbens.

Was tut der Theologe in der Nachsorge von Tumorpatienten?

Der Befund «Tumor», im Volksmund oft «Krebs» genannt, löst bei Patienten und Angehörigen einen Schock aus, der nie mehr ganz vergeht. Unabhängig davon, ob dies sachlich-medizinisch richtig ist, fällt damit eine Spur von Tod, ein Schmerz von Ausgeliefertsein in das psychische Leben eines Menschen. Eine Patientin berichtet: «Der Arzt hat damals zu mir gesagt: ‹Betrachten Sie sich als gesund›, aber ich dachte und denke: Der hat gut reden.» Die Sicherheit, in der man denkt, «es kann überall passieren, nur bei mir nicht», wird zerstört. Dieser Schock, dieses Hineinfallen in eine Zone, die seither tabuisiert war, geschieht ganz auf der Ebene der Gefühle. Gefühle sind jedoch vom rationellen Bewußtsein her nur begrenzt steuerbar. Wir können und müssen oft versuchen, Gefühle zu zähmen, zu unterdrücken, «uns zusammenzunehmen», uns nicht ganz von ihnen besiegen zu lassen.

Das sind nötige und legitime Vorgänge. Aber sie sind nur auf Zeit möglich.

Werden jedoch solche Verdrängungs- oder Beschwichtigungsvorgänge zu lang und zu dicht aufrechterhalten, verschwinden die Gefühle nicht, sondern sie brechen eher um so impulsiver und als große Heimsuchung durch. Solchen Ausbrüchen sind Patienten und Patientinnen hilflos ausgeliefert. Sie erleben dies als Überschwemmung durch die eigenen Gefühle. Wird diese Überschwemmung durch Verdrängung verhindert, entstehen häufig psychosomatische Störungen. Die Erfahrung lehrt, daß sich Gefühle nur dann verändern, ihre Heftigkeit verlieren, ihre Bedrohlichkeit abbauen, wenn der Mensch einen Raum findet, so viel Kraft hat oder so viel behutsame Begleitung bekommt, daß er seine Gefühle zu fühlen, zu durchleben und auch zu durchleiden vermag. Es ist sehr wichtig, daß begleitende Personen diesbezüglich einen sensiblen Respekt dafür haben, wieviel Gefühl ein Patient oder eine Patientin jeweils zulassen können und wo er oder sie für sich selbst dafür eine Grenze setzen.

Nach unserer Erfahrung haben betroffene Patienten von innen her ein Bedürfnis, mit den eigenen Gefühlen umzugehen und ihre eigene Identität neu zu ordnen. Sie haben auch das Bedürfnis, diesen Vorgang so zu dosieren, daß jeweils nur das jetzt mögliche bearbeitet wird. Will die begleitende Person zu schnell und zu aktiv eine gefühlsmäßige Bewältigung der Betroffenheit herbeiführen, dann schadet sie dem Patienten, weil dieser sich dann zurückzieht. Wenn also Patientinnen und Patienten die Bearbeitung ihrer emotionalen Betroffenheit verweigern, wenn jemand in einen fast unerklärlichen Optimismus oder in Ignoranz flüchtet, dann kann dies anzeigen, daß er zur Zeit nicht anders kann. Möglich ist auch, daß er seinem Helfer die nötige Belastbarkeit oder Behutsamkeit nicht zutraut.

Seelsorgerliche Begleitung in der Nachsorge hat immer nur Angebotscharakter. Sie wird nur dann – dann aber sehr intensiv – angenommen, wenn sie stimmig ist. Was tut der Theologe? Er geht von zwei Prämissen aus:

1. Als christlicher Theologe hat er die Überzeugung, daß Kreuz und Auferstehung Christi ein Grundsymbol darstellen, wie Wirklichkeit geschieht. Hier begegnet uns ein «Prototyp» von Wirklichkeit, der zeigt, wie heilende Wirklichkeit immer geschieht. Nach diesem Verständnis «ist» Wirklichkeit nicht einfach, sondern sie «geschieht». Zu unserer Wirklichkeit gehört hinzu, daß sie uns immer

wieder als Engpaß-, als Grenzerfahrung, als Nicht-können-Erfahrung, als tödlich begegnet. Zum Verständnis der «geschehenden» Wirklichkeit gehört hinzu, daß es keine Engpaß-, Grenz- oder Ohnmachtserfahrung gibt, die nicht auch wieder veränderbar und verwandelbar wäre. Der letzte Ernstfall für eine solche Verwandlung, Auflösung oder einen «schöpferischen Sprung» ist der Tod bzw. die Auferstehung.

2. Daraus ergibt sich die zweite Prämisse: Im Menschen wirken Kräfte, die über das rational Machbare hinausgehen. Deshalb bringt der seelsorgerliche Begleiter eine vorauslaufende Hoffnung in die Beziehung mit ein. Diese Hoffnung beinhaltet nicht einfach eine optimistische Prognose. Sie besteht in der gewissen Annahme: Es gibt Kräfte, mit denen dieser Mensch den ihm jetzt zukommenden Weg finden, gehen und gestalten kann. Seelsorgerliche Begleitung in der Nachsorge ist weniger eine Kette von Maßnahmen, vielmehr ein sehr sensibles Wahrnehmen, Verdeutlichen, Benennen und Verstärken von inneren Prozessen, in denen Patienten daran arbeiten, die zerstörte oder verletzte Identität in sich selbst neu zu finden, zu korrigieren oder wieder aufzubauen. Der beschriebene Schock betrifft und erschüttert nämlich das ganze Bild, das ein Mensch von sich hat. Er hat nicht nur einen Tumor als eine Fehlentwicklung im Körper. Sein Bild von sich selber, «mir passiert so etwas nicht», ist für immer zerstört. Er ist nicht mehr derselbe wie vorher. Ziel ist, daß dieser Mensch zu einer neuen Selbstannahme von sich als Persönlichkeit findet, in welche die Versehrtheit durch die Erkrankung integriert ist.

Vom Umgang mit Gefühlen

Drei Gefühle, die uns immer wieder begegnen, sollen benannt werden. Sie äußern sich oft vermischt und wechselhaft.

1. Das Gefühl der Angst: Sie wirkt sich aus in bangen Gefühlen, Zittern, Herz- oder Darmsymptomen. Inhaltlich stellen sich viele Patienten die Frage: Wer ist für mich zuständig? Viele Patienten übertragen sehr lange die Zuständigkeit für ihre Gesundheit dem Arzt oder anderen behandelnden Personen. Eine kleine Bemerkung von Ratlosigkeit oder eine Geste von Verunsicherung beim Arzt löst im Patienten oft Wut oder Enttäuschung aus: «Seither tat er

so, als ob er alles im Griff hätte. Jetzt, wo's nicht besser wird, zuckt er nur leicht mit dem Achseln, und ich stehe allein da.» Zur seelsorgerlichen Begleitung gehört, dem Patienten zu helfen, diese leicht enttäuschbaren Übererwartungen an den Arzt zurückzunehmen und eine eigene Beziehung zur Situation der Unsicherheit zu ermöglichen. Angst und Wut führen manchmal auch dazu, daß sich Patienten in der ersten Konfrontation mit dem Befund den Umgang mit der Erkrankung nicht zutrauen. Sie können sich kein Leben mit der Krankheit vorstellen. Manche erschrecken dann über spontane Gefühle und Gedanken, wie «dann lieber gleich sterben, dann soll's ganz schnell gehen».

2. Gefühle von Schuld: Sie machen sich fest – oft völlig irrational – an längst zurückliegenden Episoden oder ungeklärten Konflikten der Vergangenheit. Auch dies wird oft ambivalent erlebt. Einerseits zermartert sich der Mensch im Blick auf sein eigenes vergangenes Leben. Anderseits sagen viele: Wenn irgendwo eine konkrete Schuld benennbar wäre, dann wäre dies zwar schlimm, aber erleichternd. Dann könnte ich mich mit konkreter Schuld auseinandersetzen. In der begleitenden Nachsorge muß beachtet werden, daß Schuldgefühle nicht durch rationale Argumente oder Beschwichtigungen ausgeräumt werden können. Der betroffene Mensch wird dadurch höchstens überzeugt, daß er mit seiner inneren Bedrängnis allein bleiben muß. Wenn wir dem Patienten helfen, alle diese Gefühle zuzulassen, sie auszusprechen, dann kommt durch dieses Umgehen mit den Gefühlen ein Vorgang von Differenzierung und Annahme in Gang. Der Patient findet langsam die Unterscheidung zwischen Schuldrealität und Schuldgefühl.

3. Äußerungen von Wut: Es ist wichtig, daß wir diese als menschlich angemessen akzeptieren, auch dann, wenn die Wut sich an allem und jedem ihr Objekt suchen kann. Wenn wir die Wut zulassen, kann der Patient eine Beziehung zu ihr finden, sich selbst als wütend erkennen und annehmen. Dies ist bereits eine Entspannung. Nach meiner Erfahrung steckt in den meisten «Warum-Fragen» psychologisch ein Anteil von Wut, auch wenn diese Fragen sehr philosophisch oder theologisch formuliert werden. Weil in unserer religiösen Kultur – übrigens im Unterschied zur Bibel – Wut gegen Gott eher nicht erlaubt ist, wird diese in ein ästhetisch-frommes Vokabular verpackt. Zuletzt muß noch gesagt werden, daß der christliche Glaube und seelsorgerliche Begleitung niemandem das

Erleiden und Durchleben solcher Gefühle erspart. Seelsorgerliche Begleitung hilft, ermutigt und befähigt eher zu solcher «Trauerarbeit».

Ermüdungszustände, Schlappheit und körperliche Erschöpfung als psychosomatische Reaktionen in der Nachsorge

Viele Patienten klagen über unsagbare Schlappheit und Erschöpfung zu einem Zeitpunkt, wo vom medizinischen Befund her eigentlich eine Entspannung und Besserung eintreten sollte. Dies deuten wir auf doppelte Weise:
1. Zum einen verbraucht jene psychische Leistung sehr viel Energie, in der ein Mensch versucht, sich jetzt wieder besser zu fühlen, eine Art von «Normalität» aufzubauen und jene Betroffenheit, daß es «mir passiert» ist, irgendwie zu kanalisieren. In der Nachsorge kann es wichtig sein, daß der Mensch sich diesen Energieverbrauch einfach zugesteht. Wir helfen ihm, daß er sich dafür Zeit einräumt und dem eigenen Schmerz einen Raum im Tageslauf gewährt.
2. Die Zeit akuter Erkrankung war für den Patienten eine Zeit intensiver Zuwendung. Wenn der Patient wieder in die «Normalität» überführt oder z. B. in ein Pflegeheim bzw. nach Hause verbracht wird, erlebt er dies oft als schmerzliche Einbuße an Zuwendung. Manchmal hat man den Eindruck, die Patienten wollten die Phase akuter Behandlung gar nicht verlassen, obwohl dies für sie eigentlich positiv sein könnte. Auch hier helfen wir im seelsorgerlichen Umgang, daß der Patient seine Bedürfnisse nach Zuwendung ausspreche und für sich selber Mögliches von Wünschbarem unterscheiden lernt.

Schwebezustand zwischen Leben und Tod

Ich habe schon erwähnt, daß Tumorpatienten fast unabhängig vom medizinischen Befund und auch beinahe unabhängig von ihrem nach außen gezeigten Verhalten sich auf einer tieferen Ebene ihrer Emotionen dennoch mit der Grenze ihres Lebens konfrontiert fühlen. Gerade geriatrische Patienten werden in der Zeit der Nachsorge oft verstärkt vom Unterbewußten her bestimmt. Das Gefühl für Zeit und Raum nimmt ab. Traumatische Erfahrungen des früheren Lebens kehren wieder. Verschiedene Ebenen von Realität vermischen sich. Bilder und Träume können von rationaler Erfahrung oft nicht mehr unterschieden werden. Das Wahrnehmen von Zuwendung, von verbalen Äußerungen und Fragen verlangsamt sich. Man spricht von Verwirrungszuständen. Die Angehörigen erleben dies oft als Entfremdung und Bedrohung. Sie reagieren mit Hilflosigkeit. Dafür erscheinen vier Aspekte wichtig:

1. Wir müssen uns klarmachen, daß Lebensqualität letztlich nicht von außen beurteilt werden kann. Wenn jemand schwach ist, nur noch atmet, kaum mehr reagiert, nur von aus dem Inneren kommenden Bildern bestimmt wird, dann kann das, was psychisch in ihm geschieht, für diesen Menschen außerordentlich wichtig sein. Gerade die Verschiebung von Zeitebenen deute ich als Vorgang, daß sich möglicherweise das ganze Leben noch einmal «sammelt», in sich fast gleichzeitig wird, bis der Mensch dieses Leben dann aus seiner eigenen Hand lassen kann.

2. Zur seelsorgerlichen Begleitung gehört ein genaues Hinhören darauf, ob bei diesem Menschen und bei seinen Angehörigen ein Sterben potentiell «erlaubt» ist oder ob dies als Möglichkeit noch nicht zugelassen wird. Der Seelsorger bringt zwar den Glauben mit, daß Sterben ein zum Leben gehöriger Vorgang ist. Er geht auch davon aus, daß es Kräfte gibt, durch die dieser Mensch seinen Weg dorthin finden kann. Er ist auch für die Prozesse des Hingehens aufgeschlossen. Aber er hat nicht die Aufgabe, sie von sich aus bedrängend herbeizuführen. Durch Zuwendung, Begleitung und spürbare Belastbarkeit kann er dem Patienten helfen, die Möglichkeit des Sterbens eher zuzulassen. Der Patient spürt und vertraut, daß sein Helfer auch dann bei ihm bleibt. In diesem Zusammenhang machen wir häufig die Erfahrung, daß Patienten, die vor sich und ihren Angehörigen das Sterben als mögliche Wahrheit zulassen, manchmal danach sehr schnell sterben. Manchmal erfahren sie jedoch noch einmal eine Kräftigung, Besserung und Erleichterung. Es könnte sein, daß jene Energie, die für die Angstverdrängung abgezogen wurde, jetzt wieder fürs Leben mobilisiert werden kann. Manchmal finden solche Patienten noch einmal eine Phase, in der sie in einem etwas begrenzten Spielraum und in bewußter Annahme ihrer Begrenzung positiv leben können.

3. Wichtig dabei ist, daß es Helferinnen und Helfern gelingt, die häufig beobachtbare Entfremdung zwischen Patient und Angehörigen sowie deren Hilflosigkeit zu überwinden. Wir fördern die Einsicht, daß der Patient auch in der Schwachheit möglicherweise psychische Prozesse durchlebt, die für ihn und sein Lebensende wichtig sind. Wir versuchen ihm zu helfen, daß er das Leben in Schwachheit annimmt und – wenn möglich – in seinem jetzigen Zustand eine neue Identität findet. In der geriatrischen Nachsorge fallen seelsorgerliche und körperliche Zuwendung manchmal beinahe zusammen. Wir helfen den Angehörigen deshalb, ihre Scheu vor dem Körper des Patienten zu überwinden, damit der Patient die ihm zugedachte Zuwendung auch körperlich erfährt. Wir üben mit den Angehörigen einen sehr ruhigen, einfühlsamen, emotional gelassenen körperlichen Umgang ein. Der Patient erfährt nämlich emotionale Zuwendung nicht, wenn immer etwas an ihm gereinigt, geputzt, gesaugt, gebettet oder gepinselt wird. Wir versuchen Verständnis dafür zu wecken, daß solche Geschäftigkeit oft nur Ersatzhandlung ist, mit der Unsicherheit und Angst überspielt werden.
4. Seelsorgerliche Erfahrungen in der Nachsorge bei geriatrischen Tumorpatienten führen zur Rückfrage an die Medizin, ob unsere Schmerztherapie genügend differenziert entwickelt und eingeübt ist. Wichtig erscheint eine Medikamentierung, die mit schwachen, aber durchgehend verabreichten Dosen möglichst viel Entlastung und möglichst wenig Betäubung ermöglicht. Dadurch kann der Patient die beschriebenen Prozesse bewußter und in hilfreicher Kommunikation mit anderen finden und durchleben.

Nachsorge bei Menschen, die um einen an Tumor verstorbenen Angehörigen trauern

Der Verlauf der Krankheit und die manchmal lange und «grausame» Zeit von Schwachheit führen in der Trauer manchmal zu zusätzlichen Komplikationen:
– Die Wut über die Schrecklichkeit des Geschehens kann eine innere Verhärtung erzeugen, in der das psychische Geschehen der Trauer sehr lange nicht in Gang kommt.

- Viele Angehörige haben in der Phase der Begleitung den Tod des Patienten herbeigesehnt oder erwünscht. Solche bewußten oder unbewußten Todeswünsche gegenüber dem Patienten werden später in der Trauer als Schuldgefühle erfahren.
- Angehörige erleben die Verschlechterung des Zustandes oder das Sterben manchmal als ein Sichaufgeben des Patienten. Dieses «Sich-gehen-Lassen» erzeugt wieder Enttäuschung und Wut bei denen, die helfen wollten.
- Die traumatische Wiederholung der Leidens- und Sterbevorgänge bei den Angehörigen dauert viel länger, als im allgemeinen erwartet, oft mehrere Jahre. Traumatische Wiederholungen bauen sich nicht durch rationale Argumente oder Verbote ab.
- Angehörige fragen sich häufig, inwiefern die Tumorerkrankung mit der Lebensentwicklung des Patienten zusammenhängen könnte und inwiefern sie selbst daran beteiligt sind.
- Das besonders lange Leiden vieler Tumorpatienten hinterläßt auch viele religiöse Fragen, in denen die gängigen Vorstellungen vom «lieben Gott», dessen «Wille geschehe», kritisch hinterfragt werden.

Alle diese emotionalen Prozesse der «Trauerarbeit» werden möglich, wenn der Trauernde einen Weg findet, die genannten Gefühle vor sich selbst zuzulassen und sie bewußt zu durchleben. Seelsorge hilft, daß betroffene Menschen dazu durch Begleitung den Mut finden.

Dekan Martin Klumpp, Lessingstraße 4, D-70174 Stuttgart (BRD)

Sachregister

A

Abwehrmechanismus 11
Actinomycin D 173
Adjuvante Therapie 122, 187
– Chemotherapie 140
Adriamycin 116, 173, 189
After–loading–Verfahren 112
Aktionsprogramm Krebsbekämpfung 76
Aktive Immunmodulation 124
– spezifische Immuntherapie (ASI) 124, 127, 155
– – Immunvakzine 155
Akute Leukämie 177
Albumin/Globulin–Quotient 84
Allgemeinanästhesie 105
Allgemeinzustand 158
Altern 20, 25
– von Zellen 57
Alterschirurgie 130
Altersgruppe 134
Alterung 27, 30
Alterungsprozeß 39
Alterungsvorgang 14
Ambivalenz 205
Ambulante Dienste der Altenhilfe 75
Amsacrin 173
Anabolika 157
Analytische Epidemiologie 55
– Krebsepidemiologie 45
Anästhesiologisches Monitoring 97
Angehörige 203, 205, 215, 224, 226
Angst 202, 222
– vor dem Sterben 206, 216

Anthrazykline 175
Antihormonelle Therapie 140, 159
Antihypertensivum 88
Anus–praeter–Anlage 151
Apparative Diagnostik 195
Arbeitslosigkeit 69
Arterielle Blutgase 104
Arzneimittelmetabolismus 88
Arzneimittelnebenwirkungen 81
Atelektasenbildung 103
Auseinandersetzung mit Lebensende 12
Auseinandersetzungsformen 7
Autologe Vakzination 163
Autonomie 57, 58, 60, 61

B

Bauchspeicheldrüsenkrebs 34
Begleiterkrankungen 95, 96, 129, 131, 136, 137, 169, 173, 190
Begleitung 221
   des Sterbenden 219
   –, seelsorgerliche 221, 222, 224
Benzodiazepine 89
Beruflicher Streß 68
Beta–Sympathomimetikum 89
Betablocker 91
Betarezeptoren 89
Betarezeptorenblocker 88, 101
Bevölkerung 1, 74
Bevölkerungsentwicklung 38
Bevölkerungsstatistik 1
Bewältigungstechniken 5

Sachregister

Biological response modifiers (BRM) 124
Biologisches Alter 95
Bioverfügbarkeit 83, 86, 88
Blasenkarzinom 34, 160, 198
Bronchialkarzinom 198
Brusterhaltende Operationen 131, 138
Brustkarzinom 37, 39

C

Calciumantagonist 88
cAMP–Bildung 89
Carboplatin 171
Cell growth factor (CGF) 124
Chaostheorie 48
Chemoembolisation 118, 155, 163
Chemoperitonitis 126
Chemotherapie 148, 151, 186, 192, 196
  –, kurative 187
  –, palliative 187
Chromosomale Instabilität 16
Chromosomenaberrationen 18
Chronisch obstruktive Lungenerkrankung 104
Cisplatin 158, 171
Clearance, hepatische 87, 92, 171
  – von Arzneimitteln 86
Clodronsäure 159
Complianceprobleme 93
Coping Style 6, 12
Cyclophosphamid 171, 173, 175

D

Dacarbazin 173
Darmkrebs 34, 63
Daunorubicin 173
Deletion 30
Depression 12
Deskriptive Epidemiologie 45
Determinismus 46
DNS–Reparatur 20
Dosisreduktionen 171
Down–staging 114

E

Eingriffsspezifische Risiken 97
Elimination 85, 87
Emotionaler Status 185
Endometriumkarzinom 132
Enhancement 122
Entstehungsbedingungen 3
Epidemiologie 57
Epidoxorubicin 158
Epirubicin 173, 189
Ergometrie 99
Estramustinphosphat 159
Etoposid 173, 177
Extubation 104

F

Fibroblasten 16, 17, 20
  5–Fluorouracil (5–FU) 114, 118, 171, 175, 188
Flutamid 159
Funktioneller Status 185, 191

G

Gallengangkarzinome 117
Gamma–Interferon 124
Gastrektomie 148
Gastrointestinale Tumoren 176, 194
Gastrointestinales Karzinom 146
Gebrechlichkeitspflegschaft 205
Gehirntumoren 64
Genetische Instabilität 14, 21
Geriatriekonzept 75–78
Geriatrische Patienten 4
  – Rehabilitation 75
Geriatrisches Zentrum 75
Gesprächsgruppen 220
Gestagene 157
Gesundheitsbewußter Lebensstil 60
Glioblastom 113
Glomeruläre Filtrationsrate 171
Glukose 19, 20
Gynäkologische Tumoren 194, 195

H

Hämatologische Toxizität 188
Hämodynamisches Monitoring 99
Harnableitung 160, 163
Harnleiter–Darm–Implantation 158
Häusliche Betreuung schwerkranker Tumorpatienten 77
Hautkarzinom 37
Hemihepatektomie 149
Hepatische Clearance 87, 92, 171
Herzinfarkte 99
Herzinsuffizienz 96
Herzkreislaufkrankheiten 61, 62, 64, 65, 69
Herzzeitvolumen 90
Hilfs– und Hoffnungslosigkeit 2
Hirnmetastasen 113
Hochbetagte 74
Hormonablative Therapie 159
Hormonentzug 163
Hormontherapie 196
Hospizbewegung 217
Hospize 218
Hypertonie 100
Hypoxien 103

I

Ifosfamid 171, 173, 175
Ileumconduit 158
Immunabwehr 2
Immundefizienz 120, 121
Immune Surveillance 120
Immunmodulatoren 123
Immunsystem 120
Immuntherapie 121, 122, 124
Information durch den Arzt 9
Informationsstelle–, Anlauf– und Vermittlungsstelle 75
Insertionen 29
Instabilitäten der DNS 29
Interferon 157
Interleukin–1 (IL–1) 123
Interleukin–2 (IL–2) 121, 124
Interventionelle Radiologie 116
Intraarterielle Chemotherapie 118
Inzidenz 2, 184
  der Krebserkrankung 71
Ischämiezeichen 99

K

Kalendarisches Alter 95
Kanzerogenese 14
Kardialer Risikopatient 98
Kardiovaskuläre Komplikationen 101
  – Vorerkrankungen 96
Karnofsky–Index 134, 135, 137, 142, 168, 178
Karzinogene 57, 72
Kleinzelliges Bronchialkarzinom 177
Kognitive Funktionen 91
Kolonkarzinom 188
Kolorektale Tumoren 68, 69
Kolorektales Karzinom 150
Kombinierte Strahlenchemotherapie 114
Komplementsystem 124
Koronare Herzkrankung 100
Körperlicher Befund 195
Körperoberfläche 169, 170
Korpuskarzinom 134–137, 139, 140, 142
Kosten–Nutzen–Relation 97
Krankenhausaufenthalt 137, 139
Krankenhaussterblichkeit 95
Krankenkassen 76, 77, 79
Krankheitsfreies Intervall 187
Krebsepidemiologie 33
Krebsinzidenz 14
Krebsmortalität 48, 52, 72
Krebsnachsorge 78
Krebsneuerkrankungen 34
Krebssterblichkeit 33
Krebstodesfälle 50
Kritische Lebensereignisse 2, 5
Kurative Sekundärtherapie 151
  – Therapie 111, 112, 146–150

L

Labordiagnostik 195
Laserbehandlung 158
Lasertherapie 163
Lebertumoren 118, 149
Lebensalter 16
Lebenserwartung 95, 146
Lebensqualität 3, 8, 53, 79, 130, 133, 146, 159, 160, 162, 163, 175, 185, 191, 224
Lebensspanne 26, 30
Lebensstil 58
Leberfunktion 171

Sachregister

Leberkrebs 34
Lebertransplantation 149
Leistungsindex 168, 169
Letalität 148, 150, 155, 158
Leukopenie 189
Liegedauer 137
Lungen- und Pleuratumoren 194
Lungenkrebs 63, 69
Lymphknotenmetastasen 113, 154
Lymphozyten 18, 20

M

Magenkarzinom 118, 148
Makrophagen 120, 123, 128
Maligne Lymphome 112, 173, 177
Maligner Verschlußikterus 116
Mammakarzinom(e) 53, 113, 130, 131, 134–137
Mehrfachmedikation 81
Mentale Verfassung 67
Metastasen 154, 193
Metastasenschmerzen 159
Methotrexat 158, 171, 188
Mitochondriale DNS (mtDNS) 27–29
Mitomycin C 157, 173
Mitoxantron 173
Mobile ambulante Nachbehandlung (MAN) 79, 80
Monochemotherapie 159, 175, 176
Morbidität 103
Morphin 90
Mortalität 1, 60, 69, 108, 166, 184, 187, 191
–, postoperative 95
–, Prädiktoren 57, 58, 61
Multimorbidität 4, 8, 53, 92, 96, 131, 135, 143, 146, 147, 174
Myelosuppressive Wirkung 169

N

Nachsorge 154, 155, 192, 220, 224
Nachsorgeintervalle 197
Nachsorgeschemata 197
Nadir 169
Narkoseeinleitung 101
Narkoseverfahren 100, 105
Natürliche Killer(NK)–Zellen 120, 124

Nebenwirkungen der Therapie 185
Nicht–Hodgkin–Lymphome 190
Nierenfunktion 92, 170
Nierenkrebs 64
Nierenzellkarzinom 154, 163
Nitrosoharnstoffe 171
Nosokomiale Pneumonie 104
Notfalleingriffe 108, 147

O

Ökonomischer Status 185
Ösophaguskarzinom 113, 147
Operationsmorbidität 146
Operationsrisiko 150
Operative Mortalität 131
Orchiektomie 159
Organfunktion 95
Orthostatische Hypotension 91
 – Symptome 90
Ovarialkarzinom 64, 125, 132

P

Palliative operative Verfahren 149
 – Chirurgie 129
 – Gesichtspunkte 151
 – Therapie 111–113, 122, 133, 196, 211, 218
 – Tumortherapie 199
Palliativstation 213, 214, 216–218
Pankreaskarzinom 64, 112, 114, 115, 149
Patientenspezifische Risiken 97
Perioperatives Management 101
Perkutane Nephrostomie 162
Persönlichkeitsmerkmale 3, 6
Persönlichkeitsstruktur 2
Pharmakodynamik 81
Pharmakokinetik 81
Pharmakotherapie 81
Phase–1–Studien 122
Phase–2–Studien 122, 125
Plasmareninaktivität 90
Plasmavolumen 90
Plasmid(e) 27–29
Podospora anserina 15, 25, 26
Polychemotherapie 158, 159, 173, 175
Polymerasekettenreaktion 29

Sachregister

Postoperative Letalität 147
- Morbidität 131, 140, 149
- Mortalität 95
- Überwachung 100, 107
Prädiktor(en) 69
- der Mortalität 57, 58, 61, 67
Präoperative Diagnostik 99
Prävention 53, 55, 71
Primärbehandlung 192, 193
Procarbazin 173
Prognose(n) 7, 146–148, 150
Prognosemerkmale 131
Prostatakarzinom 37, 113, 154, 158
Prostatovesikulektomie 158
Proteinbindung 84
Psychologisch strukturiertes Interview 186
Psychologischer Status 191
Psychometrische Messungen 186
Psychosoziale Betreuung 200
- Faktoren 2
Versorgung 204, 206
Pulmonale Erkrankungen 101

R

Regionalanästhesie 105
Regionale Krebsfallhäufungen 51
Regression 203
Rehabilitation 76–78, 206
Rektumkarzinom 64
Remissionen 177
Remissionsdauer 177
Remissionsraten 158
Renale Ausscheidung 85
Renale Clearance 171
Residualvolumen 103
Resorption 83
Rezidivdiagnostik 195
Risiken, eingriffsspezifische 97
–, patientenspezifische 97
Risiko eines Infarktes 99
Risikofaktoren 3
Risikopatient 97
Ruhe–EKG 100

S

Sauerstoffradikale 18, 19, 29
Schmerzen 202, 214, 216, 217, 224

Schmerztherapie 79, 104, 226
- bei Tumorpatienten 77
Schuldgefühle 223, 226
Seelsorgerliche Begleitung 222, 224
Sekundär kurative Therapie 195, 198
Sekundenkapazität 104
Selbstbestimmung 9
Seneszente Kulturen 27, 28
Seneszenz 16, 21
Senile Demenz 205
Skelettmetastasen 113
Soziale Beziehungen 67, 202
Sozialer Status 185
- Tod 10
Speiseröhrenkrebs 34
Spezifische Lebenssituationen 3
Spirometrie 103, 104
Splenektomie 148
Standardisierte Mortalitätsraten 62
Standardoperationsverfahren 137, 138
Sterbebegleitung 10, 12, 212
Sterben 201, 220, 225
Sterblichkeitsrate 65
Strahlentherapie 111, 148, 151, 192, 196
Superoxid–Dismutase–Enzymaktivität 19
Suppressor–T–Zellen 124
Symptomatische Therapie 199
Symptomkontrolle 211, 212, 214, 216

T

T–Helfer–Zellen 121
T–Suppressor–Zellen 121
Telomere 16
Teniposid 173
Terminale Erkrankung 8, 9
Terminalstadium 132, 211, 216
Testistumoren 64
Therapieabbruch 140
Therapietoxizität 191
Thromboembolische Komplikationen 105
Thymidin 20
Todesursachen 61, 65, 66, 69, 70
Toxische Arzneimittelreaktionen 106
Transarterielle Embolisation 117
Transurethrale Tumorresektion 157
Trauer 220, 226
Trauerarbeit 224, 226
Tumorentstehung 22

Sachregister

Tumormarker 115
Tumormetastasierung 151, 195
Tumornachsorge 151
Tumornekrosefaktor (TNF) 123, 125, 126
Tumornephrektomie 154, 155
Tumorrezidive 151, 192, 193, 195
Tumorstadien 134, 135, 147, 150
Tumorsuppressorgene 18
Tumorzentren 78, 80

U

Überlebensraten 41, 142
Überlebenszeiten 132, 178
Umweltbelastungen 3
Umweltfaktoren 52
Unerwünschte Arzneimittelwirkungen 81
Urogenitale Tumoren 194
Urothelkarzinom 154, 157

V

Vegetarier 64, 65
Vegetarierstudie 57, 59
Vegetarismus 60
Verarbeitungsstile 7
Verlust von DNS 17
Vermehrung von DNS 17
Versorgungsangebote 74, 75

Versorgungsbedarf 43
Verteilungsvolumen 84
Vigilanzminderungen 107
Vinblastin 158, 173
Vincristin 173
Vindesin 173
Vinkaalkaloide 175
Vollnarkose 105
Vorsorgeuntersuchungen 8

W

Wahleingriffe 108
Werner–Syndrom 17, 18
Wertheim–Meigs–Operation 139
Whipple–Operation 149

Z

Zellkultur 21
Zervixkarzinome 132
Zwischenanamnese 195
Zystektomie 157, 158, 163
Zytokine 120, 123–125, 128
Zytolyse 124
Zytostase 163
Zytostatikadosierung 169, 170
Zytostatische Chemotherapie 166, 169
Zytotoxische T–Zellen 128